O SNC e os Juízos de Valor

UMA PERSPECTIVA CRÍTICA E MULTIDISCIPLINAR

O SNC e os Juízos de Valor

UMA PERSPECTIVA CRÍTICA E MULTIDISCIPLINAR

Ana Maria Rodrigues
Tomás Cantista Tavares

Coordenadores

O SNC E OS JUÍZOS DE VALOR
UMA PERSPECTIVA CRÍTICA E MULTIDISCIPLINAR

COORDENADORES
Ana Maria Rodrigues
Tomás Cantista Tavares

EDITOR
EDIÇÕES ALMEDINA, S.A.
Rua Fernandes Tomás, nos 76-80
3000-167 Coimbra
Tel.: 239 851 904 · Fax: 239 851 901
www.almedina.net · editora@almedina.net

DESIGN DE CAPA
FBA.

PRÉ-IMPRESSÃO
EDIÇÕES ALMEDINA, S.A.

IMPRESSÃO E ACABAMENTO
PENTAEDRO, LDA.

Junho, 2013

DEPÓSITO LEGAL
360595/13

Apesar do cuidado e rigor colocados na elaboração da presente obra, devem os diplomas legais dela constantes ser sempre objecto de confirmação com as publicações oficiais.
Toda a reprodução desta obra, por fotocópia ou outro qualquer processo, sem prévia autorização escrita do Editor, é ilícita e passível de procedimento judicial contra o infractor.

 GRUPOALMEDINA

BIBLIOTECA NACIONAL DE PORTUGAL – CATALOGAÇÃO NA PUBLICAÇÃO
O SNC E OS JUÍZOS DE VALOR
Uma perspectiva crítica e multidisciplinar
coord. Ana Maria Rodrigues, Tomás Cantista Tavares
ISBN 978-972-40-5139-0

I - RODRIGUES, Ana Maria
II - TAVARES, Tomás Cantista
CDU 657

NOTA PRÉVIA

Num período de grande transformação no mundo da contabilidade, da auditoria e do direito fiscal, esta obra visa oferecer ao mercado um conjunto de contributos, os quais resultaram, direta ou indiretamente, das comunicações que integraram o Congresso sobre o SNC "**O SNC e os Juízos de Valor – uma perspectiva crítica e multidisciplinar**", o qual pode contar com a presença de vários investigadores universitários e práticos de reconhecido mérito, que convivem diariamente com as diferentes problemáticas contabilísticas, de revisão e fiscais impostas por um novo modelo contabilístico fortemente inspirado na filosofia anglo-saxónica. As comunicações apresentadas visaram cobrir as matérias mais relevantes no que aos juízos de valor respeitam.

Agradecemos a todos os participantes (conferencistas e moderadores) deste evento, que se realizou pela primeira vez em Portugal, e que esperamos que possa ter novas edições, de modo a contarmos com uma participação de teóricos e práticos de áreas multidisciplinares, que a realidade dos nossos dias nos impõe e que exige uma permanente atualização. O contributo de todos foi inestimável.

A obra agora dada à estampa conta com dezasseis artigos, que abordam temáticas relevantes no contexto da subjetividade inerente ao SNC. Revela-se, por isso, particularmente útil para todos os que no seu dia-a-dia se vêem confrontadas com as diferentes temáticas que impõem o recurso a juízos de valor. Associa um largo espectro de posições teóricas e práticas das matérias nucleares relacionadas com as estimativas e a subjetividade que se lhe encontra inerente. Assim, entendemos que pode ser uma obra útil a um vasto conjunto de destinatários, nomeadamente estudantes do ensino superior, TOC, ROC, juristas, para além dos eternos estudantes cuja sede de conhecimento não tem limites.

O livro encontra-se organizado em dezasseis capítulos, subdivididos em cinco partes. Cada uma das primeiras quatro partes divide-se em quatro capítulos que se prendem com diversas temáticas contabilísticas que apelam à adoção de juízos de valor. Compreende as seguintes comunicações: da Prof. Doutora Ana Isabel Morais "Principais implicações da adoção do justo valor"; da Prof. Doutora Luísa Anacoreta "Imparidades e políticas de amortizações – até onde vão os juízos de valor?". A terceira esteve a cargo do Prof. Doutor António Martins e incidiu sobre "Uma nota sobre estimativas, taxas de desconto e mensuração de ativos e passivos". A moderação deste painel esteve a cargo do Prof. Dr. José Alberto Pinheiro Pinto, que nos presenteou com uma comunicação intitulada "Contabilidade e justo valor".

A segunda parte compreende quatro capítulos e abarca outras temáticas relacionadas com os juízos de valor. A primeira da autoria do Prof. Doutor Cláudio Pais intitulada "O justo valor e a obrigação de benefícios de reforma". A segunda da responsabilidade da Prof. Doutora Patrícia Teixeira Lopes incidindo sobre "Instrumentos financeiros". A terceira da responsabilidade do Prof. Doutor Ilídio Tomás Lopes versa sobre "Os juízos de valor e os impostos diferidos". A moderação deste painel esteve a cargo do Dr. José Rodrigues de Jesus, que agora apresenta uma comunicação intitulada "Juízos de valor e formação".

A terceira parte a continua a abordar algumas temáticas que apelam a juízos de valor. Três comunicações sintetizam tantos outros temas misteriosos da contabilidade. A primeira da responsabilidade da Prof. Doutora Leonor Fernandes Ferreira intitulada "Provisões e juízos de valor". A segunda da Prof. Doutora Ana Maria Rodrigues "A aplicação do MEP em subsidiárias e associadas – uma visão crítica e multidisciplinar – MEP". A terceira esteve a cargo da Prof. Doutora Lúcia Lima

Rodrigues "Manipulação de contas ou *marketing* das percepções". Podemos neste painel contar com os comentários sobre as comunicações apresentadas do moderador da sessão, o Sr. Dr. Vieira dos Reis. Apresenta-se o texto que esteve subjacente à sua intervenção.

A quarta parte envolve, essencialmente, uma perspectiva multidisciplinar com intervenientes de outras áreas científicas, nomeadamente da ordem jurídica em geral, do direito fiscal e da auditoria. Assim neste grupo podemos contar com a participação do Doutor Tomás Cantista Tavares com uma comunicação intitulada "As estimativas e a certeza jurídica". A Prof. Doutora Nina Aguiar trouxe-nos a sua perspectiva sobre "As estimativas e a lei fiscal. Por último, a Dra. Ana Catarina Vieira apresentou-nos uma comunicação sobre "As estimativas e a auditoria". A moderação deste painel esteve a cargo do Dr. José Guilherme Xavier de Basto.

Os comentários finais do evento ficaram a cargo do Dr. Rogério Fernandes Ferreira, enquanto Presidente da Associação Fiscal Portuguesa, que teve a seu cargo assinalar os méritos/deméritos do evento realizado. Apresenta-se na quinta parte o seu contributo intitulado "O SNC e os Juízos de Valor: Comentário Final".

É evidente que não poderíamos terminar esta nota prévia sem nos referirmos que esta obra é fruto direto do congresso realizado no passado dia 16 de março de 2012, no Instituto Superior de Contabilidade e Administração de Coimbra, em colaboração com a Faculdade de Economia da Universidade de Coimbra. Pudemos ainda contar com a contribuição e o empenho da Ordem dos Técnicos Oficiais de Contas (OTOC) para a realização deste evento. A ideia de um congresso desta natureza resultou de uma iniciativa de um grupo de colegas e amigos a Prof. Doutora Ana Maria Rodrigues (FEUC), do Prof. Doutor Tomás Cantista Tavares (Advogado e Prof. Convidado da UCP) e da Prof. Doutora Cidália Lopes (ISCAC), que conseguiram associar três Instituições de reconhecido mérito na área da Contabilidade. Como tal, resultou este evento do contributo, direto e indireto, de muitas pessoas, a quem não queremos deixar de expressar o nosso mais profundo agradecimento. Muito em particular permita-nos que saudemos os mais de 250 participantes do evento, pois sem eles nada disto teria feito sentido.

Por último, mas não menos importante, uma palavra de agradecimento à Editora Almedina, por mais uma vez, estar disposta a arriscar em projetos inovadores na mira de marcar uma posição, que certamente verá reforçada no futuro, em áreas do conhecimento que atualmente nos confrontam, e que são cada vez mais de natureza multidisciplinar, e que nos coloca de modo crescente desafios que precisamos saber vencer.

Coimbra, dezembro de 2012

A Coordenação

ANA MARIA RODRIGUES
TOMÁS CANTISTA TAVARES

A todos nós eternos aprendizes cuja sede de conhecimento não tem limites

ÍNDICE GERAL

NOTA PRÉVIA	5
Contabilidade e justo valor *José Alberto Pinheiro Pinto*	13
Principais implicações da adopção do justo valor *Ana Isabel Morais*	17
Até onde vão os juízos de valor? O caso particular das amortizações e imparidades *Luisa Anacoreta*	47
Uma nota sobre estimativas, taxas de desconto e mensuração de ativos e passivos *António Martins*	65
Juízos de valor e formação *José Rodrigues de Jesus*	87
O justo valor e a obrigação de benefícios de reforma *Cláudio Pais*	93

Instrumentos financeiros   107
Patrícia Teixeira Lopes

Os juízos de valor e os impostos diferidos   141
Ilídio Tomás Lopes

Comentários sobre o 3º Tema da Conferência intitulada "O SNC
e os Juízos de Valor: uma perspectiva crítica e multidisciplinar"   171
José Vieira dos Reis

Provisões   181
Leonor Fernandes Ferreira

A aplicação do MEP em subsidiárias e associadas
– uma visão crítica e multidisciplinar   215
Ana Maria Rodrigues

Manipulação de contas ou marketing das percepções?   265
Lúcia Lima Rodrigues

A interpretação jurídica da lei contabilística   287
Tomás Cantista Tavares

A lei fiscal e os juízos contabilísticos discricionários   297
Nina Aguiar

Auditoria e estimativas   333
Ana Catarina

O SNC e os Juízos de Valor: Comentário final   349
Rogério M. Fernandes Ferreira

Contabilidade e justo valor

José Alberto Pinheiro Pinto
Economista. Professor auxiliar convidado da Faculdade de Economia do Porto
e da Universidade Católica Portuguesa

Desde sempre a Contabilidade assentou na noção de custo histórico. E não foi por mero acaso ou porque se entendesse que o modelo do custo histórico era perfeito. A opção residia antes no facto de ser, ou parecer, o custo histórico o meio mais fiável de satisfazer o requisito da objectividade, tido como fundamental em Contabilidade.

Nunca se pôs em dúvida que a qualidade da informação contabilística nem sempre é a que seria desejável e que isso se deve em grande parte às insuficiências do custo histórico. O problema reside, porém, na falta de uma alternativa que pudesse garantir a objectividade da informação e que viabilizasse a melhoria da qualidade. E isso nunca foi possível.

Poderia, claro, optar-se por outras soluções, mas com prejuízo da objectividade. E será que a objectividade é tão importante que não pudesse justificar-se o seu abandono sempre que estivesse em causa a melhoria da qualidade da informação?

Há alguns estudiosos que entendem que não. Estou a falar em estudiosos no seu sentido literal, de pessoas que estudam a Contabilidade de uma forma que entendem científica, mas desligada da aplicação prática dos seus conhecimentos. E, normalmente, trata-se de pessoas bem intencionadas, que partem do princípio de que os valores que norteiam essas aplicações práticas são sempre valores nobres, relacionados com a melhoria da qualidade da informação produzida.

Infelizmente, porém, não me parece que seja assim.

A Contabilidade tem por missão informar uma grande multiplicidade de destinatários, cujos interesses não são de modo algum convergentes. Além disso, é muito diverso o grau de dependência do autor da informação em relação a esses múltiplos destinatários.

E foi precisamente isso que levou a Contabilidade a colocar no primeiro lugar das suas preocupações o respeito pela objectividade – no duplo sentido de independência da informação em relação ao informador e de possibilidade de prova quantificada dessa informação. Só assim se entendeu possível ao contabilista manter um estatuto de independência que conferisse a necessária credibilidade à sua informação.

Daí a opção do custo histórico, com todas as limitações que se lhe conhecem.

E, tendo precisamente em conta estas limitações, houve quem começasse a contestar as regras contabilísticas tradicionais, realçando a falta de relevância delas decorrentes. A inflação, em certos períodos e em certos países bastante elevada, veio dar uma ajuda a essa contestação, em particular por nunca terem obtido consenso as soluções que foram sendo aventadas para abordar aquele fenómeno.

E assim começa a surgir a noção de justo valor, principalmente com origem nos desenvolvimentos internacionais emanados de entidades afectadas ou condicionadas por determinados interesses, designadamente ligados ao mercado de capitais.

O fenómeno da harmonização contabilística internacional está, na verdade, ligado às preocupações de empresas multinacionais, particularmente vocacionadas para as bolsas de valores, em que é importante ter uma informação que permita dar aos potenciais investidores uma imagem mais "adequada" do património e "melhorar" a imagem dos resultados.

Ora, com estes objectivos e ignorando-se que os destinatários são muitos outros, sem tais preocupações ou mesmo com preocupações contrárias, compreende-se os efeitos que podem resultar da opção pelo justo valor.

Por isso, e decerto com algum exagero, tenho defendido a noção de justo valor como sendo a do "valor que justamente serve para enganar o próximo".

Não me parece, na verdade, que se consiga conciliar esse recurso ao justo valor com a necessidade de isenção e de objectividade que os contabilistas pretendem que caracterizem o ramo do saber a que se acham ligados.

Possivelmente, seria bom que assim fosse, mas não tenho dúvida de que é uma utopia.

E, sendo assim, continuo a pensar que o justo valor é um risco, pela facilitação que dele decorre da manipulação da informação contabilística, em função dos interesses particulares e porventura inconfessáveis de certos destinatários.

Por conseguinte, a adopção do Sistema de Normalização Contabilística, importando conceitos internacionalmente em voga, beneficiando da força que o poder económico lhes confere, não augura nada de bom em matéria de qualidade da informação.

Seria preferível continuarmos a ter consciência de que a qualidade da informação contabilística tinha limites, mantendo por regra o custo histórico, do que termos passado a supor ser possível atingir a perfeição e adoptar critérios e métodos a ela conducentes e que mais não permitem que a simples manipulação da informação, em benefício de alguns dos destinatários que se pretenda privilegiar.

A minha esperança não reside, pois, no Sistema, mas nos contabilistas. Apesar de tudo, o que me parece que vai acontecer é o não "aproveitamento" ou o "aproveitamento mínimo" das opções de registo pelo justo valor, mantendo-se, sempre que possível, o registo pelo custo histórico. Os contabilistas, continuando a pretender manter uma posição de equidistância com os interesses dos vários destinatários do seu trabalho, tudo farão para manter princípios e conceitos que impeçam a manipulação da informação.

Espero que assim venha a acontecer e que o justo valor apenas tenha aplicação em circunstâncias que, melhorando a relevância da informação, não impeçam a objectividade que deve continuar a exigir--se em Contabilidade.

Principais implicações da adopção do justo valor

Ana Isabel Morais
Professora Associada do ISEG, Departamento de Contabilidade

1. Introdução

A recente crise financeira recolocou a mensuração pelo justo valor no centro das atenções e veio relançar o debate entre académicos, organismos reguladores, banca e preparadores das demonstrações financeiras. Críticos do justo valor consideram que esta forma de mensuração contribuiu, de forma significativa, para a crise financeira e exacerbou as suas consequências, nomeadamente nas demonstrações financeiras dos bancos. Pelo contrário, os defensores argumentam que a adopção do justo valor apenas permitiu reflectir adequadamente a realidade.

Com este artigo pretende-se, primeiro, descrever o conceito de justo valor e enumerar os activos e passivos que podem, ou devem, ser mensurados pelo justo valor, de acordo com o Sistema de Normalização Contabilística (SNC). Depois faz-se uma análise crítica dos argumentos a favor e contra o justo valor como base de mensuração. O artigo termina com a identificação das principais implicações da adopção do justo valor em determinadas áreas, em particular para a auditoria, para o apuramento do imposto sobre o rendimento, para a distribuição de dividendos e para a política de remuneração dos executivos.

2. Justo valor no SNC

Apesar de não se tratar de um conceito novo em Portugal, a entrada em vigor do SNC veio permitir, ou obrigar, que determinados elementos que anteriormente eram mensurados pelo custo passassem a ser mensurados pelo justo valor. De referir que esta alteração é, por vezes, considerada como uma das mais significativas introduzidas por este novo normativo. Quase em simultâneo, a nível internacional surge um debate sobre a relação que pode ter eventualmente existido entre a adopção do justo valor como base de mensuração e a crise financeira.

2.1. Conceito de justo valor

A Estrutura Conceptual (EC) do SNC define, no seu §98, justo valor como a quantia pela qual um activo poderia ser trocado ou um passivo liquidado, entre partes conhecedoras e dispostas a isso, numa transacção em que não exista relacionamento entre elas[1].

A definição de justo valor evidencia algumas características essenciais:

- O justo valor refere-se a activos ou passivos específicos;
- A mensuração pelo justo valor assume que o activo ou passivo é trocado numa hipotética transacção normal, não se estando perante uma venda forçada ou uma liquidação;
- O justo valor pressupõe que a transacção é realizada entre entidades independentes, isto é, entre entidades que não são partes relacionadas.

---

[1] A *International Financial Reporting Standard* (IFRS) 13, emitida pelo *International Accounting Standards Board* (IASB) em 2011, define justo valor como o preço que seria recebido pela venda de um activo ou pago pela transferência de um passivo numa transacção ordenada entre participantes no mercado, na data de mensuração. De salientar que a definição anterior difere da prevista na EC do SNC em alguns aspectos, nomeadamente: clarifica que para a determinação do justo valor se assume que a entidade se encontra numa posição vendedora do activo; especifica que no caso de passivos, o justo valor deve ser determinado com base numa transferência; enuncia explicitamente que a data de referência da transacção deve ser a data de mensuração; e clarifica que o justo valor é uma base de mensuração assente no mercado e não uma base de mensuração específica da entidade.

De salientar que esta definição não esclarece se o justo valor deve ser determinado em relação a uma operação em que a entidade assume uma posição compradora ou vendedora.

O justo valor pode ser utilizado na mensuração inicial ou na mensuração subsequente de elementos das demonstrações financeiras. Considera-se que uma entidade adopta uma mensuração pelo justo valor quando o utiliza na mensuração inicial e na mensuração subsequente. Isto é, a mensuração pelo justo valor implica que o elemento seja mensurado pelo justo valor no reconhecimento inicial e em cada data de apresentação das demonstrações financeiras. A adopção do justo valor apenas no reconhecimento inicial não deve ser considerada uma mensuração pelo justo valor, uma vez que no momento inicial, o justo valor do elemento tende a coincidir com o preço da transacção e, consequentemente, com o custo histórico.

2.2. Elementos mensurados pelo justo valor

Mensuração é entendida como o processo de determinar os valores monetários pelos quais os elementos das demonstrações financeiras devem ser reconhecidos no Balanço e na Demonstração dos Resultados (EC, §97). Para tal, a entidade seleccionará diferentes bases de mensuração para os seus elementos, que podem ser o custo histórico, o custo corrente, o valor realizável, o valor presente e o justo valor. De notar que a EC se limita a descrever bases de mensuração gerais, sem identificar os elementos aos quais podem ou devem ser aplicadas. Além disso, a EC também não clarifica a possibilidade, ou não, de se adoptarem bases de mensuração distintas em circunstâncias diferentes para um mesmo elemento. Por fim, a EC é também omissa no que se refere a questões de natureza mais técnica na determinação de cada um dos valores enunciados como bases de mensuração. Prevalece, assim, a ideia de flexibilidade, não só na possibilidade de aplicação de várias bases de mensuração a um mesmo elemento ou a elementos substancialmente idênticos, mas também na forma de determinação de cada um dos valores.

Para identificar os elementos que podem, ou devem, ser mensurados pelo justo valor, é necessário recorrer às Normas Contabilísticas e de Relato Financeiro (NCRF).

A adopção do justo valor como base de mensuração de activos e passivos é, como já referido, apontada como uma das principais alterações introduzidas pelo SNC. De facto, são vários os activos e passivos que podem, ou devem, ser mensurados pelo justo valor Adicionalmente, determinadas normas exigem a divulgação de informação sobre o justo valor. Os quadros 1 e 2 identificam os activos e passivos que podem, ou devem, ser mensurados pelo justo valor e a informação exigida sobre o justo valor, prevista nas respectivas normas, para as empresas do regime geral e para as pequenas entidades que adoptam a NCRF para pequenas entidades (NCRF-PE)[2].

Quadro 1 – Activos e passivos mensurados pelo justo valor (regime geral)

ACTIVOS	NCRF	MENSURAÇÃO SUBSEQUENTE	DIVULGAÇÃO
Activos intangíveis	6	Pelo modelo do custo ou modelo de revalorização (se tiver mercado activo). O modelo de revalorização consiste em mensurar o activo pelo justo valor à data de revalorização menos amortizações acumuladas e eventuais perdas por imparidade subsequentes.	Para activos mensurados pelo modelo de revalorização: – Por classe de activos intangíveis: a data de eficácia da revalorização; a quantia escriturada de activos intangíveis revalorizados; e a quantia escriturada que teria sido reconhecida se a classe revalorizada de activos intangíveis tivesse sido mensurada após o reconhecimento usando o modelo de custo; – A quantia do excedente de revalorização relacionada com activos intangíveis no início e no final do período, indicando as alterações durante o período e quaisquer restrições na distribuição do saldo aos accionistas; e – Os métodos e pressupostos significativos aplicados na estimativa do justo valor dos activos.

[2] De referir que a norma contabilística para as microentidades, que integra o Aviso nº 6726 – A/2011, não permite a adopção, por parte das microentidades, do justo valor como base de mensuração.

ACTIVOS	NCRF	MENSURAÇÃO SUBSEQUENTE	DIVULGAÇÃO
Activos fixos tangíveis	7	Pelo modelo do custo ou modelo de revalorização (se houver provas com base no mercado do justo valor). O modelo de revalorização consiste em mensurar o activo pelo justo valor à data de revalorização menos depreciações acumuladas e eventuais perdas por imparidade subsequentes.	Para activos mensurados pelo modelo de revalorização: – A data de eficácia da revalorização; – Se esteve ou não envolvido um avaliador independente; – A medida em que o justo valor dos itens foi determinado directamente por referência a preços observáveis num mercado activo ou em transacções de mercado recentes numa base de não relacionamento entre as partes; e – O excedente de revalorização, indicando a alteração do período e as restrições na distribuição do saldo aos accionistas.
Activos não correntes detidos para venda	8	Pelo menor entre o seu valor contabilístico e o justo valor menos os custos de vender.	Não existem divulgações específicas sobre o justo valor.
Propriedades de investimento	11	Pelo modelo do custo ou modelo do justo valor. Se a entidade adoptar o modelo de custo, as propriedades de investimento são mensuradas pelo custo. A entidade deverá divulgar o justo valor das propriedades de investimento. Se a entidade adoptar o modelo do justo valor, as propriedades de investimento são mensuradas pelo justo valor.	Para propriedades de investimento mensuradas pelo modelo do custo ou do justo valor: – Os métodos e pressupostos significativos aplicados na determinação do justo valor de propriedades de investimento, incluindo uma declaração a afirmar se a determinação do justo valor foi ou não suportada por evidências do mercado ou foi mais ponderada por outros factores (que a entidade deve divulgar) por força da natureza da propriedade e da falta de dados de mercado comparáveis; e

ACTIVOS	NCRF	MENSURAÇÃO SUBSEQUENTE	DIVULGAÇÃO
			– A extensão até à qual o justo valor da propriedade de investimento se baseia numa valorização de um avaliador independente que possua uma qualificação profissional reconhecida e relevante e que tenha experiência recente na localização e na categoria da propriedade de investimento que está a ser valorizada. Se não tiver havido tal valorização, esse facto deve ser divulgado.
Perda por imparidade de activos	12	Pela diferença entre o valor contabilístico e o valor recuperável. O valor recuperável é o maior valor entre o justo valor menos os custos de vender e o valor de uso.	Para cada perda por imparidade material reconhecida ou revertida durante o período, se a quantia recuperável for o justo valor menos os custos de vender, a base usada para determinar o justo valor menos os custos de vender.
Activos de exploração e avaliação	16	Pelo modelo do custo ou modelo de revalorização.	Não existem divulgações específicas sobre o justo valor.
Activos biológicos	17	Pelo justo valor menos custos estimados no ponto de venda, excepto se o justo valor não puder ser fiavelmente mensurado.	Métodos e os pressupostos significativos aplicados na determinação do justo valor de cada um dos grupos do produto agrícola no ponto de colheita e de cada um dos grupos de activos biológicos. Justo valor menos os custos estimados no ponto de venda do produto agrícola colhido durante o período, determinado no momento de colheita.

ACTIVOS	NCRF	MENSURAÇÃO SUBSEQUENTE	DIVULGAÇÃO
Activos financeiros que não sejam mensurados pelo custo ou custo amortizado	27	Pelo justo valor.	Bases de determinação do justo valor, ie. cotação de mercado, quando ela existe, ou a técnica de avaliação. Pressupostos aplicados na determinação do justo valor para cada uma das classes de activos financeiros, quando se utiliza técnica de avaliação.
Activos afectos a fundos de pensões	28	Pelo justo valor.	As quantias incluídas no justo valor dos activos do plano para cada categoria dos próprios instrumentos financeiros da entidade, e qualquer propriedade ocupada, ou outros activos utilizados, pela entidade.[3]
PASSIVOS	**NCRF**	**MENSURAÇÃO SUBSEQUENTE**	**DIVULGAÇÃO**
Passivos financeiros que não sejam mensurados pelo custo amortizado	27	Pelo justo valor.	Bases de determinação do justo valor, ie. cotação de mercado, quando ela existe, ou a técnica de avaliação. Pressupostos aplicados na determinação do justo valor para cada uma das classes de passivos financeiros, quando se utiliza técnica de avaliação.

---

[3] De acordo com o regulamento nº 475/2012 da Comissão de 5 de Junho, que altera a IAS 19 – Benefícios dos empregados, uma entidade deve desagregar o justo valor dos activos do plano em classes que distingam a natureza e os riscos de tais activos, subdividindo cada classe de activos do plano em activos que têm um preço de mercado cotado num mercado activo e os que não têm.

QUADRO 2 – Activos e passivos mensurados pelo justo valor (NCRF-PE)

ACTIVOS	MENSURAÇÃO SUBSEQUENTE	DIVULGAÇÃO
Activos fixos tangíveis	Pelo modelo do custo ou modelo de revalorização (se houver provas com base no mercado do justo valor). O modelo de revalorização consiste em mensurar o activo pelo justo valor à data de revalorização menos depreciações acumuladas e eventuais perdas por imparidade subsequentes.	Para activos mensurados pelo modelo de revalorização: – A data de eficácia da revalorização; e – Os métodos e pressupostos aplicados na revalorização.
Perda por imparidade de activos	Não identifica. Remete para a NCRF 12.	Não identifica. Remete para a NCRF 12.
Activos financeiros negociados em mercado líquido e regulamentado	Pelo justo valor.	Cotação de mercado.
PASSIVOS	**MENSURAÇÃO SUBSEQUENTE**	**DIVULGAÇÃO**
Passivos financeiros negociados em mercado líquido e regulamentado	Pelo justo valor.	Cotação de mercado.

Dos quadros anteriores constata-se que o justo valor coexiste com outras bases de mensuração, nomeadamente com o custo, e que a possibilidade de adopção do justo valor como base de mensuração é menor para as pequenas entidades que adoptam a NCRF-PE.

Perante a coexistência de bases de mensuração distintas, podem colocar-se, do ponto de vista teórico, três questões:

– Se a existência de diferentes bases de mensuração para activos e passivos distintos permite cumprir o objectivo das demonstrações financeiras de prestar informação útil para a tomada de decisão dos utilizadores;

– Se cada elemento deverá ter apenas uma única base de mensuração ou se é aceitável a existência de diferentes bases de mensuração aplicáveis a um mesmo elemento dependendo da substância da operação que origina o reconhecimento desse elemento;
– Se a utilização de uma mensuração pelo justo valor deve ser mais restrita para as entidades de menor dimensão, isto é, se a escolha de bases de mensuração deve estar dependente da dimensão das entidades.

Quanto à primeira questão, a existência de bases de mensuração para activos e passivos diferentes justifica-se pelo facto desses elementos terem características, utilizações e maturidades distintas. Está-se implicitamente a admitir que devem existir bases de mensuração diferentes para elementos que, na realidade, são diferentes. A exigência de uma mesma base de mensuração para todos os elementos poderia facilitar o trabalho dos profissionais e poderia ilusoriamente criar uma maior consistência e comparabilidade das demonstrações financeiras, mas diminuiria certamente a utilidade da informação financeira.

A segunda questão consiste em determinar se um mesmo elemento deve ser mensurado de acordo com uma única base ou se, pelo contrário, é útil para a tomada de decisão dos utilizadores das demonstrações financeiras a existência de diversas bases de mensuração. A existência de uma única base de mensuração para um mesmo elemento baseia-se na premissa de que os mercados são completos e perfeitos e, consequentemente, existirá um valor que representa toda a informação disponível sobre esse elemento e, como tal terá a capacidade para reflectir as expectativas do mercado sobre fluxos de caixa futuros. Esta abordagem apresenta diversas vantagens, entre elas, a melhoria da comparabilidade da informação financeira entre entidades, a maior facilidade de agregação de elementos e a promoção da consistência das demonstrações financeiras. No actual normativo nacional está prevista a existência de uma única base de mensuração para determinados activos ou passivos, como por exemplo, os activos intangíveis que não tenham mercado activo, que devem ser mensurados pelo custo (NCRF 6, § 73 e 74).

Contudo, o facto dos mercados serem imperfeitos e incompletos incentiva a existência de diferentes bases de mensuração para um mesmo elemento, isto é, pode ser apropriado adoptar diferentes bases de mensuração para diferentes objectivos (Whittington, 2010). No actual normativo nacional existem activos e passivos para os quais é possível, consoante as circunstâncias, a adopção de bases de mensuração diferentes para um mesmo elemento das demonstrações financeiras. A título de exemplo, salienta-se os inventários, que são mensurados pelo menor valor entre o custo e o valor realizável líquido (NCRF 18, § 9) ou os activos não correntes detidos para venda, que são mensurados pelo menor valor entre o valor contabilístico e o justo valor menos os custos de vender (NCRF 8, § 15).

Por último, a aplicação do justo valor a um menor conjunto de elementos por parte das pequenas entidades, ou mesmo a impossibilidade da sua adopção pelas microentidades, é geralmente justificada com base em dois argumentos. Por um lado, os recursos mais escassos e as capacidades mais reduzidas dessas entidades em estimarem justos valores. Por outro, a necessidade de divulgação pormenorizada explicativa da forma de determinação do justo valor, o que não é coerente com a divulgação mais limitada que geralmente é exigida a estas entidades.

2.3. Determinação do justo valor e reconhecimento das variações do justo valor

A utilização do justo valor como base de mensuração de um activo, ou passivo, implica, numa primeira fase, que as entidades determinem o justo valor. No SNC, algumas normas identificam como é que as entidades devem determinar o justo valor. Porém, outras normas limitam-se a permitir ou obrigar a adopção do justo valor, sem esclarecer a sua forma de determinação. De salientar que as normas nem sempre são coerentes. A título de exemplo, refira-se a exigência de os terrenos e edifícios reconhecidos como activos fixos tangíveis e mensurados pelo modelo de revalorização estarem sujeitos a uma avaliação externa, de acordo com a NCRF 7, o que não se verifica para os terrenos e edifícios reconhecidos como propriedades de investimento, de acordo com a NCRF 11.

Associada à mensuração pelo justo valor surge também a necessidade de se identificar como devem ser reconhecidas as variações do justo valor. Neste âmbito, as NCRF identificam, em termos gerais, duas abordagens: reconhecimento das variações do justo valor em resultados do período, e reconhecimento das variações do justo valor directamente no capital próprio. A abordagem encontra-se geralmente prevista na respectiva norma, não cabendo às entidades a possibilidade de escolha. A forma como as variações do justo valor são reconhecidas pode ter importantes consequências nos resultados das entidades. Além disso, poder-se-á questionar se a utilidade das demonstrações financeiras é idêntica, caso as variações do justo valores sejam incluídas em resultados ou directamente no capital próprio. A preocupação deverá ser não só com a forma de mensuração de activos e passivos mas também com as consequências que essa mesma forma de mensuração poderá ter no desempenho das entidades.

Os quadros 3 e 4 resumem a forma de determinação do justo valor prevista em cada uma das normas, e como são reconhecidas as variações do justo valor.

QUADRO 3 – Forma de determinação do justo valor e reconhecimento das variações do justo valor (regime geral)

ACTIVOS	NCRF	DETERMINAÇÃO DO JUSTO VALOR	RECONHECIMENTO DAS VARIAÇÕES DO JUSTO VALOR
Activos intangíveis	6	Preço no mercado activo disponível ao público.	O ganho resultante da revalorização é reconhecido: – Directamente nos capitais próprios (excedente de revalorização), como regra geral; e – Em resultados do período, quando for a reversão de uma diminuição do valor do mesmo activo previamente reconhecida como gasto do período;

ACTIVOS	NCRF	DETERMINAÇÃO DO JUSTO VALOR	RECONHECIMENTO DAS VARIAÇÕES DO JUSTO VALOR
			A perda resultante da revalorização é reconhecido: – Como gasto do período, como regra geral; e – Como uma diminuição do excedente de revalorização, quando for a reversão de um excedente do mesmo activo previamente reconhecido.
Activos fixos tangíveis	7	Terrenos e edifícios: com base no mercado por avaliação realizada por avaliadores profissionalmente qualificados e independentes; Instalações e equipamentos: valor de mercado determinado por avaliação.	O ganho resultante da revalorização é reconhecido: – Directamente nos capitais próprios (excedente de revalorização), como regra geral; e – Em resultados do período, quando for a reversão de uma diminuição do valor do mesmo activo previamente reconhecida como gasto do período; A perda resultante da revalorização é reconhecido: – Como gasto do período, como regra geral; e – Como uma diminuição do excedente de revalorização, quando for a reversão de um excedente do mesmo activo previamente reconhecido.
Activos não correntes detidos para venda	8	Não identifica.	Os ganhos ou perdas são reconhecidos em resultados do período.
Propriedades de investimento	11	Preços correntes num mercado activo de propriedades semelhantes no mesmo local e condição e sujeitas a locações e outros contratos semelhantes, se existirem; ou	Os ganhos ou perdas são reconhecidos em resultados do período.

ACTIVOS	NCRF	DETERMINAÇÃO DO JUSTO VALOR	RECONHECIMENTO DAS VARIAÇÕES DO JUSTO VALOR
		Valor estimado atendendo a: • Preços correntes num mercado activo de propriedades de diferente natureza, condição ou localização ajustados para reflectir essas diferenças; • Preços recentes de propriedades semelhantes em mercados menos activos, com ajustamentos para reflectir quaisquer alterações nas condições económicas desde a data das transacções que ocorreram a esses preços; e • Projecções de fluxos de caixa descontados com base em estimativas fiáveis de futuros fluxos de caixa.	
Imparidade de activos	12	Preço num acordo de venda vinculativo numa transacção entre partes não relacionadas, ajustado pelos custos de vender, se existir acordo vinculativo; Preço de mercado do activo menos os custos com a alienação, se não existir acordo vinculativo mas se existir mercado activo; ou Valor estimado com base na melhor informação disponível, se não existir acordo vinculativo nem mercado activo.	A perda é reconhecida em resultados do período.

ACTIVOS	NCRF	DETERMINAÇÃO DO JUSTO VALOR	RECONHECIMENTO DAS VARIAÇÕES DO JUSTO VALOR
Activos de exploração e avaliação	16	Não identifica. Remete para as NCRF 6 e 7.	Não identifica. Remete para as NCRF 6 e 7.
Activos biológicos	17	Preço cotado, se existir um mercado activo; ou

Valor estimado considerando o preço mais recente de transacção no mercado, os preços de mercado de activos semelhantes com ajustamento para reflectir diferenças e referências do sector, se não existir um mercado activo. | Os ganhos ou perdas são reconhecidos em resultados do período. |
| Activos financeiros que não sejam mensurados pelo custo ou custo amortizado | 27 | Cotação de mercado; ou

Técnica de avaliação. | Os ganhos ou perdas são reconhecidos em resultados do período. |
| Activos afectos a fundos de planos de pensões | 28 | Preço de mercado ou justo valor estimado, quando não estiver disponível preço de mercado. | As variações do justo valor são reconhecidas no capital próprio. |

PASSIVOS	NCRF	DETERMINAÇÃO DO JUSTO VALOR	RECONHECIMENTO DAS VARIAÇÕES DO JUSTO VALOR
Passivos financeiros que não sejam mensurados pelo custo ou custo amortizado	27	Cotação de mercado; ou

Técnica de avaliação. | Os ganhos ou perdas são reconhecidos em resultados do período. |

QUADRO 4 – Forma de determinação do justo valor e reconhecimento das variações do justo valor (NCRF-PE)

ACTIVOS	DETERMINAÇÃO DO JUSTO VALOR	RECONHECIMENTO DAS VARIAÇÕES DO JUSTO VALOR
Activos fixos tangíveis	Não identifica. Remete para a NCRF 7.	O ganho resultante da revalorização é reconhecido: – Directamente nos capitais próprios (excedente de revalorização), como regra geral; e – Em resultados do período, quando for a reversão de uma diminuição do valor do mesmo activo previamente reconhecida como gasto do período; O gasto resultante da revalorização é reconhecido: – Como gasto do período, como regra geral; e – Como uma diminuição do excedente de revalorização, quando for a reversão de um excedente do mesmo activo previamente reconhecido.
Imparidade de activos	Não identifica. Remete para a NCRF 12.	A perda é reconhecida em resultados do período.
Activos financeiros e passivos financeiros negociados em mercado líquido e regulamentado	Cotação de mercado.	Os ganhos ou perdas são reconhecidos em resultados do período.

2.4. Principais argumentos a favor e contra o justo valor

A discussão em torno do justo valor é um exemplo prático do balanceamento que é necessário fazer entre características qualitativas, nomeadamente entre a relevância e a fiabilidade. A EC, no seu § 45, refere que a importância relativa das características em casos diferentes é uma questão de juízo de valor profissional.

Os defensores do justo valor argumentam que a mensuração pelo justo valor apresenta diversas vantagens para os utilizadores das demonstrações financeiras:

- A mensuração pelo justo valor reflecte condições actuais do mercado proporcionando, desta forma, informação atempada e mais transparente. Contudo, o nível de informação proporcionado pelo justo valor parece ser uma função da dimensão do erro de medição e da fonte da estimativa (externa ou interna) (Landsman, 2007). Além disso, o nível de relevância pode não ser idêntico para todos os sectores, podendo existir sectores para os quais o justo valor tende a ser mais relevante como base de mensuração. De salientar, que muito dos estudos realizados sobre a relevância do justo valor incidem sobre sectores específicos (por exemplo, Barth (1994), Barth *et al.* (1995), Eccher *et al.* (1996) e Nelson (1996) investigaram o valor relevante incremental do justo valor de activos e passivos de bancos). Por último, a utilidade da mensuração pelo justo valor pode ser diferente consoante o tipo de activo e passivo: a mensuração pelo justo valor de activos financeiros com mercado activo pode ser mais útil do que a mensuração pelo justo valor de activos utilizados na actividade operacional da entidade;
- Os investidores preocupam-se mais com o valor dos elementos das demonstrações financeiras do que com custos;
- O justo valor tende a reflectir de forma mais adequada o verdadeiro valor económico de activos;
- A mensuração dos activos e passivos pelo custo torna-se irrelevante com o passar do tempo; e
- O justo valor é uma forma de mensuração baseada no mercado, representando uma medida não enviesada, consistente de período para período e comparável entre entidades.

Pelo contrário, os adversários do justo valor argumentam que:

- A mensuração pelo justo valor, em certas situações, pode não ser relevante, uma vez que evidencia hipotéticas transacções e não transacções que efectivamente foram realizadas;

- A mensuração de activos e passivos sem mercado activo pelo justo valor pressupõe a sua estimativa, através da adopção de modelos financeiros e formulação de pressupostos, baseados ou não no mercado, a qual poderá não ser fiável. Os críticos do justo valor argumentam que a necessidade de se fazer uma estimativa aumenta a subjectividade e permite a manipulação de resultados. Este argumento é considerado particularmente relevante em entidades que remuneram os seus gestores segundo critérios baseados nos resultados. A necessidade de confiar nas estimativas efectuadas pelos gestores realça a assimetria de informação, a qual pode originar dois problemas: por um lado, o mercado tenderá a mensurar activos que aparentemente são idênticos mas que efectivamente são diferentes, caso não seja divulgada informação que permita compreender as estimativas; por outro, os gestores tenderão a utilizar informação privada em seu próprio benefício, manipulando a informação que é divulgada para o exterior. Contudo, não podemos esquecer que esse mesmo problema existe numa mensuração baseado no custo. Efectivamente, a mensuração pelo custo pode criar incentivos para a venda ineficiente de activos de modo a serem realizados ganhos em determinados períodos;
- A necessidade de formular pressupostos e aplicar modelos para a estimativa do justo valor de activos e passivos sem mercado activo diminui a consistência do relato financeiro entre as empresas, prejudicando a comparabilidade da informação financeira;
- A mensuração de activos e passivos com mercado activo pelo justo valor implica a utilização de um preço de mercado, o qual pode estar distorcido pelas ineficiências do mercado, irracionalidades dos investidores e problemas de liquidez. Como foi referido, para elementos com mercado activo, o justo valor tenderá a ser o preço de mercado. Pode argumentar-se que nem sempre o preço de mercado reflecte o "verdadeiro" valor dos elementos: os mercados podem não ser eficientes em todos os períodos, os investidores nem sempre actuam de forma racional, podem existir problemas de liquidez, existem limites a estratégias de arbitragem e

existem custos de transacção associados às operações realizadas. A crise financeira recente exemplifica alguns destes problemas. Perante estes argumentos a resposta poderia ser o abandono do justo valor como base de mensuração e a defesa do "regresso" do custo histórico. Contudo, se o preço de mercado pode não reflectir o "verdadeiro" valor dos elementos, em certos períodos, muito menos se pode considerar que o custo histórico desempenha eficazmente esse papel. É precisamente pelo facto de os mercados nem sempre serem eficientes que se revela importante que, nas demonstrações financeiras, se encontre espelhado o justo valor dos elementos.

– A mensuração pelo justo valor aumenta a volatilidade dos resultados ou do capital próprio, consoante a forma como sejam reconhecidas as variações do justo valor (Richard, 2004; O'Brien (2005); Barth, 1994; Barth *et al.*, 1995; Francis, 1990 e Jermakowicz e Gornik-Tomaszewski, 2006).

– A mensuração pelo justo valor amplifica as variações no sistema financeiro e pode eventualmente provocar uma espiral de quedas nos mercados financeiros. A este respeito, é necessário distinguir entre períodos de prosperidade e de crise. Em períodos de prosperidade, a adopção do justo valor como base de mensuração permite o aumento do valor dos activos com o consequente incremento no resultado do período ou directamente no capital próprio, aumentando a alavancagem financeira. Desta forma, em períodos de crise financeira, o impacto das descidas do valor dos activos será maior, tornando o sistema financeiro mais vulnerável. Este efeito pode ser minorado caso as normas prevejam a impossibilidade de se utilizarem preços de mercado em situações de venda forçada e permitindo a estimativa do justo valor quando os mercados deixem de ser activos, situações já contempladas na IFRS 13.

Apesar das dificuldades que podem eventualmente existir na adopção do justo valor, esta forma de mensuração é, para diversos elementos das demonstrações financeiras, a que proporciona informação mais útil para a tomada de decisão dos utilizadores. Salienta-se a importância da adopção desta base de mensuração ser acompanhada por divulgações que permitam aos utilizadores não só compreender a forma de determinação do justo valor, mas também avaliar o seu impacto na posição financeira e desempenho das entidades.

3. Principais implicações da adopção do justo valor

A adopção do justo valor tem importantes implicações noutras áreas que não a contabilidade, como, por exemplo, na auditoria, na fiscalidade, na legislação comercial e na política de remuneração dos executivos.

3.1. Na auditoria às contas

Um uso mais alargado do justo valor cria uma dificuldade adicional para os auditores. O *Public Company Accounting Oversight Board* (PCAOB) alertou que a adopção do justo valor, com base na promessa de que a informação proporcionada aos utilizadores é mais relevante, resulta numa nova área de risco para os auditores. Os auditores terão que avaliar os processos e os pressupostos feitos pela gerência no que diz respeito a elementos mensurados pelo justo valor que não tenham mercado activo e terão que recorrer mais a estimativas realizadas por peritos externos (Magnan e Thornton, 2010).

É possível identificar um conjunto de assuntos particularmente importantes para os auditores e também para os preparadores nas estimativas do justo valor:

- O objectivo da mensuração, uma vez que a estimativa do justo valor é expressa em termos do valor de uma transacção corrente baseada nas condições existentes à data de mensuração;
- A necessidade de incorporar julgamentos relativos a pressupostos significativos que podem ser feitos por terceiros, tais como peritos;
- A disponibilidade ou indisponibilidade de informação ou evidências e a sua fiabilidade;
- A extensão dos activos ou passivos aos quais é aplicada, de forma obrigatória ou voluntária, uma mensuração pelo justo valor;

- A escolha e a sofisticação de técnicas e de modelos de valorização aceites; e
- A necessidade de serem efectuadas divulgações apropriadas sobre os métodos de valorização e incertezas, particularmente quando os mercados não são líquidos.

Com vista a estabelecer procedimentos comuns em matéria de auditoria do justo valor, foi emitida a *International Standard on Auditing* (ISA) 545 – Auditoria das mensurações e divulgações de justo valor, pelo *International Federation of Accountants* (IFAC), com a finalidade de estabelecer orientações sobre a auditoria de mensurações e divulgações ao justo valor contidas nas demonstrações financeiras.

3.2. No apuramento do imposto

O Código do IRC prevê um modelo de dependência parcial entre a fiscalidade e a contabilidade, uma vez que o lucro tributável é determinado a partir do resultado contabilístico e das variações patrimoniais não reconhecidas nos resultados do período. Contudo e, para atender a objectivos próprios da fiscalidade, são efectuados ajustamentos positivos ou negativos ao resultado contabilístico previstos na lei. Desta forma, o tratamento previsto nas normas contabilísticas é aplicável para efeitos fiscais sempre que o Código do IRC e a legislação complementar não estabeleçam regras próprias.

No que respeita à forma de mensuração pelo justo valor, a opção do legislador foi de manter a independência da fiscalidade relativamente ao referencial contabilístico, privilegiando como regra o custo e como excepção o justo valor. Aquela opção pode ser justificada pela subjectividade inerente à contabilização pelo justo valor, pela dificuldade do controlo da sua operacionalidade para efeitos fiscais, pelas disputas que eventualmente tal forma de mensuração originaria entre o contribuinte e a Administração fiscal e pelo impacto na liquidez das empresas, de modo a que as empresas não tenham que pagar impostos sobre rendimentos potenciais ou não realizados.

Seguidamente, apresentam-se os elementos cuja mensuração pelo justo valor é aceite fiscalmente e os que contabilisticamente podem ser mensurados pelo justo valor mas cuja base fiscal assenta no custo (quadro 5).

Quadro 5 – Tratamento fiscal das variações do justo valor

ACTIVOS MENSURADOS PELO JUSTO VALOR	VARIAÇÕES DO JUSTO VALOR ACEITES FISCALMENTE	VARIAÇÕES DO JUSTO VALOR NÃO ACEITES FISCALMENTE
Activos intangíveis		Os ajustamentos de revalorização, quer reconhecidos directamente no capital próprio quer reconhecidos em resultados, não são aceites fiscalmente (art. 21º, nº 1 do CIRC). São aceites como gastos as amortizações de elementos do activo intangível sujeitos a deperecimento contabilizados ao custo histórico que, com carácter sistemático, sofram perdas de valor resultantes da sua utilização ou do decurso do tempo (art. 29º, nº 1 do CIRC).
Activos fixos tangíveis		Os ajustamentos de revalorização, quer reconhecidos directamente no capital próprio quer reconhecidos em resultados, não são aceites fiscalmente (art. 21º, nº 1 do CIRC). São aceites como gastos as depreciações de elementos do activo fixo tangível sujeitos a deperecimento contabilizados ao custo histórico que, com carácter sistemático, sofram perdas de valor resultantes da sua utilização ou do decurso do tempo (art. 29º, nº 1 do CIRC).

ACTIVOS MENSURADOS PELO JUSTO VALOR	VARIAÇÕES DO JUSTO VALOR ACEITES FISCALMENTE	VARIAÇÕES DO JUSTO VALOR NÃO ACEITES FISCALMENTE
Activos não correntes detidos para venda		Os ajustamentos decorrentes da classificação como activos não correntes detidos para venda não são relevantes para efeitos fiscais (art. 35º CIRC).
Propriedades de investimento		As variações de justo valor reconhecidas em resultados não são relevantes para efeitos fiscais (art. 18º, nº 9 do CIRC).
Perda por imparidade de activos	Podem ser aceites como perdas por imparidade as desvalorizações excepcionais provenientes de causas anormais devidamente comprovadas, designadamente desastres, fenómenos naturais, inovações técnicas excepcionalmente rápidas ou alterações significativas, com efeito adverso, no contexto legal. (art. 38º, nº 1 do CIRC).	
	As perdas por imparidade de activos depreciáveis ou amortizáveis que não sejam aceites fiscalmente como desvalorizações excepcionais são consideradas como gastos, em partes iguais, durante o período de vida útil restante desse activo ou até ao período de tributação anterior àquele em que se verificar o abate físico, o desmantelamento, o abandono, a inutilização ou a transmissão do mesmo (art. 35º, nº 4 do CIRC).	

ACTIVOS MENSURADOS PELO JUSTO VALOR	VARIAÇÕES DO JUSTO VALOR ACEITES FISCALMENTE	VARIAÇÕES DO JUSTO VALOR NÃO ACEITES FISCALMENTE
Activos biológicos	Activos biológicos consumíveis: as variações do justo valor reconhecidas em resultados concorrem para a formação do lucro tributável (art. 20º, nº 1 g) e art. 23º, nº 1 j) do CIRC). Foram, porém, excepcionadas as explorações silvícolas plurianuais, para as quais se mantém o regime fiscal anterior (art. 18º, nº 7 do CIRC), dado estas se caracterizarem pela existência durante longos ciclos de exploração.	Activos biológicos de produção: as variações do justo valor reconhecidas em resultados não são relevantes para efeitos fiscais (art. 18º, nº 9 do CIRC).
Activos financeiros que não sejam mensurados pelo custo ou custo amortizado	As variações do justo valor reconhecidas em resultados concorrem para a formação do lucro tributável, quando, tratando-se de instrumentos do capital próprio, tenham um preço formado num mercado regulamentado e o sujeito passivo não detenha, directa ou indirectamente, uma participação no capital superior a 5 % do respectivo capital social (art. 18º, nº 9 do CIRC).	As variações do justo valor reconhecidas em resultados não concorrem para a formação do lucro tributável, nos. restantes casos (art. 18º, nº 9 do CIRC).
PASSIVOS MENSURADOS PELO JUSTO VALOR	**VARIAÇÕES DO JUSTO VALOR ACEITES FISCALMENTE**	**VARIAÇÕES DO JUSTO VALOR NÃO ACEITES FISCALMENTE**
Passivos financeiros que não sejam mensurados pelo custo amortizado	As variações do justo valor reconhecidas em resultados concorrem para a formação do lucro tributável (art. 49º do CIRC)[4].	

[4] Para empresas não financeiras, os passivos financeiros mensurados pelo justo valor tenderão a ser produtos derivados que verificam o conceito e critérios de reconhecimento como passivo. Nestes casos, se o derivado não for considerado de cobertura de risco, as

3.3. No resultado que pode ser distribuído

Tal como aconteceu na legislação fiscal, também no que diz respeito à legislação societária o legislador foi prudente, impedindo a distribuição de resultados que incorporem incrementos não realizados, decorrentes da aplicação do justo valor, e introduzindo alterações às regras que privilegiam a prudência e o apuramento dos resultados na base de operações já realizadas.

O art. 32º do Código das Sociedades Comerciais (CSC) estabelece que os incrementos decorrentes da aplicação do justo valor através de componentes do capital próprio, incluindo os que são reconhecidos no resultado do período, apenas relevam para poderem ser distribuídos aos proprietários quando os elementos ou direitos que lhes deram origem sejam alienados, exercidos, extintos, liquidados ou utilizados, isto no caso de activos fixos tangíveis e intangíveis.

Da redacção do artigo referido anteriormente salientam-se três aspectos essenciais. Em primeiro lugar, apenas as variações favoráveis do justo valor (rendimentos) não relevam para o montante que pode ser distribuído aos proprietários das empresas. O legislador optou, assim, por uma estratégia prudente exigindo que as variações desfavoráveis (gastos) sejam consideradas como reduções ao montante que pode ser distribuído. Em segundo lugar, a opção do legislador foi a de considerar todas as variações favoráveis (rendimentos) do justo valor, quer elas sejam reconhecidas em resultados quer sejam reconhecidas directamente no capital próprio. Independentemente da forma de reconhecimento das variações do justo valor, estas não se encontram realizadas, sendo portanto resultados positivos meramente potenciais. Por último, o referido artigo clarifica que as variações favoráveis do justo valor apenas devem relevar para efeitos de distribuição quando efectivamente realizadas, quer através da sua alienação, exercício, extinção, liquidação ou uso.

Esta restrição à distribuição dos resultados pode ser justificada pela necessidade de proteger os credores das sociedades, incutindo

variações do justo valor concorrem para a formação do lucro tributável. Caso o derivado seja de cobertura de risco, deve aplicar-se o disposto no art. 49º, nº 2 e nº 3 do CIRC.

um certo nível de prudência. Assim, para a distribuição de resultados, distingue-se entre incrementos que resultam de operações realizadas e incrementos que resultam de operações não realizadas. Contudo, aquela distinção só deve ser efectuada relativamente às variações do justo valor, não se considerando outro tipo de situações como, por exemplo, as diferenças de câmbio favoráveis não realizadas. Neste caso, deverão as diferenças de câmbio favoráveis não realizadas relevar para a distribuição dos resultados porque, em termos de normativo contabilístico, não são consideradas "variações do justo valor" ou, pelo contrário, sendo incrementos potenciais, devem ser excluídas do resultado a distribuir?

3.4. Nas políticas de remuneração das empresas

Diversos estudos anteriores documentam que os resultados contabilísticos são utilizados frequentemente na determinação da remuneração dos executivos (Lambert e Larcker, 1987; Sloan, 1993), existindo uma maior associação entre as compensações em dinheiro e os resultados contabilísticos do que com o retorno das acções. Adicionalmente, conclui-se também que as comissões de remuneração tendem a ajustar os resultados contabilísticos com a finalidade de determinar a compensação do CEO (Dechow *et al.*, 1994; Gaver e Gaver, 1998; Duru *et al.*, 2002). Estes ajustamentos têm como objectivo proporcionar os incentivos adequados para os executivos desenvolverem actividades que criem valor para as entidades ou para evitar impor aos executivos risco indevido no caso de perdas que eles não controlam. Contudo, esses ajustamentos podem criar incentivos para os executivos exercerem oportunisticamente influência sobre as comissões de remuneração, no sentido de proteger as suas remunerações de diminuições dos resultados.

A mensuração pelo justo valor pode ter implicações importantes nas remunerações dos executivos, quando essas remunerações são baseadas em resultados contabilísticos e não sejam efectuados os necessários ajustamentos. A mensuração pelo justo valor de elementos para os quais o preço de mercado é o melhor representante do justo valor introduz não só volatilidade na remuneração de executivos, como também incorpora factores fora do controlo dos executivos. Por outro lado, a mensuração pelo justo valor de elementos para os quais o justo valor tem que ser estimado permite que os executivos possam manipular a determinação do justo valor de modo a aumentar os resultados e, consequentemente, as suas remunerações.

4. Conclusões

A avaliação que se faz de uma determinada base de mensuração deve atender a uma análise custo benefício não só dessa base mas também de bases de mensuração alternativas. A determinação do justo valor pode, por vezes, ser subjectiva e pode permitir a manipulação por parte dos executivos, com as eventuais consequências ao nível da sua remuneração. A utilização do justo valor como base de mensuração pode tornar mais complicado o apuramento do imposto sobre o rendimento, pela necessidade de se efectuarem mais ajustamentos para a determinação da matéria colectável. Pode, também, criar obstáculos adicionais aos auditores.

No entanto, para muitos dos elementos reconhecidos nas demonstrações financeiras, o justo valor continua ainda a ser melhor alternativa em termos de base de mensuração uma vez que permite o cumprimento do objectivo das demonstrações financeiras: prestar informação sobre a posição financeira, desempenho financeiro e alterações dos fluxos de caixa, num determinado momento e atendendo às condições prevalecentes nesse momento, útil para a tomada de decisão dos utilizadores. A utilização do justo valor como base de mensuração vem reforçar a importância da informação que deve ser divulgada nas notas às demonstrações financeiras. Apenas com a divulgação de informação sobre o justo valor é que os utilizadores conseguem, efectivamente, compreender as demonstrações financeiras.

Apesar de ser apontado por alguns autores como um indutor da crise financeira, a mensuração pelo justo valor teve o mérito de evidenciar os problemas financeiros, os riscos das entidades e as suas consequências. Esta análise teria sido muito mais difícil caso a base de mensuração fosse o custo histórico.

Porém, tal como refere Fahnestock e Bostwick (2011), talvez um factor que pode ligar o justo valor à crise financeira seja a iliteracia financeira. Existiu uma clara falta de conhecimento e compreensão (pelos gestores, contabilistas, auditores e analistas) na aplicação do justo valor a determinados elementos, nomeadamente na mensuração dos CDO (*Collateralized Debt Obligations*). Um último aspecto que é relevante referir é que não se deve confundir o objectivo das demonstrações financeiras com o papel dos organismos reguladores na análise financeira e prudencial. A necessidade de existirem regras prudenciais aplicáveis à banca não deve servir de pretexto para questionar a aplicação do justo valor como base de mensuração contabilística.

REFERÊNCIAS BIBLIOGRÁFICAS

Barth, M. (1994), "Fair Value Accounting: Evidence from Investment Securities and the Market Valuation of Banks", *The Accounting Review*, Vol. 69, Nº 1, pp. 1-21.

Barth, M. D. Collins, G. Crooch, J. Elliott, F. Thomas, E. Imhoff, W. Landsman e R. Stephens (1995), "Response to the FASB Exposure Draft "Disclosure about Derivative Financial Instruments and Fair Value of Financial Instruments", *Accounting Horizons*, Vol. 9, Nº 1, pp. 92-95.

Dechow, P., Huson, M. e Sloan, R. (1994), "The effect of restructuring charges on executives' cash compensation", *The Accounting Review*, Vol. 69, pp. 138-156.

Duru, A., Iyengar, R. e Thevaranjan, T. (2002), "The shielding of CEO compensation from the effects of strategic expenditures", *Contemporary Accounting Research*, Vol. 19, pp. 175-193.

Eccher, A., Ramesh, K. e Thiagarajan S. (1996), "Fair Value Disclosures of Bank Holding Companies", *Journal of Accounting and Economics*, Vol. 22, pp. 79-117.

Fahnestock, R. e Bostwick, E. (2011), "An analysis of the fair value controversy", *Journal of Finance and Accountancy*, Vol. 8, pp.

Francis, J. (1990), "Accounting for Futures Contracts and the Effect on Earnings Variability", *The Accounting Review*, Vol. 65, Nº 4, pp. 891-910.

Gaver, J. e Gaver, K. (1998), "The relation between nonrecurring accounting charges and CEO cash compensation", *The Accounting Review*, Vol. 73, pp. 235-253.

Jermakowicz, E. e S. Gornik-Tomaszewski (2006), "Implementing IFRS from the Perspective of EU Publicly Traded Companies", *Journal of International Accounting, Auditing and Taxation*, Vol. 15, Nº 2, pp. 170-196.

Lambert, R. e Larcker, D. (1987), "An analysis of the use of accounting and market measures of performance in executive compensation contracts", *Journal of Accounting Research*, Vo. 25, pp. 85-125.

Landsman, W. (2007), "Is fair value accounting information relevant and reliable? Evidence from capital market research", *Accounting and Business Research*, Special Issue: International Accounting Policy Forum, pp. 19-30.

MAGNAN, M. e THORNTON, D. (2010), "Fair Value Accounting: Smoke and Mirrors?", *CA Magazine*, March, pp. 18-25.

NELSON, K. (1996), "Fair Value Accounting for Commercial Banks: An Empirical Analysis of SFAS 107", *The Accounting Review*, Vol. 71, pp. 161-182.

O'BRIEN, J. (2005), "Relevance and Reliability of Fair Value: Discussion of Issues Raised in Fair Value Accounting for financial Instruments: Some Implications for Bank Regulation", Working Paper.

RICHARD, J. (2004), "The Secret Past of Fair Value: Lessons from History Applied to the French Case", *Accounting in Europe*, Vol. 1, Nº 1, pp. 95-107.

SLOAN, R. (1993), "Accounting earnings and top executive compensation", *Journal of Accounting and Economics*, Vol. 16, pp. 55-100.

WHITTINGTON, G. (2010), "Measurement in financial reporting", *Abacus*, vol. 46, nº 1, pp. 104-110.

Até onde vão os juízos de valor? O caso particular das amortizações e imparidades[1]

Luisa Anacoreta
Professora da Universidade Católica Portuguesa, Escola do Porto

I – INTRODUÇÃO

Pretende-se, com este artigo, debater conteúdos importantes constantes do atual normativo contabilístico, o SNC, em sede de amortizações e imparidades.

As normas que compõem o SNC orientam-se mais por princípios que por regras. A orientação por princípios, implícita nas normas "inspiradoras" do nosso sistema, as IAS/IFRS, carateriza-se por normas mais curtas, menos complexas, baseadas em linhas de orientação e conceitos abrangentes e, principalmente, por necessitarem de julgamento na aplicação. Por outro lado, um sistema normativo que se baseie mais em regras, como o do organismo norte-americano FASB, deixa aos utilizadores muito menos discricionariedade de interpretação e aplicação. Note-se que, não obstante esta dicotomia entre as normas do IASB e as normas do FASB, Barth (2012) evidencia que as

---

[1] Texto terminado em Julho de 2012.

empresas não norte-americanas quando utilizam as IAS/IFRS apresentam maiores níveis de comparabilidade em termos de sistema contabilístico e de relevância da informação financeira face às empresas norte-americanas, do que quando utilizam normas contabilísticas locais.

Basear as normas em princípios traz óbvias vantagens: ainda que mais curtas e menos complexas (o que, só por si, são já duas vantagens importantes), as normas são suficientes para responder a qualquer situação, uma vez interpretados e compreendidos os conceitos subjacentes. Mas, a outra face da moeda também lá está: são normas suscetíveis de diferentes interpretações para factos e transações similares. Tudo depende de como cada um interpreta, julga, os conceitos. Por outro lado, não se pense que um sistema puramente baseado em regras impede a manipulação da informação. Com efeito, tal como realça Schipper (2003) um sistema baseado em regras abre, segundo alguns, "um convite à estruturação financeira e outras atividades que subvertem o reporte financeiro de elevada qualidade".

E assim nenhum sistema se dá ao luxo de se basear em apenas princípios ou em apenas regras. Num sistema baseado em princípios há sempre algumas regras que permitam garantir comparabilidade e, principalmente, limitar manipulação da informação, e num sistema baseado em regras há sempre alguns princípios subjacentes que pretendam limitar fuga ao enquadramento via estruturação de transações ou factos.

Neste trabalho pretende-se alertar para princípios constantes do SNC na área das amortizações e imparidades, mas também para regras implícitas nas normas que balizam o julgamento do utilizador. Demonstra-se, assim, que um sistema à partida "principles based" contém também as suas regras, regras essas que desempenham um papel fundamental na aplicação das normas em questão, ainda que passem eventualmente despercebidas em leituras menos atentas.

II – IMPARIDADES

O conceito de imparidades aplicável, por definição, apenas a ativos e nunca a passivos, consiste em perdas na quantia recuperável de ativos face ao seu valor contabilístico (denominado geralmente nas NCRF por "quantia escriturada"). Atendendo a que o rendimento de um ativo se gera pela sua venda ou pelo seu uso e que, racionalmente, uma empresa opta pela via que lhe proporciona maior remuneração, a quantia recuperável de um ativo corresponde ao mais alto entre o seu justo valor menos custos de vender (leia-se o valor líquido a obter pela venda do ativo) e o seu valor de uso (leia-se a quantia a obter pela afetação do ativo à atividade empresarial).

1. Quando fazer o teste?

E assim, sempre que a quantia recuperável de um ativo está abaixo do seu valor de balanço, deve este ser ajustado negativamente por forma a que, no final, não exceda tal quantia. Este "sempre que" deve ser entendido como "sempre que a empresa apura a quantia recuperável de um ativo". Ora, surge então uma questão fundamental: **quando** deve a empresa calcular a quantia recuperável de um ativo?

A norma internacional sobre imparidades, a IAS 36, e também a nacional, a NCRF 12, resolvem a questão do "**quando**" da seguinte forma:

– quando se está perante casos específicos, o cálculo da quantia recuperável é pelo menos anual; esta regra aplica-se a *goodwill*, ativos intangíveis de vida útil indefinida e ativos intangíveis que não se encontrem prontos para utilização;
– sempre que ocorrerem indícios de imparidade, internos ou externos, deve-se fazer o cálculo da quantia recuperável.

Mesmo que se esteja perante casos específicos de revisão anual, os acima referidos, se ocorrerem indícios de imparidade relativamente a esses ativos deve-se fazer o cálculo. Isto significa que para o *goodwill* e para certos intangíveis o cálculo pode ser efetuado mais do que uma vez no ano.

É o caso da Impresa, SGPS, S.A. em 2011 que, perante indícios de imparidade no *goodwill*, reportou uma perda de 29,5 milhões de euros no *goodwill* nas Demonstrações Financeiras Intercalares, reportadas a 30 de junho, em consequência do cálculo efetuado nessa data. Em dezembro do mesmo ano, a Impresa voltou a fazer teste de imparidade, resultando em mais perda no *goodwill*.

A este propósito convém referir que, em conformidade com a norma interpretativa internacional IFRIC 10, uma perda de imparidade no *goodwill* reportada em contas intercalares decorrente de um teste de imparidade "por indícios" não é passível de reversão em dezembro, seguindo a regra geral de não reversão de imparidades detetadas no *goodwill*. No fundo, o que diz esta interpretação é que a regra da não interferência do resultado intercalar no cálculo do resultado anual não se confirma quando estão em causa perdas de imparidade irreversíveis, como é o caso das perdas no *goodwill*.

A normalização tentou, definindo o <u>quando</u> fazer o cálculo, eleger um momento crítico para elaboração do apuramento da quantia recuperável. Mas, ao definir esse momento a norma seguiu, em consonância com o espírito das normas do IASB e apesar da regra estabelecida para o *goodwill* e determinados intangíveis, uma base de princípios. E assim, constam da norma uma lista de indícios internos e externos de imparidade, lista essa que não é exaustiva, mas sim meramente exemplificativa e explicativa do conceito.

Dois dos indícios externos de imparidade referidos na norma são: (1) "as taxas de juro do mercado ou outras taxas de mercado de retorno de investimentos aumentaram durante o período e esses aumentos provavelmente irão afetar na taxa de desconto usada no cálculo do valor de uso"; (2) "ocorreram durante o período, ou irão ocorrer no futuro próximo, alterações significativas com efeito adverso na entidade, relativas ao ambiente tecnológico, de mercado, económico ou legal (...)".

Os anos de 2011, e também 2012 mas sobre este não há ainda contas publicadas, a ocorrência dos dois indícios citados é quase óbvia. Talvez seja de estranhar o reduzido número de empresas que efetuou teste de imparidade por indícios nesse ano. O reporte de imparidades a junho foi de tal forma raro, apesar de coincidir com a intervenção da famosa "troika" na economia portuguesa na sequência das elevadas taxas de juro inerentes ao financiamento do Estado Português e com efeitos muito adversos no crescimento económico, que a própria

CMVM achou adequado pedir esclarecimentos adicionais à Impresa, uma das poucas, senão, única, sociedade cotada que relatou imparidades no *goodwill* por indícios.

E assim, apesar da norma definir numa base de princípios uma das questões mais importantes sobre imparidades, o quando fazer o teste, a verdade é que é a regra que funciona da grande maioria dos casos. E a regra é: ao *goodwill*, intangíveis de vida útil indeterminada e intangíveis em curso, o teste tem que ser efetuado pelo menos anualmente. Para esses e para os outros ativos, decorre do "julgamento profissional" sobre a ocorrência de indícios de imparidade a elaboração ou não de teste.

2. Que ativo está sob teste?

A aquisição de um negócio, entenda-se aqui por negócio um conjunto de ativos (e, eventualmente, passivos) e atividades a eles inerentes capazes de gerar rendimento através do seu uso continuado, envolve, em princípio, a aquisição de uma série de intangíveis que não se encontram registados no balanço da sociedade adquirida, ou da sociedade que detém inicialmente o negócio adquirido. Estes intangíveis não se encontram reconhecidos no Balanço da sociedade adquirida (ou da sociedade que previamente detinha o negócio adquirido) não porque não sejam entendidos pela normalização contabilística como verdadeiros ativos, mas porque, por colocarem reservas à fiabilidade do cálculo do seu valor de aquisição, as normas proíbem o respetivo reconhecimento (IAS 38 e NCRF 6, ambas denominadas Ativos Intangíveis). Em concreto está-se a falar de "marcas, cabeçalhos, títulos de publicações, listas de clientes e itens substancialmente semelhantes" quando gerados pela própria entidade. E está-se também a falar do *goodwill* gerado no negócio adquirido.

Aqui convém referir uma limitação importante aos julgamentos de valor constante da norma internacional: enquanto a norma nacional (correspondente a uma versão anterior da internacional) prevê que o reconhecimento destes intangíveis pela sociedade adquirente após a aquisição do negócio só se dá se o justo valor deste for mensurável com fiabilidade, a norma internacional, na sua versão atual, presume que nas aquisições de negócios o adquirente sabe bem o que está a comprar, e por que valor, pelo que todos os ativos intangíveis identificados devem ser reconhecidos pelo seu justo valor. Ou seja, a norma internacional aproximou-se mais de uma regra, fugindo assim à quase opção implícita no princípio.

A dificuldade de definição de *goodwill* obrigou as normas contabilísticas a resolverem o seu cálculo de uma forma simples e residual: o *goodwill* corresponde à diferença entre o justo valor do preço pago pelo negócio e o justo valor dos ativos e passivos (e passivos contingentes) adquiridos, incluindo-se nestes ativos os intangíveis identificados não reconhecidos previamente na sociedade adquirida (NCRF 14 e IFRS 3).

Tome-se o exemplo das marcas. As normas contabilísticas assumem que em aquisições de negócios se pode identificar, por um lado, a marca subjacente, que passará a ser reconhecida separadamente no balanço da sociedade adquirente como, por outro, presumem a existência de *goodwill*, cujo valor será calculado de forma residual. Temos então no balanço da sociedade adquirente marca e *goodwill* relativos ao mesmo negócio. E são intangíveis assim tão diferentes? Como se verá adiante, as normas consideram-nos totalmente diferentes. Mas serão na prática?

Tratando-se de *goodwill* e de marca (assuma-se para o exemplo em análise como intangível de vida útil indefinida), ambos os ativos estarão sujeitos a testes de imparidade anual. Mas, com forte probabilidade o teste é o mesmo. Apesar de ativos reconhecidos separadamente, a verdade é que para efeitos de cálculo de imparidade ambos poderão ter que ser agregados ao mesmo conjunto de ativos que com eles geram rendimento (formando uma "unidade geradora de caixa"). E o teste de imparidade para essa unidade geradora de caixa corresponde à atualização, para o momento de elaboração do teste, dos fluxos de caixa futuros estimados resultantes do uso dos ativos que a compõem.

Veja-se o seguinte exemplo numérico:

Negócio adquirido	UGC 1	UGC 2
Ativos tangíveis	95.000	90.000
Marca	50.000	35.000
Quantia escriturada	145.000	125.000
GW	120.000	
Quantia total	390.000	

O negócio adquirido é formado por duas unidades geradoras de caixa: UGC 1 e UGC 2. Pela totalidade do negócio foi paga a quantia de 390.000, correspondendo 95.000 e 90.000 a ativos tangíveis, 50.000 e 35.000 a marcas geradas no negócio adquirido, imputáveis, respetivamente, a cada uma das unidades geradoras de caixa, e, residualmente, 120.000, correspondente ao *goodwill* inerente ao negócio.

Estima-se, à data do teste, que cada uma das unidades geradoras de caixa gera os seguintes fluxos de caixa atualizados:

Negócio adquirido	UGC 1	UGC 2
Fluxos de caixa actualizados	100.000	170.000
Quantia total	270.000	

A questão que se coloca é: atendendo a que para ambas as marcas e para o *goodwill* é necessário fazer o teste de imparidade, a que, dada a substância económica dos intangíveis em causa, o teste é o mesmo e a que, as normas não impõem o momento do ano em que se deve fazer o teste (desde que este seja anual e sempre no mesmo momento de cada ano), a qual ativo, marcas ou ao *goodwill*, se faz primeiro o teste?

Veja-se o que acontece se se fizer primeiro o teste ao *goodwill* e depois às marcas:

Teste de imparidade ao *goodwill*	UGC 1	UGC 2
Ativos tangíveis	95.000	90.000
Marca	50.000	35.000
Quantia escriturada	145.000	125.000
GW	120.000	
Quantia total do conjunto de UGC	390.000	
Quantia recuperável das UGC	370.000	
Perda de imparidade no gw	**-20.000**	

Teste de imparidade a cada marca	Marca 1	Marca 2
UGC	145.000	125.000
Quantia recuperável	100.000	270.000
Perda de imparidade	**-45.000**	**n/a**

De acordo com os cálculos apresentados, do teste ao *goodwill* resulta uma perda de imparidade de 20.000, não revertível no futuro por proibição da norma, e uma perda de imparidade de 45.000 na marca da UGC 1, inexplicavelmente revertível no futuro de acordo com a norma. Porquê inexplicavelmente? Porque não se vêm razões óbvias para que as normas, quer a nacional NCRF 12, quer a internacional IAS 36, tratem de forma tão violentamente diferente intangíveis tão tenuemente diferentes. Recorde-se que, enquanto gerados internamente, ambos são de proibido reconhecimento no balanço.

Onde estão, então, os princípios? Como se justifica que ativos de tão difícil separação económica se subjuguem a uma *regra* contabilística tão diferente? Perante tratamento tão diferenciado, para onde "empurra" a norma? Que julgamento de valor faz o adquirente quando o recado implícito na norma é: na aquisição de negócios atribua o máximo de valor que conseguir a marcas ou outros intangíveis, por forma a reduzir o *goodwill* adquirido e, por essa via, reduzir eventuais perdas futuras de proibida reversão.

Voltando ao exemplo anterior, veja-se agora o que acontece se o teste for efetuado primeiramente às marcas e depois ao *goodwill*:

Teste de imparidade a cada marca	Marca 1	Marca 2
UGC	145.000	125.000
Quantia recuperável	100.000	270.000
Perda de imparidade	**-45.000**	**n/a**

Teste de imparidade ao *goodwill* após realização do teste às marcas	UGC 1	UGC 2
Ativos tangíveis	95.000	90.000
Marca	5.000	35.000
Quantia escriturada	100.000	125.000
GW	120.000	
Quantia total conjunto de UGC	345.000	
Quantia recuperável das UGC	370.000	
Perda de imparidade no gw	**0**	

Esta solução, fazer primeiro o (mesmo) teste às marcas e depois ao *goodwill* leva, no caso concreto, a uma diferença substancial: a perda (irreversível) no *goodwill* foi evitada! E porquê? Porque o facto da UGC 2 estar muito mais rentável permite, no teste ao *goodwill*, que foi elaborado com base numa menor valor de ativo dada a correção da marca por imparidade, compensar a fraco desempenho da UGC 1 que, no primeiro caso, foi responsável pela perda reconhecida no *goodwill*.

Daqui retira-se mais um *recado* implícito da norma: o teste ao *goodwill* deve ser o último a ser efetuado e o próprio *goodwill* deve ser afeto ao maior conjunto de ativos, ou de unidades geradoras de caixa possíveis, para permitir que as "saudáveis" compensem eventuais perdas nas "doentes".

Claro que a norma está atenta a estes recados e mais uma vez sob a capa de princípios impõe algumas regras: o justo valor de intangíveis adquiridos deve ser apurado com fiabilidade; o *goodwill* deve ser imputado a cada unidade geradora de caixa, ou grupo de unidades geradoras de caixa, que beneficiem de sinergias surgidas com a aquisição do negócio, podendo inclusive ser afeto a ativos previamente detidos pela adquirente desde que a unidade gerador de caixa ou o grupo represente o nível mais baixo na entidade ao qual o *goodwill* é monitorizado para finalidades de gestão e não seja maior que um segmento operacional; se os ativos que constituem uma unidade geradora de caixa que contém *goodwill* forem testado ao mesmo tempo que o *goodwill*, eles são testados previamente ao teste ao *goodwill*. Facilmente se depreende que da aplicação desta regra decorre uma enorme fatia de *juízo de valor*.

3. Regras e juízos de valor na medição do valor da imparidade

A questão mais importante relacionada com as imparidades é, provavelmente, a **quantificação** do valor da perda. Conforme referido, a quantia recuperável de um ativo corresponde ao maior entre o valor de uso e o justo valor menos custos de vender. Como na grande maioria das vezes se está perante testes de imparidade a *goodwill* e/ou a ativos intangíveis de vida útil indefinida, o que se vai calcular é o valor de uso, dado ser impraticável calcular o justo valor de algo que não tem mercado observável. E assim, na grande maioria dos casos o que se tem que calcular é o valor atual dos fluxos de caixa futuros estimados decorrentes do uso de um conjunto de ativos. Temos, então, julgamento de valor a três níveis: que ativos se incluem no cálculo? como se estima fluxos de caixa futuros? qual a taxa de desconto a utilizar?

E também nesta área proliferam, nas normas, as regras limitadoras dos princípios. Quanto aos ativos, além do que se disse acima, a norma contém regras à partida claras sobre o que fazer quando se vende negócios com *goodwill* imputado ou se reafecta e/ou reorganiza ativos com *goodwill* imputado.

Quanto aos fluxos de caixa estimados, a norma presume que as empresas possuem orçamentos ou previsões aprovados pela gerência ou administração e obriga a que o cálculo siga os valores aprovados, além de limitar o crescimento a uma taxa constante, eventualmente decrescente, para além de 5 anos de previsão. A norma não refere o que fazer se não for prática corrente da empresa fazer aprovar orçamentos ou previsões (a presunção está na norma, provavelmente, porque as normas do IASB foram desenvolvidas para, primordialmente, empresas cotadas, com suficientes organização e mecanismos de gestão interna).

Para a taxa de desconto, apesar de variadas regras e modelos aplicação, entre os quais o modelo financeiro por todos reconhecido e merecedor de prémio Nobel denominado *Capital Asset Price Model* (CAPM), a verdade é que os julgamentos de valor inerentes ao seu cálculo, principalmente no atual contexto económico de taxas de juro *descontroladas*, são de tal ordem que é fácil de encontrar do mercado taxas de atualização diferentes aplicadas a negócios que, à partida, em tudo são semelhantes. Refira-se que é imposto pela norma que sejam divulgadas em anexo as taxa de desconto utilizadas.

Tome-se como exemplo a Portugal Telecom (PT). No seu Relatório e Contas Consolidados relativos a 2011, a PT informa que calculou a quantia recuperável subjacente aos testes de imparidade ao *goodwill* usando diferentes cenários para a taxa de desconto.

Pressupostos	Telecomunicações no Brasil	Telecomunicações em Portugal	Outros negócios
Taxa de crescimento	4,5% - 5,0%	0,0% - 2,0%	0,0% a 2,5% - 0,5% a 3,0%
Taxa de desconto	9,0% - 9,5%	8,5% - 10,0%	5,9% a 11,4% - 5,9% a 13,4%

O valor recuperável de cada unidade geradora de caixa foi determinado para os valores mínimos e máximos incluídos na tabela cima e a gestão da Empresa concluiu que em 31 de dezembro de 2011 o valor contabilístico dos investimentos financeiros, incluindo *goodwill*, não excedia o respetivo valor recuperável

Extrato do relatório e Contas da PR, 31 de dezembro de 2011

Por seu lado a Sonae apresenta uma taxa de desconto por área de negócio, sem adiantar que foram efetuadas análises de sensibilidade:

As taxas de desconto utilizadas são:

- Telecomunicações	9,50%
- Multimédia	10,00%
- Sistemas de informação	11,50%

Extrato do relatório e Contas da PR, 31 de dezembro de 2011

Como se pode verificar as taxas usadas pelas duas empresa, para negócios que eventualmente semelhantes, são diferentes. Talvez pouco diferentes, mas, ainda sim diferentes. E o efeito destas *pequenas diferenças* são, de certeza, muito significativos no cálculo do valor atual.

Tais diferenças podem explicar-se por uma diversidade de factores, uns menos subjectivos, como o custo e peso da dívida, outros muito mais subjectivos como, consideração ou não, e a que nível, de risco de país, de risco de empresa de pequena dimensão, de risco de falência, de risco de incerteza nos orçamentos e ainda de alteração ou manutenção do valor das componentes da taxa de desconto na perpetuidade.

Outro aspecto a ter em consideração no cálculo da quantia atualizada de fluxos de caixa é o peso da *perpetuidade*. A perpetuidade é o fluxo de caixa líquido que estimado para o sexto ano (ou para o ano seguinte àquele para o qual se prevê fluxos de entrada e fluxos de saída específicos) e que se presume que se vai repetir na perpetuidade, crescendo a uma taxa constante (ou zero, ou até decrescente). Este montante tem um peso significativo na quantia final e depende, obviamente, da taxa de crescimento usada. Claro que a estimativa desta taxa não está livre de um elevado grau de subjetividade.

Do acima exposto decorre que também na quantificação do valor da imparidade há vários julgamentos de valor envolvidos. A norma refugia-se em modelos reconhecidos, em orçamentos aprovados por responsáveis, em medidas observáveis no mercado. Mas, ainda assim, é um cálculo que merece muito cuidado, transparência, consistência e tecnicidade. É provavelmente esta a razão para as empresas preferirem, ainda que não seja exigido pela norma, solicitar a peritos independentes a elaboração dos testes de imparidade.

4. O Código do IRC e as imparidades

Ao nível do Imposto sobre o Rendimento das Pessoas Coletivas a questão dos juízos de valor foi, como teria que ser, muito limitada. Assim, prevê o respetivo código no seu artigo 38º que apenas são aceites fiscalmente e de imediato as desvalorizações excecionais, leia-se imparidades em ativos, provenientes de causas anormais **devidamente comprovadas**, designadamente, desastres, fenómenos naturais, inovações técnicas excecionalmente rápidas ou alterações significativas, com efeito adverso, no contexto legal.

De referir que a aceitação fiscal da imparidade imediata obriga a pedido prévio e consequente aceitação da Autoridade Tributária, além da exigência de documentação de suporte a obter consoante a razão da imparidade. O Código não adianta valores limitativos nem imposições a efetuar no cálculo do montante da imparidade, sendo de supor que aceita os valores que decorrem da contabilidade. Imparidades que não estejam em condições de ser aceites fiscalmente de forma imediata, serão aceites ao longo da vida útil restante do bem no termos do artigo 35º. De referir que para o caso concreto do *goodwill* e marcas geradas internamente adquiridas em concentrações de negócios, só haverá impacto fiscal em caso de fusões reconhecidas ao método da compra e às quais não se aplique o regime fiscal previsto nos artigos 73º e seguintes do CIRC. Nesses casos, a aceitação de qualquer perda no *goodwill* ou na marca, seja perda de imparidade seja por desreconhecimento por venda, não é, à partida, de imediata aceitação como gasto fiscal.

III – AMORTIZAÇÕES

1. A força dos juízos de valor – métodos de amortização, vida útil e valor residual

A normalização contabilística nacional prevê nas NRCF 6 e 7 os regimes de amortizações aplicáveis a ativos intangíveis e tangíveis, respetivamente. À partida não seria de esperar que constasse da norma contabilística um regime rígido de amortizações, como o previsto fiscalmente. Tal não seria consistente com a base de princípios na qual assentam as normas.

Obviamente que a norma contabilística não estipula vidas úteis mínimas e máximas para os ativos, nem pré-define modelos de amortização e depreciação (apesar de quase *obrigar* a usar o método das quotas constantes para intangíveis amortizáveis), nem quantifica, ainda que proporcionalmente, valores residuais (se bem que presuma zero para determinadas situações em que estão em causa intangíveis). Todas essas questões são deixadas ao utilizador da norma para as concretizar consoante o seu juízo de valor. Assim, o período de vida útil é definido consoante a avaliação de "muitos fatores", dos quais as normas apresentam 4 (tangíveis) ou 8 (intangíveis); o método de amortização deve seguir "o modelo pelo qual espera que os futuros benefícios económicos do ativo sejam consumidos pela entidade" e o valor residual deve corresponder à "quantia estimada que uma entidade obteria correntemente pela alienação de um ativo, após dedução dos custos de alienação estimados, se o ativo já tivesse a idade e as condições esperadas no final da sua vida útil". Concretamente para a vida útil, a NCRF 6 chega mesmo a referir: "A estimativa da vida útil do ativo é uma questão de juízo de valor baseado na experiência da entidade com ativos semelhantes".

A norma vai ainda mais longe na exigência de juízos de valor na área das amortizações: "o valor residual e a vida útil de um ativo devem ser revistos **pelos menos no final de cada ano** financeiro (...)".

Concretamente sobre vida útil é oportuno referir o seguinte: para cada ativo é expectável observar uma vida física, uma vida económica e uma vida útil (para a empresa). Tome-se por exemplo um automóvel.

ATÉ ONDE VÃO OS JUÍZOS DE VALOR?

A vida física será aquela que reflete o tempo durante o qual o automóvel está capaz de ser utilizado. Espera-se, à partida, um período de vida longo. A vida económica é o período ao longo do qual algum operador económico, seja empresarial, seja consumidor final, atribui valor ao automóvel e está disposto a adquiri-lo. É menor que a vida física mas, uma vez que os particulares atribuem, muitas vezes, valor aos automóveis por um período mais longo que as empresas, espera-se que a vida económica ultrapasse a vida útil numa dada empresa. Por fim temos a vida útil, que difere de empresa para empresa consoante o uso que cada uma estima atribuir ao ativo. Deve ser consistente com o plano de negócios que cada uma definiu.

Para ativos com vida útil económica mais longa que a vida útil estimada pela empresa, é de esperar que o valor residual não seja zero uma vez que, no final da vida útil, haverá ainda mercado (ainda que de particulares) para o bem. Mais uma vez o automóvel exemplifica bem esta situação. Para cada automóvel é de esperar um valor residual estimado superior a zero sempre que a vida útil é inferior à vida económica. Refira-se que neste caso concreto, a proliferação de revistas com valores por marca e modelo de automóveis usados apresenta-se como uma forma fácil e quase objetiva de estimar valores residuais.

A relação entre os 3 conceitos de vida de um ativo aqui apresentados e a valor residual aparece no gráfico em baixo.

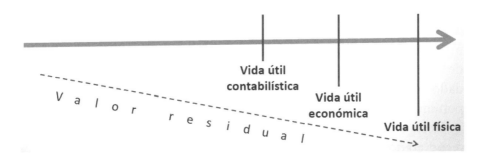

Pretendeu-se com esta breve exposição sobre questões associadas à vida útil realçar que, ainda que envolva muitos julgamentos de valor, há certos princípios balizadores do conceito que devem ser respeitados. A tendência, nesta área, é seguir a normalização fiscal. Mas a verdade é que a norma é contabilística, de relato financeiro, e destina-se a medir um resultado económico e não um resultado fiscal.

2. Amortizações por componentes

Uma outra área dentro das amortizações onde os juízos de valor assumem importância é o caso das vulgarmente denominadas amortizações por componentes. De acordo com a NRCF 7, "cada parte de um item do ativo fixo tangível com um custo que seja significativo em relação ao custo total do item **deve ser** depreciada separadamente". E depois acrescenta "uma entidade **pode escolher** depreciar separadamente as partes de um item que não tenham um custo que seja significativo em relação ao custo total do bem". Assim, as empresas primeiro julgam se determinada componente apresenta vida útil e/ou método de amortização diferente dos estimados para a estrutura principal do ativo e, em seguida, se o custo dessa componente é significativo em relação ao custo total. Se for, depreciam o ativo como se de dois se tratasse. Se não for, escolhe entre depreciar separadamente ou não.

Para aplicar o conceito, a norma apresenta um exemplo: a estrutura e os motores de uma aeronave. Para a realidade das (quase todas pequenas) empresas portuguesas, o exemplo não é dos melhores... não deveria a norma trazer um exemplo comum na realidade nacional? Para que serve o exemplo? Para concluir que vai ser rara (ou raríssima....) a aplicação do conceito? Não seria mais útil um exemplo como um camião com variadíssimos pneus? Até que ponto o custo dos pneus é significativo no custo total do camião? Depende do número de camiões que a empresa possui? Do seu ramo de atividade? Do uso dado a cada camião? Mereceria o *princípio* das amortizações por componentes vir agarrado a *regras* que limitem os juízos de valor?

Resta-nos julgar sobre o que consideramos significativo. E, note-se, o código do IRC não traz qualquer referência ao assunto, o que acarreta mais um problema. Em que medida é o modelo das amortizações por componentes aceite fiscalmente? E, em caso afirmativo (o que me parece de duvidar), o que é significativo para o código do IRC? Ao fisco também se pede juízo de valor?

IV - CONCLUSÃO

Pretendeu-se na análise acima evidenciar as necessidades de juízos de valor, e as barreiras à sua utilização, na aplicação das normas nacionais e internacionais de contabilidade. Conclui-se, pelos casos apresentados, que as normas só são aplicáveis corretamente se os utilizadores compreenderem os princípios que estão na sua base, se efetuarem os juízos de valor que permitem ir de encontro a esses princípios e se tiverem em conta as regras delimitadoras que, por vezes, as normas integram.

Quer nas normas de imparidades e concentrações de negócios, quer em normas mais comuns como dos ativos tangíveis e intangíveis, os juízos de valor estão presentes em grande medida. Em normas que são usadas quer para relatar informação financeira ao mercado de investidores e credores, quer como base de apuramento de imposto, a multiplicidade de juízos de valor, em conjugação com os conflitos de interesse nos vários intervenientes, faz supor um potencial de conflitos futuros.

Às vantagens de uma normalização baseada em princípios, que acarretam muitos juízos de valor para o seu entendimento e correta aplicação, opõem-se desvantagens que neste contexto assumem particular relevância. Até que ponto se justifica na realidade empresarial portuguesa normas baseadas em tantos princípios, e com tão poucas regras? No contexto de empresas sem *accountability*, que sentido faz um sistema normativo assente em princípios?

REFERÊNCIAS BIBLIOGRÁFICAS

BARTH, MARY E.; LANDSMAN, WAYNE R.; LANG, MARK H. (2012), Are IFRS--based and US GAAP-based Accounting Amounts Comparable?", *Journal of Accounting & Economics,* Forthcoming.

SCHIPPER, KATHERINE (2003), "Principles-based accounting standards" (2003); *Accounting Horizons,* 17:1.

Uma nota sobre estimativas, taxas de desconto e mensuração de ativos e passivos

António Martins
Professor da Faculdade de Economia da Universidade de Coimbra

1. Nota prévia

A introdução do SNC em Portugal veio, como é bem sabido, influenciar a contabilidade financeira num sentido de atribuir ao método do custo histórico um papel menos determinante na mensuração de ativos. Em consequência, outros métodos (*v.g.*, justo valor, equivalência patrimonial, custo amortizado) ganharam relevo e a interpretação dos valores de balanço sofre, por isso, mutações que reputo de significativas.

O propósito deste texto é o de apresentar uma nota de reflexão sobre estas mudanças. Tal reflexão centra-se nas seguintes questões:

i) Como se pode avaliar, no plano dos utilizadores da informação financeira, o progressivo abandono do custo histórico e a prevalência de outros métodos?

ii) Que impacto tem o uso de valores atuais e taxas de desconto na produção de informação financeira?

iii) Existiu um ganho ou perda informacional na passagem de um modelo para outro; isto é, que vantagens e perigos apresenta hoje a informação financeira?
iv) O caminho que a contabilidade tem vindo a trilhar tem retorno; isto é, pode voltar-se ao modelo assente no custo histórico?
v) Que evidenciam os exemplos de aplicação empresarial de taxas de desconto na mensuração de ativos e passivos?

É uma análise destas questões, mais centrada numa reflexão pessoal e menos em referências científicas procurando nelas um consenso sobre tais matérias, que se apresenta neste texto. Ou seja, o que se escreve não tem por preocupação cimeira uma espécie de revisão da literatura científica. É claro que a mensagem foi influenciada pelos escritos que tenho analisado; mas o que se trata aqui é de oferecer ao leitor uma, sempre criticável, opinião própria.

2. Como se pode avaliar, no plano dos utilizadores da informação, financeira o progressivo abandono do custo histórico e a importância de outros métodos?

O custo histórico, enquanto método de mensuração, parece ter sido relegado pelos IFRS (e também pelo SNC) para um papel de menor relevo. A estrutura concetual do SNC não apresenta o custo histórico como um dos *"Pressupostos subjacentes à elaboração das demonstrações financeiras"*, nem como uma das suas *"Características qualitativas"*.

Por comparação com o POC, parece, à primeira vista, que a peça central na definição de conceitos e princípios contabilísticos no âmbito do SNC – a referida estrutura concetual – implicaria o rebaixamento do custo histórico a um papel de menor relevo.

Mas, numa leitura mais atenta, tal asserção pode parecer formalmente excessiva. Na verdade, nos §§ 1, 98 e 99 dessa estrutura concetual estabelece-se o seguinte:

> § 1 – *......As demonstrações financeiras são a maior parte das vezes preparadas de acordo com um modelo de contabilidade baseado no custo histórico recuperável (...) Isto não significa que outros modelos não pudessem ser mais apropriados, a fim de ir ao encontro do objetivo de proporcionar informações específicas".*

§ 98 – São utilizadas diferentes bases de mensuração em graus diferentes e em variadas combinações nas demonstrações financeiras. Elas incluem as seguintes:
   a) Custo histórico.....
   b) Custo corrente....
   c) Valor realizável (de liquidação)..
   d) Valor presente....
   e) Justo valor....

99 – A base de mensuração geralmente adotada pelas entidades ao preparar as suas demonstrações financeiras é o custo histórico. Este é geralmente combinado com outras bases de mensuração. Por exemplo, os inventários são geralmente escriturados pelo mais baixo do custo ou do valor realizável líquido, os títulos negociáveis podem ser escriturados pelo seu valor de mercado e os passivos por pensões de reforma são escriturados pelo seu valor presente.

A estrutura concetual, em especial os §§ 1 e 99, salienta a importância do custo histórico na preparação das demonstrações financeiras. Aparentemente o pilar não se teria deslocado...Todavia, as restantes peças da estrutura normativa do SNC (designadamente as NCRF) introduzem o justo valor em variadas circunstâncias, o que retira boa parte da natureza referencial do custo histórico que consta da estrutura concetual. E o justo valor, como bem se sabe, pode ser apurado partindo de diversas bases de quantificação, sendo, por vezes, e na ausência de preços de mercado, equiparável a valores de uso. As estimativas de fluxos de caixa e de taxas de desconto surgem assim como tema fundamental na contabilidade financeira.

Pese embora o relevo que o custo histórico parece apresentar na estrutura conceptual, as NCRF que tratam da mensuração da ativos acabam por diminuir esse relevo. Com efeito, a NCRF 27 – Instrumentos financeiros admite, em várias circunstâncias, o justo valor como critério de mensuração. As NCRF 17 e 18 (respetivamente sobre Agricultura e Inventários) estabelecem as várias circunstâncias em que se deve usar o justo valor. As normas 6 e 7 (relativas a Ativos intangíveis e Ativos fixos tangíveis) determinam como critérios de valorização ou o custo histórico – mas ainda assim corrigido de perdas por imparidade – ou o custo revalorizado. Ora, como se vê, nestas e em muitas outras situações o custo histórico cede face ao apuramento de quantias recuperáveis. Estas serão baseadas em preços de mercado ou em valores de uso. Não tenho pois dúvida em afirmar que apesar da ênfase que a estrutura concetual outorga ao custo histórico, as diversas NCRF que tratam da mensuração de ativos acabam, na prática, por limitar a respetiva aplicação (Martins, 2010).

E, sublinhe-se, mesmo que uma entidade use o custo histórico – por exemplo na mensuração de ativos tangíveis – a introdução dos testes de imparidade implica que, no balanço, se evidenciem quantias recuperáveis. Ou seja, o objetivo é o de apresentar quantias que se obteriam no caso de venda ou uso do bem. Assim, o que interessa já não é o passado; e sim uma estimativa de encaixes futuros decorrentes do uso ou da venda dos bens assim valorizados. O custo histórico sofre pois forte abalo. O paradigma da contabilidade desloca-se de uma visão valorativa dos bens assente no seu custo para uma outra assente nos benefícios futuros. O realce que o custo histórico merece na estrutura concetual é, em meu entender, substancialmente diminuído pelas normas específicas (NCRF) que tratam da valorização de elementos patrimoniais (Holthausen e Watts, 2001).

Ora, assim sendo, as estimativas – já muito importantes no tempo o POC – ganharam ainda maior relevo, e tornaram-se peça central no processo de valorização dos elementos de balanço e, também, do apuramento de resultados.

3. Que impacto tem o uso de valores atuais e taxas de desconto na produção de informação financeira?

3.1. Taxas de desconto e prémio de risco

Uma vez que, como se referiu, as estimativas (em especial as do valor de uso de ativos, ou do valor atual dos seus benefícios esperados) têm vindo a conquistar preponderância nos processos de valorização dos elementos patrimoniais, o apuramento ou quantificação das taxas de desconto a aplicar às estimativas de benefícios esperados revela-se um peça crucial em todo o processo de avaliação.

A literatura financeira desenvolveu, como bem se sabe, um método que surge regularmente nos manuais de finanças como ferramenta de trabalho para apurar as taxas de desconto: o conhecido CAPM. Mas, como também se sabe, o uso deste método para avaliar ativos que não tenham preços formados em mercados financeiros organizados revela-se problemático (Damodaran, 2011; Hitchner, 2011; Ross *et al.*, 2010).

Todavia, e apesar disso, têm-se consagrado formas de resolver a questão da sua extensão a ativos não cotados. Elas consistem ou em presumir que o investidor se encontra diversificado e não enfrenta riscos específicos – o que raramente será verdade – ou em aumentar o prémio de risco obtido pelo uso do CAPM através da adição de um outro prémio que compensa o risco específico, que habitualmente se calcula entre 3% a 5%, em função de estudos internacionais sobre a variabilidade da taxa de retorno para ativos cotados e não cotados. Assume aqui especial relevo o risco de iliquidez, dada a maior dificuldade de transacionar ativos não cotados (Hitchner, 2011; Brealey *et al.*, 2007).

O problema maior surge na quantificação prémio de risco e o seu impacto nas taxas de desconto para o caso dos EUA. Vejamos os elementos seguintes (quadro 1).

QUADRO 1 – Prémios de risco nos EUA, de acordo com o modelo CAPM

Period	ARITHMETIC AVERAGE		GEOMETRIC AVERAGE	
	Stocks – T. Bills	*Stocks – T. Bonds*	Stocks – T. Bills	*Stocks – T. Bonds*
1928-2011	7,55%	**5,79%**	5,62%	**4,10%**
1962-2011	5,38%	**3,36%**	4,02%	**2,35%**
2002-2011	3,12%	**-1,92%**	1,08%	**-3,61%**

Fonte: www.damodaram.com , observado em Março de 2012

Como se verifica, o prémio de risco é bastante sensível quer ao período histórico considerado, quer ao tipo de média que se usa.

Admitindo que em avaliação de ativos ou passivos se está trabalhar com cenários de longo prazo, então os elementos da coluna (Stocks – T. bonds) do quadro 1, ou seja, a diferença entre a rendibilidade média das ações e das obrigações do tesouro, varia substancialmente em função do lapso de tempo considerado. Caso o período seja 1928-2011, teremos 5,79% – média aritmética – ; ou, alternativamente, um valor de -1,92% para o período 2002-2011.

Quem trabalha usualmente nas áreas de avaliação de empresas ou até na avaliação específica de certos ativos e passivos, sabe que a prática tem em regra convencionado a utilização de prémios de risco variando entre 4% e 6% sendo 5% um valor muito comum (Damodaran, 2011). De onde provém tal referência? Facilmente se vê que do período histórico mais longo (1928-2011) e da disseminação que os manuais finanças *made in USA* têm feito destes valores padrão (Damodaran, 2011; Brealey *et al.*, 2007).

Mas pode este valor de 5% ser aceite, sem mais? Esta é uma segunda limitação do método, atrás referida. A de extrapolar para o futuro os valores históricos mais longos. Nada garante que eles prevaleçam em futuros exercícios. Todavia, à falta de melhor alternativa, tem-se usado a simples extrapolação histórica como referencial de risco futuro.

Porém, uma outra abordagem pode ser utlizada. A lógica inerente a essa diferente abordagem é seguinte: observada a cotação de um ativo no período N, e supondo uma taxa de crescimento dos fluxos de caixa igual à prevista para o PIB, que taxa de desconto faz equivaler a cotação atual à estimativa do valor presente dos fluxos de caixa?

Ou seja, temos o valor presente e uma previsão de fluxos de caixa e queremos calcular a taxa de desconto. Dito de outro modo: qual o risco implícito nas cotações atuais, ou qual o prémio para o risco está incluído nos preços dos títulos que se observam nos mercados? Já não se trata de extrapolar retornos (e risco) observados no passado; mas aferir estimativas de risco futuro implícitas nos preços atuais.

3.2. Uma outra abordagem: o prémio de risco implícito

Na variante do cálculo do prémio de risco que se acabou de caraterizar, torna-se pois necessário quantificar os prémios implícitos nas cotações dos títulos. Em particular, e dada a evolução de um índice, e admitindo certas hipóteses sobre a evolução dos fluxos de caixa (dividendos) e suas taxas de crescimento, podem extrair-se os valores das taxas de desconto (e respetivos prémios implícitos). Vejam-se, no quadro 2, algumas estimativas, para os EUA.

QUADRO 2 – Risco implícito nos EUA

2001	3,62%
2002	4,10%
2003	3,69%
2004	3,65%
2005	4,08%
2006	4,16%
2007	4,37%
2008	**6,43%**
2009	**4,36%**
2010	**5,20%**
2011	**6,04%**

Fonte: www.damodaram.com, observado em Março de 2012

Como se observa, até 2007 o prémio de risco implícito rondava os 4%. Porém, a partir de 2008, tal prémio sobe consideravelmente. Mesmo assim, entre 2008 e 2011, um valor de 5% não é desajustado, face aos dados evidenciados no quadro 2. Usando uma taxa de desconto em que o prémio de risco seja apurado a partir de dados históricos (CAPM) ou implícitos (prémio implícito), que problemas práticos se deparam no cálculo do valor presente?

Suponha-se que na atividade empresarial, mais concretamente na produção de informação financeira, surgem as seguintes situações:

i) o cálculo do valor de uso de um ativo, ao quantificar uma imparidade ,
ii) a quantificação do valor de uso de um ativo biológico,
iii) a estimativa do valor atual dos dividendos esperados de uma participada, ao apurar uma imparidade num investimento reconhecido pelo MEP.

3.3. A subjetividade das estimativas e seu impacto: um exemplo

Em qualquer destas situações – ou noutras relativamente às quais o método dos *cash flows* descontados seja a ferramenta usada – o valor de um ativo ou de um conjunto de ativos de uma entidade empresarial, que se suponha operando em continuidade, será dado, como é sabido, pela seguinte expressão:

V = V1 + V2, onde:

V1: Valor durante o período explícito de previsão de *cash flows*
V2: Valor de perpetuidade após o primeiro período

$$V_1 = \sum_{t=1}^{n} \frac{CFt}{(1+k)^t}$$

$$V_2 = \frac{\frac{CF_{n+1}}{k-g}}{(1+k)^n}$$

Nas expressões que permitem o cálculo de V1 e V2, as variáveis têm o seguinte significado.

CF – *cash flow* esperado
K – taxa de desconto ou atualização
g – taxa de crescimento dos *cash flows* em perpetuidade

A fim de se ilustrar o impacto de pequenas variações na taxa de desconto nos resultados obtidos aquando da estimativa de um valor atual, tome-se o seguinte caso hipotético. Assim, para um ativo ou conjunto de ativos estima-se:

FC1 = 10 000 000 u.m.
FC2 = 10 000 000 u.m.
FC 3: 10 000 000 u.m.

De t3 em diante:

K = 3,5% + 5% (taxa de juro das aplicações em risco (rf) + **prémio de risco)**
g = 1,5%

Com este conjunto de pressupostos, o valor presente (VP) será de: 139 061 900 u.m.

Se as hipótese se alteraram de acordo o seguinte novo cenário, no qual se mantém os *cash flows* estimados e modifica apenas a taxa de desconto e a taxa de crescimento em perpetuidade:

K = 4% +6,5%
g = 2,5%
Então o VP será agora de 119 612 262 u.m.

Caso a quantia escriturada seja 125 000 000 u.m., haverá imparidade ou não consoante as hipóteses assumidas. E a questão central é a seguinte: a teoria financeira tem forma de negar validade a um cenário (valores assumidos relativamente a K e g) e suportar outro? A meu ver, não. Ambos estão dentro de margens aceitáveis e não há forma inquestionável de negar validade a um e afirmar que só o outro é sustentável.

Claro que um pode ser mais defensável do que o outro, tudo dependendo da consistência e razoabilidade das hipóteses subjacentes. Mas, repita-se, dentro de margens que podem ditar uma relevante diferença nos resultados obtidos, é muito difícil adotar um cenário e negar validade a outro.

Claro que, como já se enfatizou, as estimativas e pressupostos poderão ser mais ou menos fundamentados. As hipóteses poderão revelar-se mais ou menos consistentes com a evolução esperada da economia e do setor. O conjunto de argumentos justificadores de um cenário ou de outro pode ser mais ou menos intenso e fundado. Mas, no fim, sempre se estará dentro de limites cuja baliza é difusa, e não se prestam a uma decisão clara entre o que é ou não rejeitável (Mulford e Comiskey, 2002).

Assim, não seria facilmente defensável que a taxa "g", de crescimento a longo prazo, fosse atualmente estimada em de 5% para uma economia como a portuguesa. Mas escolher entre 1%, 1,5% ou 1,75% – valores que podem implicar estimativas de valor de uso de ativos bastante díspares – já se revela, quase sempre, bastante complexo.

E este é hoje um problema central da contabilidade. Ao aproximar os valores de balanço a quantias recuperáveis, parece que se está sempre à procura de um valor de liquidação permanente da empresa, embora por montantes que não refletem uma situação conhecida como "fire sale", ou seja venda pressionada por uma liquidação necessária, mas sim valores de liquidação, digamos, regulares, em mercado ordeiro e não em transações forçadas. O problema radica no facto de essas estimativas influenciarem resultados, e a sua margem de subjetividade ser muito elevada.

Os problemas ficam por aqui? Não. A introdução do risco na taxa de desconto tem bem mais que se lhe diga. Um outro ponto fulcral diz respeito ao tipo de risco captado por "Beta". Como bem se sabe, o dito parâmetro não capta todo o risco (Martins, 2010).

3.4. Tipos de risco, universo empresarial e taxas de desconto

O risco específico está fora da quantificação proporcionada por Beta. Assim é, porque se supõe, usando o CAPM, que o investidor tem uma carteira diversificada, e o risco específico de um ativo é eliminado pela diversificação. Ou seja, dito de outra forma, e tomando um exemplo referente a uma hipotética empresa cimenteira cotada em bolsa: "beta" capta o risco de uma subida geral das taxas de juro afetar a cotação dessa entidade; mas já não engloba o risco de num dado tipo de cimento de descobrirem deficiências de produção e tal implicar perda de qualidade.

Ora, em países onde predominam pequenas empresas, não cotadas, os riscos específicos existirão em larga escala. Os proprietários de empresas não cotadas, de pequena ou média dimensão, têm, muito frequentemente, o seu património fracamente diversificado. Assim, eventuais substitutos de beta refletem mal o tipo de riscos a que estão sujeitos e, no apuramento de valores presentes, o CAPM será menos apropriado.

Como se refere no excerto seguinte:

> *"Não existe prova empírica concludente e consensual de que a variabilidade das taxas de retorno de ativos financeiros seja explicável por variáveis como: beta, ratio valor de mercado/valor contabilístico (market to book ratio).*
>
> *Mais de 95% de todas as empresas das América Latina são micro, pequenas ou médias. Assim, é muito improvável encontrar investidores diversificados entre os seus proprietários. Eles estão expostos ao risco de mercado, mas também a riscos específicos."* Fuenzalida e Mongrut (2010: 18)

Em suma, e dado o que fica dito nesta seção, no âmbito da discussão que tem grassado na contabilidade acerca do que mais vale, se a relevância ou a fiabilidade, o que se pode dizer, em jeito de opinião própria? Será que o incremento do papel das estimativas implica um claro ganho líquido em termos informacionais? A contabilidade apresenta-se hoje indubitavelmente mais sólida como sistema de informação para a tomada de decisão?

4. Existiu um ganho ou perda informacional na passagem de um modelo para outro; isto é, que vantagens e perigos apresenta hoje a informação financeira?

Que vantagens e desvantagens envolve, em meu entender, o uso do valor presente como critério de valorização de elementos patrimoniais? Vejamos algumas vantagens.

i) Uma informação mais completa

De acordo com a Estrutura Concetual do SNC, um ativo é um recurso que se espera venha a proporcionar benefícios económicos. Assim, desta definição decore que os elementos ativos deverão ser mensurados pela sua capacidade de gerar benefícios futuros. Estes serão atualizados para o presente, a fim de evidenciarem a capacidade estimada de proporcionarem os ditos benefícios para a entidade que detém os ativos sob avaliação. Face ao custo histórico, a informação seria mais relevante, e possibilitaria decisões assentes em melhor informação financeira (Barth *et al.*, 2001).

ii) A possibilidade de analisar pressupostos e avaliar da sua razoabilidade

No caso de, como requerem as normas que constituem o SNC, as divulgações conterem uma explanação dos pressupostos usados no apuramento dos valores presentes, tal possibilita aos utilizadores da informação um juízo crítico acerca da razoabilidade desses pressupostos. Assim sendo, dá-se um passo a mais no sentido de facultar aos utentes das demonstrações financeiras a matéria-prima necessária à apreciação da consistência dos valores nelas inscritos (Holmes e Sugden, 1999). Em tese, assim será. Todavia, o conteúdo e estilo de muitas divulgações, face ao que temos visto em casos concretos, ficam muitas vezes longe do detalhe desejável para permitir um juízo analítico dos pressupostos usados.

iii) Maior aderência das demonstrações financeiras à racionalidade subjacente à teoria financeira tradicional

A teoria financeira tradicional sustenta, como se sabe, que o valor de um ativo será resultante dos benefícios esperados desse elemento patrimonial, atualizados para o momento presente a uma dada taxa de desconto. E a estrutura concetual do SNC acolhe uma definição de ativos que é similar. Daí que não surpreende o relevo dado ao justo valor, à quantia realizável líquida, à quantia recuperável, ao valor de uso, e assentar a aplicação destes métodos de mensuração em estimativas de valores presentes, quando valores de mercado não existem como referencial externo de justo valor (Libby *et al.*, 2009).

Ou seja, o custo histórico, ainda aparentemente erigido pelo SNC em método de mensuração de grande relevo, vem de facto a perder importância, pois que os testes de imparidade, ao obrigarem a uma continuada comparação entre quantia escriturada e a quantia recuperável (por referência ao justo valor ou ao valor de uso) conduzem o ativo a um valor de realização eventual.

Se for entendido que a contabilidade deve expressar valores realizáveis, que melhorariam a qualidade da informação, entende-se o caminho que a contabilidade está a seguir nos modelos de mensuração. Porém, se se considerar que atualmente podem coexistir no mesmo balanço diversos métodos de mensuração (*v.g*, custo histórico, equivalência patrimonial, justo valor, custo amortizado) então só uma muito detalhada divulgação sobre os pressupostos e consequências do uso de cada um possibilita um verdadeiro juízo apreciativo sobre a utilidade das demonstrações financeiras como elemento para a tomada decisão de gestão empresarial.

Que desvantagem apresenta, a meu ver, esta tendência que a contabilidade financeira vem evidenciando no sentido do incremento das estimativas, não só como determinantes do resultado apurado como também da valorização dos elementos patrimoniais?

Uma delas, porventura a mais preocupante, é a possibilidade de manipulação da informação financeira, em especial dos resultados apurados e das quantias inscritas no balanço (Mulford e Comiskey, 2002). Essa potencial manipulação pode visar atingir resultados que impliquem a não violação de cláusulas em contratos de dívida, influenciar a remuneração de gestores, afetar a política de distribuição de dividendos, ou produzir informação financeira que busque fundamentar reestruturações e influenciar a capacidade negocial de gestores, sindicatos e outras partes envolvidas. Em suma, a subjectivização da contabilidade (e os valores presentes constituem um dos pontos mais proeminentes dessa subjectivização) incrementa a probabilidade de mau uso da informação, elaborando-a de modo a satisfazer interesses específicos de certas partes interessadas e não tendo em vista a melhor informação para todos os agentes económicos afetados pela divulgação dos resultados e património de uma entidade empresarial (Mulford e Comiskey, 2002).

Uma outra desvantagem, em especial no domínio da pequena e média empresa, será a dificuldade em obter informação (inputs) que permitam ao modelo contabilístico aplicado entre nós estimar o valor presente e taxas de desconto. Na verdade, a análise dos riscos específico e sua quantificação, a estimativa de fluxos de caixa imputáveis a determinados ativos e passivos, esbarrarão neste universo empresarial com inúmeras dificuldades técnicas. Quando muito, ter-se-ão valores aproximativos, cuja relevância pode acabar por não ser melhor que o custo histórico (Martins, 2010). Neste último, o grau de objetividade das quantias escrituradas é, em regra, superior; pois que, com o valor presente, atinge-se um resultado com base em variados pressupostos muitas vezes não explicitados e que não permitem ao utilizador um verdadeiro juízo crítico das quantias reconhecidas. Num plano da grande empresa, em especial em entidades cotadas, admito que o uso de valores que se afastem do custo histórico possa aproximar os valores de balanço a quantias mais apropriadas para a tomada de decisão. Porém, isto deve ser contrabalançado com dois argumentos opostos.

Um primeiro, tem que ver com o facto de a missão da contabilidade não ser a de avaliar empresas. Isto é, não se trata de sustentar um modelo concetual e aplicado que sirva, essencialmente, para valorizar ativos e passivos a preços de mercado. Para isso servem outras entidades (analistas, investidores privados, fundos de investimento, consultores, etc.). As normas do IASB, do FASB e as que constam do SNC atribuem à contabilidade uma *função informativa para diversos interessados*, e não primordialmente para investidores (Holthausen e Watts, 2001).

Em segundo, e este é para mim o decisivo, o modelo contabilístico que se afaste do custo histórico só terá vingado como ferramenta de superior qualidade se for mostrável que conduz, por via de regra, a melhores decisões empresariais. Ora, tendo-se verificado o movimento para o justo valor a partir dos anos 90 do passado século, tenho as maiores dúvidas em concordar que tal se traduziu em melhores decisões de gestão e melhor desempenho empresarial. O que se tem passado no mundo entre 2005 a 2012 não outorga, a meu ver, bem entendido, uma evidente superioridade ao justo valor. A literatura sobre o impacto do justo valor na crise que hoje se vive não abona muito em favor deste modelo alternativo. Em suma, não é para mim claro que o objetivo de aproximar o valor contabilístico ao valor de mercado tenha vindo a originar melhores decisões de gestão por existir melhor informação financeira.

5. O caminho que a contabilidade tem vindo a trilhar tem retorno; isto é, pode voltar-se ao modelo assente no custo histórico?[1]

A investigação em contabilidade tem, sobre a questão relativa aos destinatários da informação financeira, duas linhas de análise bastante diferentes. De um lado estão os que entendem que o objectivo primordial da informação financeira é o de servir de base para a valorização das entidades empresarias (*inputs to valuation theory*). Do outro, os que entendem que os utilizadores da informação financeira são constituídos por um vasto conjunto de partes interessadas e que, por isso, a informação não deve ser preparada tendo em mente os objectivos de um grupo em detrimento dos demais.

A principal força subjacente ao movimento que, nas últimas décadas, surgiu no âmbito da contabilidade no sentido de aproximar o normativo do justo valor e de o afastar do custo histórico tem a sua origem nas finanças empresariais (*corporate finance theory*).

Exprimindo uma posição muito comum aos autores da área financeira, Bodie e Merton (2000, p. 74) afirmam que, para a decisão financeira, o valor contabilístico é geralmente irrelevante, sendo o valor de mercado aquele que deve nortear a decisão. Questionam-se os autores por que razão o valor contabilístico expresso nas demonstrações financeiras se afasta geralmente do valor de mercado. Entre as causas apontadas, mencionam a óbvia razão de os activos e passivos incluídos no balanço estarem (na maior parte) avaliados ao custo histórico – menos depreciação – em vez de a valores de mercado (*current market*

---

[1] Segue-se de preto, nesta seção, (Martins, 2010).

values). E interrogam-se: qual dos dois valores é mais relevante para a decisão financeira?

No seguimento de vários exemplos – relativos a activos fixos, onde o afastamento dos valores é, como já vimos, mais provável – concluem: *"Clearly, this value (opportunity costs) is best approximated by the market value of the equipment(...) whereas the book value is essentially irrelevant."*

Bodie e Merton (2000) explicam como os preços dos ativos transaccionados em mercados financeiros são justos valores desses activos. O facto de inúmeros analistas competirem entre si pelas melhores oportunidades de investimento implica que a informação que chega ao mercado seja rapidamente incorporada nos preços. Assim, este processo de descoberta do valor intrínseco dos títulos assegura que, em cada momento, o preço formado possa ser considerado um valor justo. Nas palavras dos autores: *"the market price becomes a better and better estimate of fair «value» and it becomes more difficult to find profit opportunities"*.

Então, só valerá a pena a contabilidade caminhar para o objetivo de fornecer informação que reporte o preço dos ativos ao respetivo valor de mercado (melhor: ao justo valor entendido como preço de mercado ou, como alternativa secundária, valor de uso). Só assim estará a dar aos investidores informação relevante acerca do valor de mercado da entidade, o que permitirá aos interessados decidir melhor.

Em suma: a teoria da finança empresarial tem constantemente apontado a irrelevância dos valores (históricos) da contabilidade para o processo de decisão financeira. Será provável que a contabilidade tenha deixado permear por um sentimento de que só teria ganho alforria quando servisse os interesses dos investidores e reportasse valores de mercado? Em meu entender essa não é a menor das razões da evolução que se tem verificado nos padrões de relato contabilístico.

Mas, ainda que inserindo-se na corrente que defende o papel relevante da contabilidade no fornecimento de *inputs to valuation*, Barth *et al.* (2001) apontam algumas das suas limitações.

Apesar deste objetivo da investigação comandada pelo paradigma da *value relevance*, os autores salientam que o seu principal propósito é o de facultar ao FASB evidência empírica que constitua um elemento que o organismo leve em conta. Não pretendem que as normas do FASB se rejam pelo objectivo primordial da valorização das entidades empresariais. E, numa nota adicional de prudência, afirmam (subl. meu): "*value relevence studies do not attemp to estimate firm value. This is is the objective of fundamental analysys research*".

Pode, a partir de tudo isto, inferir-se que a contabilidade voltará a enfatizar o uso efectivo do custo histórico e a repensar a prevalência de justos valores, do valor de uso e, consequentemente, a minorar o papel das estimativas? Será difícil, em minha opinião, que tal aconteça. Por três razões.

Em primeiro lugar, porque nas academias e nos órgãos que emitem normas contabilísticas (*v.g.*, IASB, FASB) o paradigma do justo valor (e a secundarização do custo histórico) tem feito um largo e persistente caminho. Sabe-se o impacto que a investigação científica divulgada em revistas e nos *fora* mundiais tem nas bases conceituais de qualquer ciência. A contabilidade não é excepção, e o reforço do justo valor não desfalecerá.

Em segundo lugar, porque entendo que as administrações das grandes entidades empresariais, que são, obviamente, as que maiores influências têm nestas matérias, tenderão provavelmente a privilegiar um modelo de apuramento de resultados e quantificação de elementos patrimoniais no qual as estimativas sejam parte cada vez mais importante. A flexibilidade que tal permite será uma razão pela qual recolherá apoios. Por um lado, porque poderá existir um genuíno descontentamento com as limitações do custo histórico; por outro, porque a utilização de valores descontados dos benefícios futuros mais facilmente permite a gestão de resultados.

Por fim, o atual modelo está num meio termo entre duas visões extremas. Uma, que implicaria a utilização custo histórico sem concessões, ou seja de impedir o uso de valores descontados como método de mensuração de ativos passivos. A outra, que reconheceria o goodwill gerado internamente; e assim teríamos a contabilidade como ferramenta, por excelência, de avaliação de entidades. Estando-se onde se está, é possível que, a curto ou médio prazo, nem se volte ao custo histórico, nem se avance para o corolário do entendimento da contabilidade como ferramenta de avaliação: a de reconhecer goodwill gerado internamente, como defende parte da doutrina contabilística.

Para finalizar este texto com algumas notas aplicadas, vejamos alguns exemplos da aplicação de taxas e desconto por entidades que lidam regularmente com tais matérias.

6. Exemplos de aplicação empresarial de taxas de desconto
6.1. Valor presente e imparidades. Dois exemplos de apuramento de taxas de desconto

O trecho seguinte é extraído do Relatório e Contas da CIMPOR, relativo a 2010, e pretende divulgar elementos referentes aos testes de imparidade, que, como bem se sabe, podem basear-se no valor presente dos benefícios futuros dos ativos em questão.

> *"Nos testes realizados, o valor recuperável de cada grupo de unidades geradoras de caixa é comparado com o respetivo valor contabilístico. Uma perda por imparidade apenas e reconhecida no caso do valor contabilístico exceder o maior valor de entre o valor de uso e o valor realizável líquido. No valor de uso os fluxos de caixa, apos impacto fiscal, são descontados com base no custo medio ponderado do capital depois de impostos ("WACC"), ajustado pelos riscos específicos de cada mercado. As projeções de fluxos de caixa baseiam-se nos planos de negócio a medio e longo prazo, aprovados pelo Conselho de Administração, prolongadas de uma perpetuidade".*

País	Taxa de desconto (K = WACC)	Taxa de crescimento de longo prazo (g)
Portugal	7,1%	1,4%
Turquia	10,0%	4%
Moçambique	11,1%	2,5%
Índia	8,9%	3,0%

Do relatório e conta da EFACEC, também referente a 2010, extrai-se a seguinte informação:

> *"Foram efetuados testes de imparidade para a generalidade das empresas que justificam o valor do goodwill, com base nas projeções dos cash-flows futuros descontados, não tendo daí decorrido qualquer perda de valor. Nos referidos testes foram utilizados os seguintes pressupostos:*
>
> *WACC 9,30%*
> *OT 10 anos 4,39%*
> *prémio de risco 5,00%*
>
> *Nos testes a empresas situadas em países considerados de risco, o prémio de risco foi acrescido, em média, em 3%".*

Como se observa, prémios de risco de 5% e uma quantificação do risco específico de 3% para países nos quais se entende que atividade está sujeita a riscos acrescidos, foram soluções, que julgamos de uso relativamente generalizado, usadas pela EFACEC. No caso da CIMPOR, é de realçar a amplitude das taxas de crescimento (g) usadas nos testes de imparidade.

6.2. Um caso hipotético sobre risco e valor presente

Admita-se que uma média empresa (ALFA SA) não cotada vende aparelhos de segurança doméstica. Um seu cliente, alegando quebra de um contrato de fornecimento por parte de ALFA, move um processo judicial, e pede indemnização de 20 milhões de euros. Supondo cumpridos os requisitos da NCRF 21 para o reconhecimento de uma provisão, e admitindo o desfecho judicial em 2017, como mensurar a provisão?

Hipótese 1: Introduzindo nos fluxos de caixa o fator risco

Ou seja, probabilizando os desfechos, e usando uma taxa de desconto (rf) na qual o risco já não entraria. Por exemplo 4%, como eventual taxa das obrigações a 5 anos de um país com rating AAA. Ou a taxa de juro de um empréstimo a médio prazo cobrada por um banco a empresa com muito baixo risco. Em suma: se o risco (neste caso, a variabilidade do passivo) foi introduzido no numerador, já não caberia – sob pena de dupla consideração – na taxa de desconto, ou denominador.

Hipótese 2: Admitindo o risco na taxa de desconto, que taxa usar?

2.A) Taxa que representa o custo de oportunidade do capital próprio, sem considerar o risco específico:

Exemplo: 4%+ 5% = 9%, onde 5% representa, segundo os valores habituais do CAPM, o risco de mercado, não diversificável.

2.B) Incluindo risco específico (da empresa ou do passivo)? A NCRF 21 – Provisões refere o do passivo, nos seguintes termos: *"A taxa (ou taxas) de desconto deve(m) ser uma taxa (ou taxas) antes dos pré impostos que reflicta(m) as avaliações correntes de mercado do valor temporal do dinheiro e dos riscos específicos do passivo".*

Exemplo: 4%+ 5% +prémio de risco específico = K%

O que é um risco específico de uma provisão? O risco específico representa a variabilidade (volatilidade, desvio padrão) dos valores da obrigação a suportar futuramente. Como se mede? Prospectivamente ou pela extrapolação de uma média histórica. Teoricamente parece fazer sentido. Na prática, o juízo de valor será frequentemente muito incerto e presta-se a que o valor reconhecido possa ser facilmente manipulado.

2.C) Usando uma taxa (WACC) que representa o custo médio ponderado do capital?

Exemplo: (Ke* CP) + (Kd * D)
Ex: 9%*40% + 5,5% * 60% =
3,6%+ 3,3% = **6,9%**

Por mim, optaria certamente pela hipótese 1, ou seja, procuraria incluir uma estimativa de risco nos fluxos de caixa, pela inclusão da sua variabilidade, probabilizando tal cenário.

Vejamos de seguida os argumentos técnicos que uma grande empresa de auditoria (KPMG) faculta sobre a questão da inclusão do risco nas estimativas.

6.3. Excertos de *"Insights into IFRS"*[2]: algumas notas práticas sobre provisões

"Na determinação dos elementos a usar na avaliação, uma taxa de desconto isenta de risco pode ser obtida através de uma obrigação do tesouro. Porém, em certos casos, as obrigações de um Estado podem incorporar um risco de incumprimento significativo, e não são um benchmark adequado. Taxas pagas por empresas consideradas sólidas serão um melhor indicador de rf. (KPMG, 2012, p. 467)
O risco é refletido por ajustamento nos fluxos de caixa ou na taxa de desconto. A nosso ver, é mais fácil ajustar os fluxos de caixa e descontá-los à taxa rf. Ajustar a taxa de desconto é muito complexo e envolve um alto grau de juízo de valor".

Como se observa, esta entidade recomenda que nas estimativas que envolvem o reconhecimento de provisões, o valor descontado seja, primordialmente, apurado introduzindo o risco nos fluxos de caixa estimados, ou seja, na variabilidade dos passivos a que se terá de fazer face.

O ajustamento da taxa de desconto, mesmo que defensável teoricamente, depara-se com maior dificuldade de concretização. E, sublinhe-se, nas PME, quer uma perspetiva quer a outra sempre se debaterão com inúmeros obstáculos, quer de falta de informação, quer de dificuldade em assumir responsabilidade pelo apuramento das estimativas, quer pela divergência entre grandezas contabilísticas e fiscais (Gee *et al.*, 2010) e pela maior comodidade de não reconhecimento de tais encargos previstos.

---

[2] KPMG, (2010).

BIBLIOGRAFIA

Barth M., Beaver W. and Landsman W., (2001) The relevance of the value--relevance literature for financial accounting standard setting: another view, *Journal of Accounting and Economics,* vol. 31, p. 77-104

Bodie Z. and Merton R., (2000) *Finance,* Prentice- Hall

Brealey R., Myers S. and Allen F., (2007), *Principles of corporate finance,* McGraw Hill, New York

Damodaran A. (2011), *Applied Corporate Finance,* Wiley, New York

Fuenzalida D. e Mongrut S.(2010), "Estimation of discount rates in Latin America: empirical evidence and challenges", *Journal of Economics, Finance and Administrative Science,* 15, pp. 7-43

Gee M, Haller A. and Nobes C. (2010) "The Influence of Tax on IFRS Consolidated Statements: The Convergence of Germany and the UK", *Accounting in Europe;* vol 7. pp. 97-122

Hitchner J. (2011), *Financial valuation – application and models,* Wiley, N. York

Holmes G. and Sugden A. (1999) *Interpreting company reposts and accounts,* Prentice Hall, London

Holthausen R. and Watts R. (2001) "The relevance of the value-relevance literature for financial accounting standard setting", *Journal of Accounting and Economics,* vol. 31, p.3-75

KPMG (2010), *Insights into IFRS,* Sweet and Maxwell ed.

Libby R. , Libby P. and Short D. (2009) Financial Accounting, McGraw--Hill, New York

Martins A. (2010) *Justo valor e imparidade em ativos tangíveis e intangíveis,* Almedina, Coimbra

Mulford J. and Comiskey E. (2002) *The financial numbers game,* Wiley, New York

Neves J. (2012), *Análise e relato financeiro,* Texto, Lisboa

Ross S., Westerfield R., Jaffe J. and Jordan M.(2010) *Corporate finance,* McGraw Hill, New York.

Juízos de valor e formação

José Rodrigues de Jesus
Docente da Faculdade de Economia da Universidade do Porto (FEP).
Vice-Presidente do Conselho Diretivo da Ordem dos Revisores Oficiais de Contas (OROC)

Quem alguma vez, agora ou há muito tempo, lidou com a contabilidade nunca pôde furtar-se a juízos, a valores, a juízos de valor.

A contabilidade é um sistema de informação, envolvendo, pois, destinatários e conteúdos.

Como se mostram, impõem ou evidenciam os destinatários? Com é possível pensar simultaneamente em todos? Quais as razões para privilegiar alguns?

Terão os conteúdos uma imanência natural, de tipo construtivista, radicados, por exemplo, na estrutura do processo produtivo, ou decorrem, de modo também natural, do que são as solicitações dos destinatários, que têm necessidade da informação?

Quem escolhe a estrutura, quem capta os desejos dos necessitados?

Serão os académicos, os agentes dos negócios, técnicos altamente dotados e especializados?

Que papel desempenha a política, em qualquer das suas vertentes, no estabelecimento do sistema?

Como atuam os juízos?

Será hoje proporcionalmente mais intensa a questão dos juízos que em tempos anteriores?

Haverá proporcionalidade constante na evolução do desenvolvimento económico e das estruturas de negócio, as solicitações dos necessitados e a oferta de soluções, intelectuais e materiais, de informação?

Andam de par, ou completamente de par, o progresso económico, as figuras financeiras, a perceção dos investidores, a estrutura da gestão, a atuação dos analistas, a aplicação dos profissionais da contabilidade e da auditoria, o estudo dos académicos?

Que nos diz, a título de exemplo, a Estrutura Conceptual sobre o tema?

Na Estrutura Conceptual encontramos diversas referências expressas a estes temas, mas sempre de modo, digamos, vulgar ou superficial, como coisa adquirida e intuitiva, habitual, espontânea, como de facto é.

A Estrutura Conceptual afirma que as demonstrações financeiras são frequentemente – repete-se, são frequentemente – descritas como mostrando uma imagem verdadeira e apropriada de, ou como apresentando razoavelmente, a posição financeira, o resultado das operações e as alterações na posição financeira de uma empresa.

Logo adverte que a Estrutura Conceptual não trata diretamente de tais conceitos, mas assume que a aplicação das principais características qualitativas e das normas apropriadas resultam em demonstrações financeiras que transmitem o que geralmente é entendido como uma imagem verdadeira e apropriada ou a apresentação razoável da informação.

Afirma-se que não trata diretamente – tratará indiretamente, por certo, pelo menos alertando para algumas balizas ou caminhos, mas sobretudo deixando claro que é necessário algo mais do que a Estrutura e as normas.

Esse algo mais é muito – sempre foi.

Repare-se, por exemplo, no que refere a Estrutura sobre a ponderação entre Benefício e Custo: é mais uma restrição difusa do que uma característica qualitativa, acrescentando que é difícil aplicar um teste custo-benefício a qualquer caso particular, pelo que tanto os normalizadores, como os preparadores e utentes das demonstrações financeiras devem estar conscientes desta restrição.

Continua a Estrutura, afirmando que a aspiração é conseguir um balanceamento apropriado entre as características a fim de ir ao encontro dos objetivos das demonstrações financeiras e que a importância relativa daquelas características é uma questão de julgamento profissional.

Como que se pretende obter, em absoluto, a imagem verdadeira e apropriada, mas esta só é alcançada no âmbito de um sistema carregado de restrições e envolvendo juízos interpretativos (da realidade, do sistema, da forma, das palavras, das omissões).

Perante este terreno muitas vezes arenoso, podemos partir para uma conceção com maior pendor relativista?

A resposta tem de ser negativa, mas apenas porque não podemos conceber que ela seja positiva, não podemos aceitar que a imagem absolutamente correta seja a que decorre dos juízos de cada um.

Também a NIC 8, por exemplo, ao apreciar a ausência de uma norma ou interpretação que se aplique especificamente a uma transação, outro acontecimento ou condição, determina que a gerência faça julgamentos no quadro das características qualitativas, ponderando os requisitos e orientações das normas e interpretações que tratem assuntos semelhantes, a Estrutura Conceptual e, ainda, recentes tomadas de posição de outros órgãos normalizadores que usem um Estrutura semelhante, outra literatura contabilística e práticas aceites no setor, desde que respeitem as noções anteriores.

Ainda na Estrutura Conceptual pode ler-se que se presume terem os utentes um razoável conhecimento das atividades empresariais e económicas e vontade de estudar a informação com razoável diligência – admitindo, julga-se, que as mesmas exigências devem associar-se aos prestadores da informação, a quem tem de pedir-se, ainda mais, por exemplo comportamentos específicos na vontade de informar.

Juntam-se, pois, conceitos técnicos, intelectuais, morais e tantos outros de diversa natureza.

No meio desta teia de intervenções, com os seus interesses e características técnicas e intelectuais, pode dizer-se que, quando se alude a juízos ou julgamentos ou juízos de valor, estaremos num campo principalmente subjetivo, radicado, se não exclusiva, principalmente na conceção do sujeito, preparador ou utilizador?

Em última instância é assim. Acontece, todavia, que a formação do pensamento e do comportamento destes agentes não aparece como algo de dom primeiro, mas, antes, como um bem adquirido num ambiente profissional.

É, exatamente, aqui que nasce o sujeito, agora objetivado pelos contornos do conhecimento geral exigido ao estudioso, ao trabalhador, ao bem formado moralmente, ao dedicado ao treino para a perceção do bem público que é uma informação de qualidade e à intuição do que é a qualidade.

Já uma vez escrevi, a propósito da auditoria, que muitas vezes se olha como que sejamos uma categoria de profissionais que têm de viver num domínio quase sobrenatural.

Não é, evidentemente, assim. De uma coisa temos de estar seguros: de que se espera que façamos tudo o que está ao nosso alcance para proceder corretamente, de qualquer ponto de vista, desde logo do social.

Este tema é relevante sobretudo quando estamos, como é o caso que determina este texto, numa escola.

Não é apenas nas carteiras da escola, mas esta deve ser o ponto fulcral da formação dos nossos agentes, sendo certo que as mesmas pessoas muitas vezes, ao mesmo tempo ou em momentos diferentes, se assumem como preparadores da informação (empresários, gestores, por exemplo) ou seus utilizadores.

É possível fazer algumas coisas sem formação ou sem grande formação. Não podemos fazer, porém, uso de julgamentos (supostamente profissionais) ou de juízos de valor sem estar fincados numa sólida formação, que só pode ser inscrita na textura da continuidade da vida.

Aos meios académicos, às instituições que agregam profissionais, às entidades que zelam pela governação (empresarial, social, por exemplo) tem de solicitar-se o máximo empenhamento neste processo, que não é apenas o de ensinar e aprender discretamente, mas o de aprender permanentemente e em conjunto, de sorte que, na diversidade, se encontrem parâmetros nucleares capazes de proporcionar algum caminho objetivo do exercício do julgamento.

O justo valor e a obrigação de benefícios de reforma

Cláudio Pais
Professor do ISCTE-IUL

1. Introdução

Durante o Século XX, os empregadores aumentaram a segurança económica dos empregados providenciando, em troca de trabalho, benefícios para além da remuneração direta (Dulebohn et al, 2009).

A contabilização das pensões (benefícios prometidos pós emprego) é uma questão importante do relato financeiro. Os benefícios são considerados na ótica dos empregados, e são todas as formas de remunerações atribuídas por uma entidade em troca dos serviços prestados por estes. O passivo de benefícios definidos pode ser uma percentagem considerável do passivo de uma empresa cotada e pode ter um impacto nos resultados dessas empresas (Severison, 2009). Também Fasshauer et al. (2008) concluiu que a maioria das empresas europeias que fazem parte dos índices (de 20 países europeus) tem planos de benefícios definidos.

As pensões são uma parte dos benefícios dos empregados pós emprego (pagáveis após o final do emprego) e estão dentro das remunerações não correntes, mas a contabilidade das pensões é a parte mais difícil, mais especificamente no que trata da contabilização dos planos de benefícios definidos, em que a quantia da pensão se baseia no ordenado à data da reforma.

Um plano de pensões é um acordo (formal ou informal) em que uma entidade providencia benefícios (pagamentos) a empregados depois de estarem retirados do emprego (benefícios pós-emprego). Os dois tipos mais usuais de planos de benefícios pós-emprego são o plano de contribuição definida e o plano de benefícios definidos. O que distingue um plano do outro, é a assunção dos riscos e das recompensas pela execução do plano e depende da substância económica decorrente dos principais termos e condições. Sobre a definição de planos de contribuição definida:

a. A empresa tem uma obrigação legal ou substancial limitada à quantia acordada de contribuir para o fundo.
b. Em consequência, quer o risco atuarial (de que os benefícios sejam inferiores aos esperados), quer o risco de investimento (de que os ativos investidos sejam insuficientes para fazer face aos benefícios esperados), não é assumido pela empresa.

Sobre os planos de benefícios definidos:

a. É obrigação da empresa providenciar os benefícios acordados para os empregados.
b. O risco atuarial (de que os benefícios custem mais do que o esperado) e o risco do investimento recaem, em substância na empresa. Se as experiências atuariais e de investimento forem piores do que o esperado, a obrigação da entidade aumenta.

Para os planos de contribuição definida não há qualquer problema no seu reconhecimento e mensuração, porque a obrigação da empresa que relata para cada período é determinada pelas quantias que deverá contribuir nesse período. O problema existe para o plano de benefícios definidos e todo este trabalho centra-se neste tipo de planos.

Este trabalho encontra-se organizado como se segue: após esta breve introdução, o ponto 2 faz uma breve evolução histórica das normas nacionais e internacionais; o ponto 3 apresenta uma breve comparação entre a norma nacional e a nova norma internacional; o ponto 4 faz uma breve referência aos custos dos serviços correntes e de períodos passados; o ponto 5 analisa o custo do passivo e o retorno dos ativos; o ponto 6 analisa os ganhos e perdas decorrentes de alterações de pressupostos e de ganhos de experiência; no 7 e último ponto apresento as conclusões.

2. Breve historial

Até 1986 era prática corrente reconhecer os planos de benefícios definidos numa base das contribuições para o fundo. Isto significa que:

a. O custo corrente era reconhecido como um gasto aquando das contribuições para o fundo.
b. O custo dos serviços passados também era reconhecido como gasto aquando das contribuições para o fundo.
c. Os ganhos (perdas) atuariais eram usualmente amortizadas em 3 ou anos.

Há três métodos para determinar o valor da obrigação da pensão:

a. O método do benefício acumulado, em que os salários atuais são usados para determinar a obrigação presente.
b. O método do benefício acrescido, em que a obrigação é determinada com base numa estimativa dos salários à data em que a obrigação será paga.
c. O método do benefício projetado, em que o custo total da obrigação é baseada numa projeção dos salários e anos de serviço e o valor por ano resulta da divisão ente ambos.

O resultado final por todos os métodos é igual, apenas o valor anual é que difere. Até 1983, não era requerido o uso de nenhum método em particular. A primeira norma do International Accounting Standards Board (IASB) foi emitida em 1983 (International Accounting Standard (IAS) 19 Accounting for retirement benefits in the financial statements of the employers). Isto significa que as empresas usavam métodos em função da legislação, das políticas contabilísticas e outras legislações, não havendo portanto comparabilidade entre o valor das pensões.

Em 1995 o IASB emitiu um Discussion Paper (DP) Retirement benefit and other employee benefit costs, que deu origem um Exposure Draft (ED) Employee benefits (em 1996) e a uma nova norma IAS 19 Employee benefits (em 1998), tendo sido esta a usada como referência para a norma nacional (Norma Contabilistica e de Relato Financeiro (NCRF) 28 Benefícios dos empregados. As principais alterações da IAS 19 relativamente à predecessora foram:

a. Não permitir o uso do método do benefício projetado mas apenas o método do benefício acrescido, conhecido como método da unidade de crédito projetada.
b. A taxa de desconto deveria ser determinada com referência a taxas de mercado.
c. O reconhecimento de um mínimo dos ganhos (perdas) atuariais (método do corredor).
d. O custo dos serviços passados se de benefícios já adquiridos eram imediatamente reconhecidos como gastos e a parte ainda não adquirida eram reconhecidos como um ativo a reconhecer como gasto numa base em linha reta até serem adquiridos.
e. O ativo do plano devia ser mensurado a justo valor (valor de mercado, ou se este não estiver disponível o justo valor estimado (que pode ser o valor atual dos fluxos de caixa futuros)).

A introdução da opção do método do corredor resultou de uma intensa pressão para evitar a volatilidade dos resultados, tal como tinha acontecido nos Estados Unidos da América (EUA) em meados de 1980 (Fasshauer, 2008).

Em Março de 2008 o IASB publicou um DP Preliminery views on amendments to IAS 19 com os seguintes pontos:

a. O reconhecimento diferido de alguns ganhos (perdas) de planos de benefícios definidos.
b. Apresentação das alterações no passivo líquido de benefícios definidos.
c. A contabilização dos benefícios dos empregados que são baseados em contribuições.

Em Abril de 2010 o IASB publicou um ED Defined benefit plans o qual alterou a IAS 19 em Junho de 2011 de aplicação obrigatória em ou após 1 de Janeiro de 2013.

Em Portugal, foi apenas com a Diretriz Contabilística (DC) 19 Benefícios de reforma (1997), que os princípios contabilísticos geralmente aceites (PCGA) dos benefícios de reforma passaram a estar definidos numa norma. Atualmente a norma em vigor é a NCRF 28 Benefícios dos empregados, e esta remete para a internacional (a aprovada em Regulamento (CE) nº 1126/2008 da Comissão, de 3 de Novembro) o tratamento dos benefícios pós-emprego e assim, deixaríamos de ter diferenças com a IAS 19, o que acontecia no passado, porque a norma nacional não permitia o uso de métodos de alisamento para o reconhecimento dos ganhos e perdas atuariais, devendo estes, serem reconhecidos imediatamente na demonstração dos resultados, e o retorno dos ativos do plano eram os reais e não os estimados, se não fosse a alteração da norma internacional em Junho de 2011. As principais alterações relativamente à IAS 19 anterior são:

a. No reconhecimento imediato de todas as alterações no passivo (ativo) dos benefícios definidos.
b. No reconhecimento das alterações do plano, cortes e liquidações.
c. Nas divulgações acerca dos planos de benefícios definidos.
d. Nas classificações de alguns gastos.

O Financial Accounting Standards Board (FASB) também substituiu a Statement of Financial Accounting Standard (SFAS) 87 Employers accounting for pensions pela SFAS 158 Employers accounting for defined benefit pension and other postretirement plans, adotando o reconhecimento dos ganhos (perdas) atuariais no capital próprio (mas são depois reciclados na demonstração dos resultados usando o método do corredor).

3. Comparação das normas

Duma forma breve que será aprofundada nos pontos seguintes, apresentam-se no Quadro 1 as principais diferenças entre a norma nacional atual (NCRF 28) que se baseou na anterior IAS 19, e a nova norma internacional (IAS 19).

Durante muito tempo e por força da influência do organismo americano (Financial Accounting Standards Board (FASB)) a contabilização das pensões caracterizou-se por uma forte ênfase no alisamento dos resultados. O objetivo era não distorcer o resultado, mesmo que isto não tivesse qualquer enquadramento teórico. O custo dos serviços passados e os ganhos (perdas) atuariais eram reconhecidos ao longo dos períodos futuros. Isto fazia e ainda faz (pelo menos em Portugal) que o valor do passivo de pensões líquido possa não ter nada a ver com o valor da obrigação líquida.

Como se pode ver no Quadro 1 e na coluna da IAS 19, essa tendência do alisamento está a acabar e com isso aparece a apresentação do valor "verdadeiro" da obrigação líquida no passivo (ativo).

4. Custo dos benefícios definidos

O custo corrente dos benefícios definidos é e sempre foi reconhecido na demonstração dos resultados. O problema no reconhecimento tem a ver com o custo dos serviços passados que podem resultar de alterações dos benefícios (por exemplo o aumento do benefício atribuído pela entidade) ou introdução de benefícios (e neste caso aos empregados existentes são atribuídos benefícios com base nos seus serviços passados). Pela norma nacional deve-se diferir o custo dos serviços passados se o direito ainda não foi adquirido e amortizá-lo em linha reta durante o período médio em que os benefícios se tornem adquiridos. Só o método em linha reta é permitido porque o uso de qualquer método é arbitrário e por isso o IASB apenas requereu o em linha reta, por ser o mais simples de aplicar e de entender. A razão para amortizar o custo dos serviços passados é de que estes representam uma motivação para serviços futuros e assim devem ser reconhecidos em períodos futuros. Não é permitido alterar a programação inicial da amortização a não ser no caso de um corte ou liquidação. Se o custo dos serviços passados é diferido isso tem o problema de reduzir o passivo. O diferimento do custo dos serviços passados não está de acordo com o princípio da norma, de que os serviços dos empregados devem ser reconhecidos como um gasto quando eles prestam o serviço, porque no caso do custo dos serviços passados os serviços já foram prestados pelos empregados.

QUADRO 1 – Principais diferenças entre a NCRF 28 e IAS 19

CARACTERÍSTICAS	IAS 19	NCRF 28
Método atuarial de contabilização	Método da unidade de crédito projetada.	Método da unidade de crédito projetada.
Custo de juros	Taxa de obrigações de alta qualidade.	Taxa de obrigações de alta qualidade.
Retorno dos ativos	Taxa de obrigações de alta qualidade.	Com base nas expectativas de mercado.
Custo dos serviços passados	Gastos do período.	Gastos se já adquiridos e se não adquiridos ativo (redução do passivo) e amortizados até serem adquiridos.
Mensuração do ativo	Justo valor.	Justo valor.
Apresentação no balanço	O valor líquido do passivo (ativo) do benefício definido.	O valor atual da obrigação dos benefícios definidos líquido do justo valor dos ativos do plano, menos qualquer custo dos serviços passados não reconhecido, mais (menos) ganhos (perdas) atuariais não reconhecidos.
Ganhos (perdas) atuariais	Imediato reconhecimento em outro rendimento integral.	Método do corredor; ou amortização superior; ou imediato reconhecimento na demonstração dos resultados ou como outro elemento do capital próprio.

CARACTERÍSTICAS	IAS 19	NCRF 28
Apresentação na demonstração dos resultados	– Custo dos serviços correntes. – Juros líquidos do valor líquido do passivo (ativo) do benefício definido. – Custo dos serviços passados. – Cortes e liquidações.	– Custo dos serviços correntes. – Custo dos juros. – Retorno esperado dos ativos. – Ganhos (perdas) atuariais reconhecidos. – Custo dos serviços passados se já adquiridos. – Cortes e liquidações.

Na nova norma do IASB, o custo dos serviços passados é reconhecido imediatamente como um gasto, o que faz todo o sentido pelas razões atrás referidas. Isto significa que a norma nacional tem a opção errada de permitir o diferimento do custo dos serviços passados ainda não adquiridos e amortizá-los.

5. Juros

Nos juros estamos a falar dos juros do passivo e do ativo do fundo. De acordo com a norma nacional a taxa de desconto a usar para o cálculo da obrigação deve ser a das obrigações de alta qualidade de empresas à data do balanço, a não ser que não haja um mercado ativo em que se deve usar a das obrigações do governo. Esta taxa deve ter prazo e moeda coincidentes com a da obrigação do benefício de reforma.[1] Esta taxa reflete o valor temporal do dinheiro mas não o risco atuarial e de crédito da empresa. Isto porque o IASB na anterior IAS 19, não identificou que a taxa de retorno esperada de um portefólio de ativos providenciasse uma indicação relevante e fiável dos riscos associados com a obrigação, por isso a taxa é sem risco. A taxa também não deve refletir os riscos de crédito da empresa, porque a que tivesse maior risco de crédito reconheceria uma obrigação maior (a taxa seria mais

---

[1] Li (2005) refere que na prática é impossível ter algum tipo de obrigações com o mesmo prazo da obrigação.

baixa, porque o risco reduziria a taxa). O custo dos juros é calculado pelo produto da taxa referida atrás do início do período pelo valor presente da obrigação. Um aumento significativo das taxas de desconto reduzem substancialmente a obrigação e o contrário aumenta substancialmente a obrigação (Por and Iannucci (2006) observaram isso mesmo e a conclusão foi exatamente essa).

Ainda de acordo com a norma nacional e quanto aos ativos do plano, o retorno esperado baseia-se em expectativas do mercado no início do período quanto ao rendimento dos ativos do plano. O retorno esperado é baseado numa taxa estimada do retorno dos ativos do plano e reduz o gasto reconhecido na demonstração dos resultados (que pode ser e costuma ser de gastos com o pessoal). O aumento da taxa de retorno esperado reduz o passivo (tal como o aumento da taxa de desconto reduz a obrigação e assim o passivo).

Uma alternativa na mensuração da obrigação seria usar o preço de liquidação em vez do valor de uso, mas como pode haver mais de um método de liquidação, continua-se a usar o valor atual (Beechy, 2009).

O problema de usar duas taxas diferentes é que a obrigação é mensurada por uma taxa que em princípio será inferior à do ativo e ambas deveriam estar ligadas (referem-se ao mesmo fundo). Para o IASB e na IAS 19 antiga, era de opinião de que a mensuração da obrigação deveria ser independente da mensuração do ativo do plano.

Na nova norma do IASB, a taxa de desconto é determinada da mesma forma (sem risco, à data do balanço, de obrigações de alta qualidade a não ser que não haja um mercado profundo em que se devem usar as obrigações do governo) mas é aplicada ao passivo (ativo) líquido de benefícios definidos determinado no início do período. Esta alteração, deve-se ao facto do IASB considerar que não existe uma obrigação e ativo separado mas uma quantia devida pela empresa ao fundo ou aos empregados, que é o custo de juros da empresa se financiar. Para além de que esta abordagem é mais consistente com a apresentação numa base líquida da obrigação (ativo). Esta abordagem na base dos juros líquidos resulta no reconhecimento de um rédito se o plano é excedentário ou de gastos se for deficitário. Logo, neste caso o juro líquido não inclui o retorno que não seja baseado no tempo.

A anterior IAS 19 não referia o local onde os juros deveriam ser apresentados, por isso poderiam ser apresentados como gastos operacionais ou financeiros. A nova norma diz claramente que a sua apresentação é feita de acordo com a IAS 1 Presentation of financial statements e esta refere que os gastos financeiros devem ser apresentados separadamente.

6. Ganhos (perdas) atuariais
Os ganhos (perdas) atuariais decorrem de:
  a. Alterações no valor da obrigação (alterações em estimativas ou entre estas e o real, tais como em ordenados, rotação de empregados, mortalidade, taxa de desconto).
  b. Alterações relacionadas com o ativo (o retorno esperado diferente do retorno real).

De acordo com a norma nacional os ganhos (perdas) atuariais podem ser reconhecidos:
  a. Pelo método do corredor (10% do maior entre o ativo e a obrigação divido pela média esperada das restantes vidas de trabalho dos empregados com um mínimo de 10%) na demonstração dos resultados.
  b. Outro método em que o reconhecimento seja mais acelerado.
  c. Imediatamente no capital próprio sem ser em resultados.
  d. Imediatamente na demonstração dos resultados.

O método do corredor tem por base a presunção de que os ganhos e perdas atuariais se podem compensar (o que a experiência não comprova (Beechy, 2009)). Todos os métodos que diferem os ganhos (perdas) atuariais têm por base evitar a volatilidade do resultado.

Para o IASB e IAS 19 anterior, o melhor método é o reconhecimento imediato dos ganhos (perdas) atuariais, o problema é onde, se na demonstração dos resultados ou se diretamente no capital próprio. Foi por isso que o IASB permitiu que se pudesse usar métodos em que o reconhecimento fosse mais acelerado do que o método do corredor.

A razão do imediato reconhecimento é de que eles são alterações em estimativas que ocorreram no período e por isso devem ser reconhecidos nesse período.

O imediato reconhecimento no capital próprio não implica reciclar, ou seja, reconhecer depois em resultados os ganhos (perdas) atuariais.

Na nova norma do IASB, os ganhos (perdas) atuariais fazem parte da remensuração do passivo (ativo) de benefícios definidos e devem ser reconhecidos imediatamente em outros rendimentos integrais (no capital próprio). Isto tem por base o reconhecimento de todas as alterações quando ocorrem o que é o caso dos ganhos (perdas) atuariais. Logo, o método do corredor foi eliminado. Desta forma também se eliminaram opções, o que permite a comparabilidade. A única coisa que não é clara é a razão por que os ganhos (perdas) atuariais são reconhecidos fora da demonstração dos resultados e em outro rendimento integral, aqui o IASB, refere que assim separa elementos com valores preditivos diferentes (o custo dos benefícios definidos na demonstração dos resultados e os ganhos (perdas) atuariais no capital próprio). Esta justificação do IASB, não faz muito sentido se pensarmos que os ganhos (perdas) atuariais são alterações em estimativas e as alterações em estimativas são sempre reconhecidas em resultados.

Em termos de estudos empíricos, Fasshauer e Glaum (2009) para uma amostra de empresas alemãs cotadas, concluíram que o passivo quando alisado (método do corredor) tem menos poder explicativo do que o não alisado. Street e Glaum (2010) estenderam o trabalho de Fasshauer et al. (2008) para uma amostra de empresas dos 20 maiores índices da Europa e concluíram que o reconhecimento imediato tem aumentado desde 2005, embora o uso do método do corredor continue de aplicação generalizada. Este estudo também suporta a eliminação do método do corredor. Morais (2011) para uma amostra de 91 empresas do Euronext 100 e período de 2005 a 2007, analisou os três métodos de reconhecimento dos ganhos e perdas atuariais e concluiu que o método com maior valor relevante para o investidor foi o do capital próprio. Barros (2011) usou uma amostra da Euronext 100 e do PSI General Index para os anos de 2005 a 2009, e das 58 empresas com planos de benefícios definidos 26 usavam o método do corredor,

3 usavam o método da demonstração dos resultados e as restantes 29 o método do capital próprio. Também concluiu usando regressões que os métodos do reconhecimento total têm maior valor relevante do que o do corredor e que entre os do reconhecimento imediato e total o da demonstração dos resultados tem maior valor relevante do que o capital próprio.

7. Conclusões
A contabilidade dos planos de benefícios definidos está a mudar e que o método do corredor que permite alisar os resultados está a ser eliminado. Isto está alinhado com a teoria contabilística e com os estudos empíricos.

Quanto à mensuração dos juros da obrigação e do retorno do ativo, verificou-se que o IASB passou a usar a mesma taxa, partindo do pressuposto que o investimento no passivo é líquido. O problema é que a taxa real do retorno do ativo pode ser diferente e isso aumenta os ganhos (perdas) atuariais.

Em termos de apresentação, há agora uma separação nítida entre os gastos operacionais (custo dos benefícios definidos) e gastos financeiros (juro do passivo líquido do ativo). O problema tem a ver com os ganhos (perdas) atuariais que têm de ser apresentados no capital próprio (o que já era possível pela anterior IAS 19) quando estes são alterações em estimativas.

REFERÊNCIAS

BARRAS, R. (2011), Which is the best accounting policy for gains and losses in pensions?, Master thesis under the supervision of Cláudio Pais, Nova.

BEECHY, T. (2009), The many challenges of pension accounting, *A Journal of The Canadian Academic Accounting Association*, 8, 2, 91-111.

COMISSÃO DE NORMALIZAÇÃO CONTABILÍSTICA (CNC) (2009), *Norma Contabilística e de Relato Financeiro 28 Benefícios dos empregados*, Lisboa.

DULEBOHN et al. (2009), Employee benefits: literature review and emerging issues, *Human Resource Management Review*, 19, 86-103.

FASSHAUER, J. and GLAUM, M. (2009), The value relevance of pension fair values and pension disclosures, *http://ssrn.com/abstract=1491237*.

FASSHAUER, J. et al. (2008), Adoption of IAS 19 by Europe's premier listed companies: corridor approach versus full recognition, *Certified Accountants Educational Trust*, London.

FINANCIAL ACCOUNTING STANDARDS BOARD (FASB) (1985), *Statement of Financial Accounting Standard (SFAS) 87 Employer Accounting for pensions.* Connecticut.

— (2006), *Statement of Financial Accounting Standard (SFAS) 158 Employers accounting for defined benefit pension and other postretirement plans.* Connecticut.

INTERNATIONAL ACCOUNTING STANDARDS BOARD (IASB) (1998), *International Accounting Standards 19 Employee benefits.* London.

— (2007), *International Accounting Standards 1 Presentation of financial statements.* London.

— (2011), *International Accounting Standards 19 Employee benefits.* London.

MORAIS, A. (2011), Value relevance of alternative methods of accounting for actuarial gains and losses, *International Journal of Accounting, Auditing and Performance Evaluation*, Forthcoming.

SEVERINSON, C. (2008), Accounting for defined benefit plans: an international comparison of-exchange-listed companies, *OECD Working Paper on Insurance and Pension*, 23.

STREET, D. e GLAUM, M (2010), Methods for recognition of actuarial gains and losses under IAS 19, *The Association of Chartered Certified Accountants*, London.

Instrumentos financeiros

Patrícia Teixeira Lopes
Professora da Faculdade de Economia da Universidade do Porto

Este capítulo versa a temática do uso de juízos de valor na contabilização de instrumentos financeiros à luz do Sistema de Normalização Contabilística.

Cumprirá, em primeiro lugar, definir o âmbito desta reflexão.

Assim, para o efeito, abordaremos a questão no âmbito dos instrumentos financeiros tal como considerados na NCRF 27 denominada precisamente por Instrumentos financeiros.

A NCRF 27 aplica-se a todos os instrumentos financeiros com as seguintes excepções (a não ser que contenham derivados):

- Investimentos em associadas, subsidiárias e empreendimentos conjuntos;
- Direitos/obrigações de planos de benefícios definidos;
- Direitos no âmbito de um contrato de seguro;
- Locações.

A NCRF 27 define instrumento financeiro como qualquer contrato que dá origem simultaneamente a um ativo financeiro numa empresa e a um passivo financeiro ou um instrumento de capital numa outra empresa.

Um ativo financeiro é um qualquer ativo que seja dinheiro; um instrumento de capital de uma outra empresa; um direito contratual de receber dinheiro ou outro activo financeiro de uma outra empresa; ou trocar instrumentos financeiros com outra empresa em condições que sejam potencialmente favoráveis. Como exemplos de ativos financeiros teremos então: acções detidas; dívidas a receber: clientes, empréstimos concedidos, obrigações detidas e derivados (posições favoráveis).

Um passivo financeiro é um passivo que seja uma obrigação contratual de entregar dinheiro ou outro activo financeiro a uma outra empresa; ou trocar instrumentos financeiros com uma outra empresa em condições que sejam potencialmente desfavoráveis. Como exemplos de passivos financeiros, podemos indicar: dívidas a pagar; fornecedores; financiamentos obtidos (empréstimos bancários e obrigações) e derivados (posições desfavoráveis).

Definido o âmbito desta análise, interessará agora enquadrar o conceito de *juízo de valor* (também denominado neste contexto de *julgamento*) no Sistema de normalização Contabilística, em geral, e na NCRF 27 Instrumentos Financeiros, em particular.

1. Julgamentos/Juízos de valor e estimativas – seu enquadramento no SNC (NCRF e Anexo)

Na sequência da NCRF 1 Estrutura e conteúdos das demonstrações financeiras, a Portaria nº 986/2009 de 7 de Setembro que aprova os modelos das Demonstrações financeiras vem prever que na Nota 3 do Anexo seja divulgado o seguinte:

(1) Juízos de valor (exceptuando os que envolvem estimativas) que o órgão de gestão fez no processo de aplicação das políticas contabilísticas e que tiveram maior impacte nas quantias reconhecidas nas demonstrações financeiras;

(2) Principais pressupostos relativos ao futuro (envolvendo risco significativo de provocar ajustamento material nas quantias escrituradas de activos e passivos durante o ano financeiro seguinte);

(3) Principais fontes de incerteza das estimativas (envolvendo risco significativo de provocar ajustamento material nas quantias escrituradas de activos e passivos durante o ano financeiro seguinte).

Por sua vez, a NCRF 4 Políticas contabilísticas, alterações nas estimativas contabilísticas e erros, parágrafo 27, refere que "como consequência das incertezas inerentes às actividades empresariais, muitos itens nas demonstrações financeiras não podem ser mensurados com precisão, podendo apenas ser estimados. A estimativa envolve juízos de valor baseados na última informação disponível." Esta norma vem mesmo reiterar que o uso de estimativas razoáveis é uma parte essencial da preparação de demonstrações financeiras, não diminuindo a sua fiabilidade.

Procedemos a um levantamento das divulgações efetuadas pelas empresas cotadas portuguesas à luz desta exigência, identificando as rubricas contabilísticas mais significativamente afetadas por estimativas e juízos de valor (*vd.* Anexo 1). Praticamente na totalidade das empresas estudadas, note-se à luz da exigência da Norma relativa às estimativas contabilísticas e erros, é feita referência a estimativas e juízos de valor relevantes no domínio dos instrumentos financeiros, a saber: em todas as empresas surge a referência à determinação de imparidade em clientes e, na maioria, surge a referência ao justo valor de instrumentos financeiros derivados.

2. Julgamentos/Juízos de valor e estimativas – seu enquadramento na NCRF 27

Não deixa de ser curioso a não existência de referências explícitas a juízos de valor/julgamentos em todo o texto da NCRF 27 (contrariamente ao verificado em outras NCRF). Veremos no ponto seguinte deste capítulo que, pese embora a sua não referência, muitas são as situações em que é necessária a utilização de julgamentos e juízos por parte do preparador da informação contabilística na aplicação da NCRF 27.

Já no que refere a estimativas, a NCRF 27 faz apelo ao seu uso aquando da identificação de evidência objetiva de imparidade de ativos financeiros, apontando como tal evidência "Informação observável indicando que existe uma diminuição na mensuração da *estimativa* dos fluxos de caixa futuros de um grupo de activos financeiros desde o seu reconhecimento inicial" (§24, alínea f).

Depois de identificada "evidência objetiva" de imparidade, há que calcular o seu montante. Aqui novamente, deparamo-nos com a necessidade de recorrer a estimativas, na medida em que o montante da perda por imparidade é a diferença entre a quantia escriturada e o valor presente (actual) dos fluxos de caixa estimados descontados à taxa de juro original efectiva do activo financeiro, no caso de instrumentos ao custo amortizado e é a diferença entre a quantia escriturada e a melhor estimativa de justo valor do referido activo no caso de outros instrumentos como os instrumentos de capital próprio. É assim pois necessário, consoante o caso, (1) proceder a estimativas de fluxos de caixa futuros, usar uma taxa de desconto (a taxa de juro original efetiva do ativo financeiro – notar que na maioria das situações esta taxa não é conhecida) e (2) proceder à estimativa do justo valor do ativo. Notar que esta última forma se aplica a instrumentos de capital próprio (entre outros) pelo que significa precisamente proceder à avaliação da empresa em causa. Este ponto remeter-nos-ia por outros caminhos – o da avaliação de empresas, que não vamos explorar.

A última referência ao uso de estimativas na NCRF 27 surge no âmbito da determinação do justo valor para efeitos de mensuração de activos financeiros e passivos financeiros quando se utiliza uma técnica de avaliação, indicando o parágrafo 46 a necessidade de divulgar as taxas de estimativa de perda de crédito.

São estas as referências explícitas a estimativas que encontramos na NCRF 27. Identificaremos de seguida as situações em que a NCRF 27 conduz à necessidade de efetuar juízos de valor.

3. A utilização de julgamentos e juízos de valor na aplicação da NCRF 27

A adoção da NCRF 27 implica o recurso a juízos de valor em muitas e diversas situações. Apresentaremos de seguida essas situações, devidamente sistematizadas em quatro grandes temáticas contabilísticas, a saber: Classificação/Reconhecimento inicial de instrumentos financeiros; Desreconhecimento; Mensuração inicial e Mensuração subsequente.

a) **Na classificação/reconhecimento inicial**

No reconhecimento inicial, a classificação de determinados instrumentos financeiros como passivo ou capital próprio em certas situações pode não ser direta. A norma apresenta duas condições para um instrumento ser capital próprio, são elas:

1) O instrumento não incluir uma obrigação de entregar dinheiro (ou outro instrumento financeiro);
2) Se o instrumento for ou possa ser liquidado em instrumentos de capital próprio da própria entidade e for:
   – Um não derivado que não inclua uma obrigação para o emitente de entregar um número variável dos seus instrumentos de capital próprio; ou
   – Um derivado que seja liquidado apenas pelo emitente por troca de um montante fixo de dinheiro, ou outro activo financeiro, por um número fixo dos instrumentos de capital próprio do próprio emitente (Ex: *warrants* sobre acções próprias).

Ora, na sequência, a classificação de algumas emissões de ações preferenciais como capital próprio ou passivos exigirá a determinação de existência de uma obrigação o que ocorrerá sem grande espaço para julgamentos havendo uma data de remição obrigatória, mas também no caso de acção conferir o direito de reembolso ao detentor após a ocorrência de um evento futuro altamente provável. Cumprirá, pois, analisar a informação relativa a cada emissão em concreto cabendo decidir da probabilidade de ocorrência do tal evento futuro. Diga-se que encontramos situações deste tipo em grande parte dos investimentos das capitais de risco.

Ainda neste domínio, a classificação de contratos de compra e venda de commodities como instrumentos financeiros também tem subjacente uma análise que em alguns casos é discricionária. Diz a Norma (parágrafo 4) "Muitos dos contratos para comprar ou vender itens não financeiros tais como mercadorias (commodity), outros inventários, propriedades ou equipamentos são excluídos da presente norma porque não são instrumentos financeiros. Porém, alguns contratos são substancialmente idênticos a instrumentos financeiros na medida em que (i) possam ser liquidados pela entrega de instrumentos financeiros ao invés de activos não financeiros ou (ii) contenham termos não relacionados com compra ou venda de itens não financeiros no âmbito da actividade normal da entidade.

b) No desreconhecimento

A NCRF 27 exige nesta matéria que ao considerar o desreconhecimento de ativo financeiro a entidade deve determinar se transferiu para outra parte substancialmente todos os riscos e benefícios. Esta determinação exige, muitas vezes, julgamento sendo por vezes difícil estabelecer quando se transferem os riscos e benefícios do "vendedor" de um ativo financeiro.

c) Na mensuração inicial

A decisão sobre se uma transação contém uma transação de financiamento associada pode exigir julgamento, particularmente se os termos de crédito normais do sector não estão definidos e a entidade não efetua transações semelhantes sem operações de crédito. Se o montante a receber ou a pagar é superior ao valor à vista de um item ou se o pagamento é diferido por mais do que alguns meses, isto sugere que a transação envolve financiamento.

Pode ser exigido julgamento na determinação da taxa de juro de mercado para um instrumento de dívida similar para utilizar como taxa de desconto se a transação assume características diferentes de uma transacção entre duas partes independentes (por exemplo entre duas partes relacionadas). Isto será particularmente o caso se, por exemplo, a dívida contiver características não usuais, como, um prazo muito longo, ou o risco de crédito das entidades não é conhecido. Normalmente uma transação entre duas partes independentes será estabelecida em condições de mercado e financiada de acordo com a taxa de mercado.

A determinação de quais os custos a tratar como custos de transação no momento do reconhecimento inicial também pode exigir julgamento. Os custos de transação são apenas os custos incrementais diretamente ligados à aquisição ou emissão do instrumento financeiro. Na prática, pode ser necessário julgamento para distinguir esses custos de outros custos originados no reconhecimento inicial como prémios ou descontos da dívida e outros custos financeiros.

Do que atrás foi referido, resulta que a adopção da norma não envolverá juízos de valor ou estimativas na mensuração dos créditos e débitos mais correntes, onde continuará, a ser utilizado o valor nominal da fatura (o caso dos saldos de clientes/fornecedores vencíveis em prazo muito curto). A situação torna-se diferente quando o valor da transação não é adequado para a mensuração inicial, caso em que os ativos/passivos financeiros devem ser mensurados inicialmente e subsequentemente pelo valor atual dos fluxos de caixa futuros (custo amortizado), utilizando como taxa de atualização a taxa de juro efetiva (por exemplo, débitos a fornecedores a prazo longo sem juros explícitos ou empréstimos em que, com ou sem juros, há cupões especiais ou custos de transacção).

Em suma, estarão aqui em causa na essência dois conceitos importantes: o do princípio da substância sobre a forma – que interfere com o da periodificação e balanceamento de rendimentos e gastos correspondentes – e o da adopção de valores descontados para o presente quando se trata de recebimentos futuros, designadamente a um prazo considerado relevante, sem que lhe estejam associados juros a taxas equivalentes às do mercado. Está, pois, em causa o impacto dos referidos juízos de valor ou estimativas na repartição de resultados no tempo, por um lado, e na sua classificação, por naturezas, entre operacional e financeiro, por outro.

d) Na mensuração subsequente

Ao nível da mensuração subsequente cumpre realçar, neste contexto, a adoção do modelo de justo valor que implica o uso do justo valor através de resultados na mensuração de certos instrumentos financeiros (por exemplo, instrumentos de capital próprio cotados em bolsa, outros ativos ou passivos financeiros detidos para negociação e praticamente todos os derivados).

No caso concreto de instrumentos financeiros não negociados em mercado ativo, a determinação do justo valor é efetuada através de um modelo de avaliação. A escolha e a aplicação de métodos de avaliação envolve sempre um grau elevado de julgamento. A decisão sobre se o justo valor de um instrumento pode ser obtido fiavelmente através de um método de avaliação envolve julgamento. Muitas vezes a escolha dos inputs dos modelos de avaliação e de outros pressupostos necessários para aplicar o método são subjetivos.

Pode ser igualmente necessário julgamento na avaliação do facto de o mercado ser ativo ou não, no caso, por exemplo, de as transações não ocorrerem de forma frequente.

No domínio da mensuração subsequente cumpre referir ainda o tema das imparidades. É usualmente necessário julgamento para avaliar se um ativo financeiro ao custo ou ao custo amortizado está em imparidade. A NCRF 27 no seu parágrafo 24, remete-nos para diversas situações que exigem julgamento/juízos de valor. Desde logo, na alínea a) alude-se à "significativa dificuldade financeira do emitente ou devedor". A avaliação da dificuldade financeira não é naturalmente isenta de julgamento. Nesta matéria diversos fatores poderão ser usados pelos preparadores da informação – como sejam, as características de prazos de recebimentos no setor em causa, o nível de conhecimento "interno" sobre a situação financeira do devedor, a situação da economia, e eventualmente os critérios fiscais aplicáveis.

Não temos ainda evidência empírica a nível da adoção do SNC para nos permitir retirar conclusões sobre este ponto. No âmbito deste tema, as empresas cotadas nas contas preparadas em conformidade com as IAS/IFRS remetem na maioria das situações para a sua experiência passada e para a sua avaliação da conjuntura e envolvente económicas (vd. Anexo 2). Cumpriria nesta matéria e para garantir a comparabilidade da informação contabilística efetuar divulgação adequada, nomeadamente, sobre a antiguidade dos saldos de clientes, separando entre não vencido e vencido e dentro deste último, entre sem registo de imparidade e com registo de imparidade.

Conforme é possível constatar a partir da tabela apresentada no Anexo 2, as empresas não fornecem informação específica e quantificada sobre a abordagem utilizada na identificação e na mensuração de imparidade. Em geral, as empresas listam os indicadores de evidência objetiva de imparidade da IAS 39 (iguais aos da NCRF 27) e algumas divulgam uma nota genérica relativa aos pressupostos que utilizam no cálculo das imparidades, referindo, neste âmbito, o prazo dos créditos, experiência histórica de incobráveis, situações específicas de eventos de crédito e o ambiente económico envolvente. Em particular, é raro encontrar-se uma distinção entre a determinação de imparidade individual dos créditos e imparidade de grupos de créditos (para os quais a imparidade não foi aferida individualmente). Em apenas um caso foi encontrada uma referência ao critério fiscal. Será, pois, uma matéria a investigar no futuro próximo em sede de adopção do SNC, nomeadamente com o intuito de verificar a incidência de utilização de critérios fiscais na mensuração das imparidades de créditos.

No que respeita aos investimentos em instrumentos de capital próprio ao custo (*i.e.* cujo justo valor não pode ser estimado com fiabilidade), a mensuração da imparidade exigirá julgamento significativo. Uma vez que o justo valor destes instrumentos financeiros não é observável, a estimativa do montante que a entidade receberia pelo ativo se o vendesse na data de reporte terá de ser obtida através de métodos de avaliação (*vd.* secção seguinte).

4. Métodos de Avaliação

Um método de avaliação deve incorporar todos os factores que os participantes de mercado considerariam na definição de um preço e deve ser consistente com as metodologias económicas geralmente aceites para avaliação de instrumentos financeiros.

Deve ser escolhida uma técnica que seja apropriada para o instrumento em causa e para a qual existam dados suficientes, em particular, dados que maximizem a utilização de inputs de mercado (*i.e. inputs* divulgados em bases de dados de mercado disponíveis). Pode ser necessário efetuar ajustamentos aos dados de mercado, dependendo dos fatores específicos do instrumento. Uma vez selecionada uma técnica de avaliação, deve ser usada numa base consistente.

Nesta matéria, e em particular sempre que tem de ser utilizada uma técnica de avaliação para determinar o justo valor, torna-se particularmente premente a componente da divulgação de informação adicional no anexo às contas. A este propósito a NCRF 27 prevê (parágrafo 46) que "para todos os activos financeiros e passivos financeiros mensurados ao justo valor, a entidade deve divulgar as bases de determinação do justo valor, *e.g.* cotação de mercado, quando ele existe, ou a técnica de avaliação. Quando se utiliza a técnica de avaliação, a entidade deve divulgar os pressupostos aplicados na determinação do justo valor para cada uma das classes de activos ou passivos financeiros. Por exemplo, se aplicável, a entidade deve divulgar informação sobre os pressupostos relativos a taxas de pré-pagamento, taxas de estimativa de perda de crédito e taxas de juro ou taxas de desconto."

Analisando as divulgações das empresas cotadas nesta matéria, em particular sobre os métodos de avaliação de derivados e pressupostos utilizados nesta avaliação (*vd.* Anexo 3), constatamos que as empresas apenas efetuam referências genéricas aos métodos utilizados, encontrando-se com frequência a referência à utilização de valores fornecidos por terceiros (instituições financeiras com quem foram celebrados tais contratos), bem como, aos modelos conhecidos no domínio das Finanças, como o método dos *cash-flows* descontados e modelos de avaliação de opções. No que refere a pressupostos, não encontramos a sua divulgação quantitativa em nenhuma das empresas, surgindo em alguns casos a referência, também ela genérica, à adopção de pressupostos oriundos do mercado.

Constata-se assim pela exiguidade da informação divulgada, impossibilitando a adequada aferição por parte do utilizador da informação, do impacto na posição financeira e no desempenho da empresa das estimativas utilizadas, e dos juízos de valor adoptados pelo preparador da informação.

5. Considerações Finais

Pelo que acabamos de expor resulta que no domínio da contabilização dos instrumentos financeiros encontramos muitas situações de necessidade de utilização de estimativas e de adopção de julgamentos e juízos de valor por parte do preparador da informação. Essas estimativas e julgamentos têm impacto na posição financeira e no desempenho das empresas. As estimativas e os pressupostos críticos não são estáticos no tempo e a probabilidade de alteração é muito elevada em condições de mercado voláteis. Por conseguinte, uma análise de sensibilidade às projeções de *cash-flows* conduzirá certamente a um intervalo largo de possíveis resultados. Será então necessário especial cuidado, tanto por parte das empresas na divulgação desses pressupostos críticos e da incerteza associada às estimativas, bem como por parte dos utilizadores da informação financeira. Um estudo breve efetuado às divulgações das empresas cotadas permite concluir que as fontes de incerteza das estimativas, bem como, os juízos críticos no domínio dos instrumentos financeiros são divulgados apenas de forma genérica e pouco informativa, não tendo sido encontrado qualquer caso de divulgação de análise de sensibilidade aos pressupostos. Fica assim identificada uma área desafiante no domínio da divulgação, especialmente premente no atual ambiente económico de volatilidade elevada em que vivemos.

Anexo 1 – Divulgações sobre Julgamentos/Estimativas

Nota: Estudo efetuado às empresas não financeiras do PSI-20 com base nos Relatórios e Contas Consolidadas de 2010 preparadas em conformidade com as IAS/IFRS adoptadas pela União Europeia. A referência ao número da página diz respeito à numeração dos Relatórios e Contas consultados.

EMPRESA	NOTA SOBRE JULGAMENTOS/ESTIMATIVAS	CLASSES DE ACTIVOS/PASSIVOS AFECTADAS
Altri	Na preparação das demonstrações financeiras consolidadas, em conformidade com os IAS/IFRS, o Conselho de Administração do Grupo adoptou certos pressupostos e estimativas que afectam os activos e passivos reportados, bem como os proveitos e custos incorridos relativos aos períodos reportados. Todas as estimativas e assumpções efectuadas pelo Conselho de Administração foram efectuadas com base no seu melhor conhecimento existente, à data de aprovação das demonstrações financeiras, dos eventos e transacções em curso. As estimativas foram determinadas com base na melhor informação disponível à data da preparação das demonstrações financeiras consolidadas e com base no melhor conhecimento e na experiência de eventos passados e/ou correntes. No entanto, poderão ocorrer situações em períodos subsequentes que, não sendo previsíveis à data, não foram consideradas nessas estimativas. As alterações a essas estimativas, que ocorram posteriormente à data das demonstrações financeiras consolidadas, serão corrigidas na demonstração de resultados de forma prospectiva, conforme disposto pelo IAS 8 (página 80)	As estimativas contabilísticas mais significativas reflectidas nas demonstrações financeiras consolidadas incluem: a) **Vidas úteis dos activos fixos tangíveis e intangíveis;** b) Análises de **imparidade das diferenças de consolidação e de outros activos fixos tangíveis e intangíveis;** c) Registo de **imparidade aos valores do activo, nomeadamente, inventários, contas a receber e provisões;** d) Cálculo da responsabilidade associada aos fundos de pensões; e) Apuramento do **justo valor dos instrumentos financeiros derivados.** (página 80 R&C)

INSTRUMENTOS FINANCEIROS

EMPRESA	NOTA SOBRE JULGAMENTOS/ESTIMATIVAS	CLASSES DE ACTIVOS/PASSIVOS AFECTADAS
Brisa	A preparação das demonstrações financeiras, em conformidade com os princípios de reconhecimento e mensuração das IFRS, requer que o Conselho de Administração formule julgamentos, estimativas e pressupostos que poderão afectar o valor dos activos e passivos apresentados. Essas estimativas são baseadas no melhor conhecimento existente em cada momento e nas acções que se planeiam realizar, sendo permanentemente revistas com base na informação disponível. Alterações nos factos e circunstâncias podem conduzir à revisão das estimativas, pelo que os resultados reais futuros poderão diferir daquelas estimativas. (página 118)	As estimativas e pressupostos significativos formulados pelo Conselho de Administração na preparação destas demonstrações financeiras incluem, nomeadamente, os pressupostos utilizados na **avaliação de responsabilidades com pensões, impostos diferidos, vidas úteis dos activos tangíveis e análises da imparidade** (página 118)
Cimpor	A preparação das demonstrações financeiras em conformidade com os princípios de reconhecimento e mensuração das IFRS requer que o Conselho de Administração da Cimpor ("Conselho de Administração") formule julgamentos, estimativas e pressupostos que poderão afectar o valor reconhecido dos activos e passivos, e as divulgações de activos e passivos contingentes à data das demonstrações financeiras, bem como os proveitos e custos. Essas estimativas são baseadas no melhor conhecimento existente em cada momento e nas acções que se planeiam realizar, sendo periodicamente revistas com base na informação disponível. Alterações nos factos e circunstâncias podem conduzir à revisão das estimativas, pelo que os resultados reais futuros poderão diferir daquelas estimativas. (página 112)	As estimativas e pressupostos significativos formulados pelo Conselho de Administração na preparação destas demonstrações financeiras incluem, nomeadamente, os pressupostos utilizados no tratamento dos seguintes assuntos: **Imparidade de activos não correntes** (identificação e avaliação dos diferentes indicadores de imparidade, fluxos de caixa esperados, taxas de desconto aplicáveis, vidas úteis e valores de transacções); **Imparidade do goodwill** (evolução futura da actividade e taxas de desconto utilizadas); **Vidas úteis dos activos fixos intangíveis e tangíveis** (determinação vidas úteis dos activos, do método de depreciação/amortização a aplicar e das perdas estimadas decorrentes da substituição de equipamentos antes do fim da sua vida útil); **Registo de provisões** (determinação da probabilidade e montante de recursos internos necessários para liquidação das obrigações); **Imparidade das contas a receber; Reconhecimento de activos por impostos diferidos; Imparidade das contas a receber; Benefícios de reforma e saúde.** (página 112, 113, 114)

EMPRESA	NOTA SOBRE JULGAMENTOS/ESTIMATIVAS	CLASSES DE ACTIVOS/PASSIVOS AFECTADAS
EDP	Considerando que em muitas situações existem alternativas ao tratamento contabilístico adoptado pela EDP, os resultados apresentados pelo Grupo poderiam ser diferentes caso um tratamento diferente tivesse sido escolhido. O Conselho de Administração considera que as escolhas efectuadas são apropriadas e que as demonstrações financeiras apresentam de forma adequada a posição financeira do Grupo e o resultado das suas operações em todos os aspectos materialmente relevantes. (páginas 191, 192, 193)	Áreas afectadas pelas estimativas e julgamentos efectuados: **Imparidade de activos financeiros disponíveis para venda; Justo valor de instrumentos financeiros; compensação do Equilíbrio Contratual (CMEC); CMEC – revisibilidade; Vidas úteis dos activos afetos à produção; Desvios tarifários; Défice tarifário; Imparidade dos activos de longo prazo ou goodwill; Cobranças duvidosas; Reconhecimento de proveitos/rédito; Impostos sobre os lucros; Pensões e outros benefícios a empregados; Provisões para desmantelamento e desconcomissionamento de centros electroprodutores.** (páginas 191, 192 e 193)
EDP Renováveis	Considerando que em muitas situações existem alternativas ao tratamento contabilístico adoptado pela EDP Renováveis, os resultados reportados pelo Grupo poderiam ser diferentes caso um tratamento diferente tivesse sido escolhido. O Conselho de Administração considera que as escolhas efectuadas são apropriadas e que as demonstrações financeiras apresentam de forma adequada a posição financeira do Grupo e o resultado das suas operações em todos os aspectos materialmente relevantes. (página 178)	**Imparidade dos activos financeiros disponíveis para venda; Justo valor dos instrumentos financeiros;** Revisão da vida útil de activos relacionados com a produção; Imparidade de activos não financeiros; Impostos sobre os lucros; Provisões para desmantelamento e desconcomissionamento (página 178)
Galp	A preparação de demonstrações financeiras de acordo com princípios contabilísticos geralmente aceites, requer que se realizem estimativas que afectam os montantes dos activos e passivos registados, a apresentação de activos e passivos contingentes no final de cada exercício, bem como os proveitos e custos reconhecidos no decurso de cada exercício.	Os princípios contabilísticos e as áreas que requerem um maior número de juízos e estimativas na preparação das demonstrações financeiras são: (i) reservas provadas de petróleo bruto relacionadas com a actividade de exploração petrolífera; (ii) teste de imparidade de goodwill, activos fixos tangíveis e activos intangíveis (iii) provisões para contingências e passivos ambientais; (iv)

INSTRUMENTOS FINANCEIROS

EMPRESA	NOTA SOBRE JULGAMENTOS/ESTIMATIVAS	CLASSES DE ACTIVOS/PASSIVOS AFECTADAS
	Os resultados actuais poderiam ser diferentes dependendo das estimativas actualmente realizadas. Determinadas estimativas são consideradas críticas se: (i) a natureza das estimativas é considerada significativa devido aos níveis de subjectividade e julgamentos necessários para a contabilização de situações em que existe grande incerteza ou pela elevada susceptibilidade de variação dessas situações e; (ii) o impacto das estimativas na situação financeira ou na actuação operativa é significativo. (página 127)	pressupostos actuariais e financeiros utilizados para cálculo das responsabilidades com benefícios de reforma. (página 127)
Inapa	A preparação das demonstrações financeiras foi realizada em conformidade com os princípios contabilísticos geralmente aceites, por recurso a estimativas e assunções que afectam os montantes reportados de activos e passivos e de proveitos e custos durante o período de reporte. Será de referir que apesar de as estimativas se terem baseado no melhor conhecimento do Conselho de Administração em relação aos eventos e acções correntes, os resultados reais podem, em última análise, vir a diferir das mesmas. É, no entanto, convicção do Conselho de Administração que as estimativas e assunções adoptadas não incorporam riscos significativos que possam causar, no decurso do próximo exercício, ajustamentos materiais ao valor dos activos e passivos. (página 84)	Estimativa de imparidade das diferenças de consolidação (Goodwill) e marcas; Pressupostos actuariais; Imposto sobre o Rendimento; **Cobranças duvidosas**; Provisões para litígios (páginas 84, 85)
Jerónimo Martins	A preparação de demonstrações financeiras em conformidade com os princípios contabilísticos geralmente aceites requer o uso de estimativas e assunções que afectam as	Activos tangíveis, intangíveis e propriedades de investimento; **Justo valor de instrumentos financeiros**; Imparidade de investimentos em associadas; Impostos diferidos; Provisões para **per-**

EMPRESA	NOTA SOBRE JULGAMENTOS/ESTIMATIVAS	CLASSES DE ACTIVOS/PASSIVOS AFECTADAS
	quantias reportadas de activos e passivos, assim como as quantias reportadas de proveitos e custos durante o período de reporte. Apesar destas estimativas serem baseadas no melhor conhecimento da gestão em relação aos eventos e acções correntes, em última análise, os resultados reais podem diferir dessas estimativas. No entanto, é convicção da gestão que as estimativas e assunções adoptadas não incorporam riscos significativos que possam causar, no decurso do próximo exercício, ajustamentos materiais ao valor dos activos e passivos. (página 102)	**das por imparidade de clientes e devedores**; Pensões e outros benefícios a empregados; Provisões (páginas 114, 115)
Mota Engil	Na preparação das demonstrações financeiras consolidadas, o Conselho de Administração do Grupo baseou-se no melhor conhecimento e na experiência de eventos passados e/ou correntes considerando determinados pressupostos relativos a eventos futuros. As estimativas foram determinadas com base na melhor informação disponível à data de preparação das demonstrações financeiras consolidadas. No entanto, poderão ocorrer situações em períodos subsequentes que, não sendo previsíveis à data, não foram consideradas nessas estimativas. Alterações a estas estimativas que ocorram posteriormente à data das demonstrações financeiras consolidadas serão corrigidas em resultados de forma prospectiva, conforme disposto pelo IAS 8. (páginas 73, 74)	As estimativas contabilísticas mais significativas reflectidas nas demonstrações financeiras consolidadas dos exercícios findos em 31 de Dezembro de 2010 e 2009 incluem: – Justo valor e vidas úteis dos activos tangíveis, nomeadamente terrenos, edifícios e pedreiras; – Testes de imparidade realizados às diferenças de consolidação e aos activos intangíveis; – Registo de provisões e **perdas de imparidade**; – Reconhecimento de proveitos em obras em curso; – **Apuramento do justo valor dos instrumentos financeiros derivados.** (página 73)

INSTRUMENTOS FINANCEIROS

EMPRESA	NOTA SOBRE JULGAMENTOS/ESTIMATIVAS	CLASSES DE ACTIVOS/PASSIVOS AFECTADAS
Portucel	A preparação de demonstrações financeiras consolidadas exige que a gestão do Grupo efectue julgamentos e estimativas que afectam os montantes de proveitos, custos, activos, passivos e divulgações à data da demonstração da posição financeira. Estas estimativas são determinadas pelos julgamentos da gestão do Grupo, baseados: (i) na melhor informação e conhecimento de eventos presentes e em alguns casos em relatos de peritos independentes e (ii) nas acções que a Empresa considera poder vir a desenvolver no futuro. Todavia, na data de concretização das operações, os seus resultados poderão ser diferentes destas estimativas. (página 135)	As estimativas e as premissas que apresentam um risco significativo de originar um ajustamento material no valor contabilístico dos activos e passivos no exercício seguinte são apresentadas abaixo: Imparidade do Goodwill; Imposto sobre o Rendimento; Pressupostos actuariais; Justo valor dos activos biológicos; **Risco de Crédito**; Reconhecimento de provisões e ajustamentos. (páginas 135 e 136)
Portugal Telecom	Na preparação das demonstrações financeiras consolidadas de acordo com os IFRS, o Conselho de Administração da Portugal Telecom utiliza estimativas e pressupostos que afectam a aplicação de políticas e montantes reportados. As estimativas e julgamentos são continuamente avaliados e baseiam-se na experiência de eventos passados e outros factores, incluindo expectativas relativas a eventos futuros considerados prováveis face às circunstâncias em que as estimativas são baseadas ou resultado de uma informação ou experiência adquirida. As estimativas foram determinadas com base na melhor informação disponível à data da preparação das demonstrações financeiras consolidadas, no entanto, poderão ocorrer situações em períodos subsequentes que, não sendo previsíveis à data, não foram consideradas nessas estimativas. Conforme disposto pelo IAS 8, alterações	Benefícios de reforma; Análise de imparidade do goodwill; Valorização e vida útil de activos intangíveis e tangíveis; Reconhecimento de provisões e **ajustamentos; Determinação do valor de mercado dos instrumentos financeiros;** Determinação do valor de mercado dos activos reavaliados (páginas 136 e 137)

123

EMPRESA	NOTA SOBRE JULGAMENTOS/ESTIMATIVAS	CLASSES DE ACTIVOS/PASSIVOS AFECTADAS
	a estas estimativas, que ocorram posteriormente à data das demonstrações financeiras consolidadas, são corrigidas em resultados de forma prospectiva. (páginas 136 e 137)	
Ren	As estimativas e julgamentos com impacto nas demonstrações financeiras consolidadas da REN são continuamente avaliados, representando à data de cada relato a melhor estimativa da Administração, tendo em conta o desempenho histórico, a experiência acumulada e as expectativas sobre eventos futuros que, nas circunstâncias em causa, se acreditam serem razoáveis. A natureza intrínseca das estimativas pode levar a que o reflexo real das situações que haviam sido alvo de estimativa possam, para efeitos de relato financeiro, vir a diferir dos montantes estimados. (página 107)	As estimativas e os julgamentos que apresentam um risco significativo de originar um ajustamento material no valor contabilístico de activos e passivos no decurso do exercício seguinte são as que seguem: Provisões; Pressupostos actuariais; Activos tangíveis e intangíveis; **Imparidade.** (página 107)
Semapa	A preparação de demonstrações financeiras consolidadas exige que a gestão do Grupo efectue julgamentos e estimativas que afectam os montantes de proveitos, custos, activos, passivos e divulgações à data do balanço. Estas estimativas são determinadas pelos julgamentos da gestão do Grupo, baseados: (i) na melhor informação e conhecimento de eventos presentes e em alguns casos em relatos de peritos independentes e (ii) nas acções que o Grupo considera poder vir a desenvolver no futuro. Todavia, na data de concretização das operações, os seus resultados poderão ser diferentes destas estimativas. (página 158)	As estimativas e as premissas que apresentam um risco significativo de originar um ajustamento material no valor contabilístico dos activos e passivos no exercício seguinte são as seguintes: Imparidade do Goodwill; imposto sobre o rendimento; pressupostos actuariais; justo valor dos activos biológicos; reconhecimento de provisões e ajustamentos.

INSTRUMENTOS FINANCEIROS

EMPRESA	NOTA SOBRE JULGAMENTOS/ESTIMATIVAS	CLASSES DE ACTIVOS/PASSIVOS AFECTADAS
Sonae industria	As estimativas foram determinadas com base na melhor informação disponível à data da preparação das presentes demonstrações financeiras consolidadas e com base no melhor conhecimento e na experiência de eventos passados e/ou correntes. Não obstante, poderão ocorrer situações em exercícios subsequentes que, não sendo previsíveis à data, não foram considerados nessas estimativas. As alterações a essas estimativas, que ocorram posteriormente à data das demonstrações financeiras consolidadas, serão corrigidas, através da Demonstração Consolidada de Resultados, de forma prospectiva, conforme disposto pela norma IAS 8. (página 144)	As estimativas contabilísticas mais significativas reflectidas nas demonstrações financeiras consolidadas incluem: Vidas úteis do activo fixo tangível e intangível; análises de imparidade das diferenças de consolidação e de activos fixos tangíveis e intangíveis; registo de ajustamentos aos valores dos activos, nomeadamente, ajustamento de justo valor; cálculo de provisões e responsabilidade por benefícios pós-emprego.
Sonae SGPS	As estimativas foram determinadas com base na melhor informação disponível à data da preparação das demonstrações financeiras consolidadas e com base no melhor conhecimento e na experiência de eventos passados e/ou correntes. No entanto, poderão ocorrer situações em períodos subsequentes que, não sendo previsíveis à data, não foram considerados nessas estimativas. As alterações a essas estimativas, que ocorram posteriormente à data das demonstrações financeiras consolidadas, serão corrigidas em resultados de forma prospectiva, conforme disposto pelo IAS 8. (página 185)	As estimativas contabilísticas mais significativas reflectidas nas demonstrações financeiras consolidadas incluem: Vidas úteis dos activos fixos tangíveis e intangíveis; Análises de imparidade do Goodwill e de outros activos fixos tangíveis e intangíveis; Registo de ajustamentos aos valores do activo, provisões e análise de passivos contingentes; Cálculo das responsabilidades associadas aos programas de fidelização de clientes; Determinação do justo valor de propriedades de investimento e de instrumentos financeiros derivados; Recuperabilidade de activos por impostos diferidos; Estimativa de provisões para extensões de garantia. (página 184)

EMPRESA	NOTA SOBRE JULGAMENTOS/ESTIMATIVAS	CLASSES DE ACTIVOS/PASSIVOS AFECTADAS
Sonae com	As estimativas foram determinadas com base na melhor informação disponível à data da preparação das demonstrações financeiras consolidadas e com base no melhor conhecimento e na experiência de eventos passados e/ou correntes. No entanto, poderão ocorrer situações em períodos subsequentes que, não sendo previsíveis à data, não foram considerados nessas estimativas. As alterações a essas estimativas, que ocorram posteriormente à data de aprovação das demonstrações financeiras consolidadas, serão corrigidas em resultados de forma prospectiva, conforme disposto pela IAS 8. (página 182)	As estimativas contabilísticas mais significativas reflectidas nas demonstrações financeiras consolidadas dos exercícios findos em 31 de Dezembro de 2010 e 2009 incluem: Vidas úteis do activo tangível e intangível; Análises de imparidade das diferenças de consolidação e de outros activos tangíveis e intangíveis; Registo de ajustamentos aos valores do activo (Contas a Receber e Existências) e provisões; Cálculo da responsabilidade associada aos programas de fidelização de clientes. (página 182)
Zon multimedia	A preparação de demonstrações financeiras consolidadas exige que a gestão do Grupo efectue julgamentos e estimativas que afectam a demonstração da posição financeira e os resultados reportados. Estas estimativas são baseadas na melhor informação e conhecimento de eventos passados e/ou presentes e nas acções que a Empresa considera poder vir a desenvolver no futuro. Todavia, na data de concretização das operações, os resultados das mesmas poderão ser diferentes destas estimativas. (página 96)	As estimativas e os pressupostos que apresentam um risco de originar um ajustamento material nos activos e passivos do exercício seguinte são as seguintes: Imparidade dos activos não correntes, excluindo goodwill; Imparidade do Goodwill; Activos intangíveis e tangíveis; Provisões; Custos dos direitos de distribuição de conteúdos audiovisuais; Activos por impostos diferidos; Ajustamento das contas a receber; Justo valor de activos e passivos financeiros. (páginas 96 e 97)

Anexo 2 – Divulgações sobre imparidades de clientes e outros créditos a receber

EMPRESA	DIVULGAÇÃO NO ANEXO ÀS CONTAS	PRESSUPOSTOS UTILIZADOS NO CÁLCULO DE IMPARIDADES DE CLIENTES
Altri	As perdas por imparidade são registadas em sequência de eventos ocorridos que indiquem, objectivamente e de forma quantificável, que a totalidade ou parte do saldo em dívida não será recebido. Para tal, cada empresa do Grupo tem em consideração informação de mercado que demonstre que o cliente está em incumprimento das suas responsabilidades, bem como informação histórica dos saldos vencidos e não recebidos. (página 76) Os montantes apresentados na demonstração da posição financeira encontram-se líquidos das perdas acumuladas de imparidade para cobranças duvidosas que foram estimadas pelo Grupo, de acordo com a sua experiência e com base na sua avaliação da conjuntura e envolventes económicas. (Pagina 94)	Informação histórica dos saldos vencidos e não recebidos; informação de mercado
Brisa	As contas a receber de terceiros resultam da actividade operacional e encontram-se deduzidas de perdas de imparidade acumuladas. Estas são estimadas com base na informação disponível e experiência passada. (página 145)	Informação disponível; experiência passada
Cimpor	São registadas imparidades para perdas de valor quando existem indicadores objectivos que o Grupo não irá receber todos os montantes a que tinha direito, de acordo com os termos originais dos contratos estabelecidos. Na identificação destes são utilizados diversos indicadores, tais como: antiguidade do incumprimento; dificuldades financeiras do devedor; probabilidade de falência do devedor. As imparidades são determinadas pela diferença entre o valor recuperável e o valor de balanço do activo financeiro e são registados por contrapartida	Antiguidade do incumprimento; dificuldades financeiras do devedor; probabilidade de falência do devedor

EMPRESA	DIVULGAÇÃO NO ANEXO ÀS CONTAS	PRESSUPOSTOS UTILIZADOS NO CÁLCULO DE IMPARIDADES DE CLIENTES
	de resultados do exercício. Quando um montante a receber de clientes e devedores é considerado irrecuperável, é desreconhecido por utilização da respectiva conta de imparidade. (Página 125) As imparidades constituídas representam a estimativa da perda de valor dos saldos a receber, decorrente da análise ao risco efectivo de incobrabilidade, após dedução dos montantes cobertos por seguros de credito e outras garantias. (Página 169)	
EDP	As perdas por imparidade são registadas com base na avaliação regular da existência de evidência objectiva de imparidade associada aos créditos de cobrança duvidosa na data do balanço. (página 188) As perdas por imparidade relativas a créditos de cobrança duvidosa são baseadas na avaliação efectuada pela EDP da probabilidade de recuperação dos saldos das contas a receber, antiguidade dos saldos, anulação de dívidas e outros factores. Existem determinadas circunstâncias e factos que podem alterar a estimativa das perdas por imparidade dos saldos das contas a receber face aos pressupostos considerados, incluindo alterações da conjuntura económica, das tendências sectoriais, da deterioração da situação creditícia dos principais clientes e de incumprimentos significativos. (página 193)	Probabilidade de recuperação dos saldos das contas a receber, antiguidade dos saldos, anulação de dívidas e outros factores; alterações da conjuntura económica, das tendências sectoriais, da deterioração da situação creditícia dos principais clientes e de incumprimentos significativos
EDP Renováveis	–	

INSTRUMENTOS FINANCEIROS

EMPRESA	DIVULGAÇÃO NO ANEXO ÀS CONTAS	PRESSUPOSTOS UTILIZADOS NO CÁLCULO DE IMPARIDADES DE CLIENTES
Galp	As dívidas de terceiros são registadas pelo seu valor nominal. Na data de cada demonstração da posição financeira, este montante é deduzido de eventuais perdas por imparidade, reconhecidas na rubrica de Perdas por imparidade em contas a receber, por forma a que as mesmas reflictam o seu valor realizável líquido. (Pagina 126) Os saldos de clientes em mora que não sofreram ajustamentos correspondem a créditos em que existem acordos de pagamento ou para os quais existe uma expectativa de liquidação parcial ou total. (Página 157)	Não divulga pressupostos
Inapa	As dívidas de terceiros são registadas pelo seu valor nominal deduzido de eventuais perdas de imparidade, reconhecidas na rubrica de Outros custos – Imparidade de activos correntes, para que as mesmas reflictam o seu valor presente realizável líquido. Página 72 Adicionalmente, a Inapa segue uma política criteriosa e permanente de monitorização das contas de clientes, nomeadamente tendo em consideração a sua antiguidade e riscos associados e no caso de se verificarem riscos de cobrabilidade estes serão alvo do reconhecimento de uma perda de imparidade. Página 80 As perdas por imparidade relativas a créditos de cobrança duvidosa são baseadas na avaliação efectuada pelo Grupo da probabilidade de recuperação dos saldos das contas a receber. Este processo de avaliação está sujeito a diversas estimativas e julgamentos. Pagina 85	A sua antiguidade e riscos associados ; probabilidade de recuperação dos saldos das contas a receber
Jerónimo Martins	São registadas provisões para perdas por imparidade quando existem indicadores objectivos que o Grupo não irá receber todos os montantes a que tinha direito de acordo com os termos originais dos contractos estabelecidos. Na identificação de situações de imparidade são utilizados diversos indica-	(i) Análise de incumprimento; (ii) Incumprimento há mais de três meses; (iii) Dificuldades financeiras do devedor; (iv) Probabilidade de falência do devedor.

EMPRESA	DIVULGAÇÃO NO ANEXO ÀS CONTAS	PRESSUPOSTOS UTILIZADOS NO CÁLCULO DE IMPARIDADES DE CLIENTES
	dores, tais como: (i) Análise de incumprimento; (ii) Incumprimento há mais de três meses; (iii) Dificuldades financeiras do devedor; (iv) Probabilidade de falência do devedor. (página 111)	
Mota Engil	A evidência da existência de imparidade nas contas a receber surge quando: a contraparte apresenta dificuldades financeiras significativas; se verificam atrasos significativos no pagamento de juros e outros pagamentos principais por parte da contraparte; e se torna provável que o devedor vá entrar em liquidação ou em reestruturação financeira (página 73) São registados ajustamentos às contas a receber por perdas por imparidade quando existem indicadores objectivos que o Grupo não irá receber todos os montantes a que tinha direito de acordo com os termos originais dos contratos estabelecidos. Os ajustamentos são calculados considerando a análise da antiguidade das contas a receber, o perfil de risco do devedor, bem como as condições financeiras dos devedores. (página 104)	Antiguidade das contas a receber, o perfil de risco do devedor, bem como as condições financeiras dos devedores
Portucel	Essas perdas são registadas quando existe uma evidência objectiva de que o Grupo não receberá a totalidade dos montantes em dívida conforme as condições originais das contas a receber e mecanismos de cobertura de riscos de crédito existentes. (página 121) Estas são apuradas atendendo à informação regularmente reunida sobre o comportamento financeiro dos clientes do Grupo, que permite, em conjugação com a experiência reunida na análise da carteira e em conjugação com os sinistros de crédito que se verifiquem, na parte não atribuível à seguradora, definir o valor das perdas a reconhecer no período. O facto de existirem garantias para uma parte significativa dos saldos em aberto e com antiguidade, justifica o facto de não se ter registado qualquer perda por imparidade	Informação regularmente reunida sobre o comportamento financeiro dos clientes do Grupo, que permite, em conjugação com a experiência reunida na análise da carteira e em conjugação com os sinistros de crédito que se verifiquem, na parte não atribuível à seguradora, definir o valor das perdas a reconhecer no período; antiguidade das contas a receber, o perfil de risco dos clientes e a situação financeira dos mesmos

INSTRUMENTOS FINANCEIROS

EMPRESA	DIVULGAÇÃO NO ANEXO ÀS CONTAS	PRESSUPOSTOS UTILIZADOS NO CÁLCULO DE IMPARIDADES DE CLIENTES
	nesses saldos. Refira-se que as regras do seguro de risco de crédito seguido pelo Grupo asseguram uma cobertura de parte significativa dos saldos em aberto. (página 133) As imparidades em contas a receber são calculadas essencialmente com base na antiguidade das contas a receber, o perfil de risco dos clientes e a situação financeira dos mesmos. Caso fossem calculadas tendo por base unicamente os critérios de mora considerados fiscalmente relevantes em Portugal, seriam inferiores em 1 886 503 euros. (página 136)	
Portugal Telecom	Os ajustamentos para contas a receber são calculados essencialmente com base na antiguidade das contas a receber, o perfil de risco dos clientes e a situação financeira dos mesmos. As estimativas relacionadas com os ajustamentos para contas a receber diferem de negócio para negócio. (página 136) (a) limitar o crédito concedido a clientes, considerando o respectivo perfil e a antiguidade da conta a receber de cada cliente; (b) monitorizar a evolução do nível de crédito concedido; (c) realizar análises de recuperabilidade dos valores a receber numa base regular; e (d) analisar o risco do mercado onde o cliente está localizado. Deste modo, os critérios utilizados para calcular estes ajustamentos têm por base estes factores. (página 191)	Antiguidade das contas a receber, o perfil de risco dos clientes e a situação financeira dos mesmos
REN	O ajustamento pela imparidade de contas a receber é efectuado quando existe evidência objectiva de que o Grupo não terá a capacidade de receber os montantes em dívida de acordo com as condições iniciais das transacções que lhe deram origem. (página 99) As perdas por imparidade dos clientes e contas a receber são registadas, sempre que exista evidência objectiva de que os mesmos não são recuperáveis conforme os termos iniciais da transacção. (página 100)	Não refere pressupostos

EMPRESA	DIVULGAÇÃO NO ANEXO ÀS CONTAS	PRESSUPOSTOS UTILIZADOS NO CÁLCULO DE IMPARIDADES DE CLIENTES
Semapa	As perdas por imparidade são registadas quando existe uma evidência objectiva de que o Grupo não receberá a totalidade dos montantes em dívida conforme as condições originais das contas a receber. (página 150) O facto de existirem garantias para uma parte significativa dos saldos em aberto e com antiguidade justifica o facto de não se ter registado qualquer perda por imparidade nesses saldos. (página 156)	Não refere pressupostos
Sonae indústria	As perdas por imparidade são registadas na sequência de eventos ocorridos que indiquem, objectivamente e de forma quantificável, que a totalidade ou parte do saldo em dívida não será recebido. Para tal, a sociedade tem em consideração informação de mercado que demonstre que o cliente está em incumprimento das suas responsabilidades bem como informação histórica dos saldos vencidos e não recebidos. (página 90)	Informação de mercado; informação histórica dos saldos vencidos e não recebidos
Sonae SGPS	As perdas por imparidade são registadas na sequência de eventos ocorridos que indiquem, objectivamente e de forma quantificável, que a totalidade ou parte do saldo em dívida não será recebido. Para tal, cada empresa da Sonae tem em consideração informação de mercado que demonstre que: a contraparte apresenta dificuldades financeiras significativas; se verifiquem atrasos significativos nos pagamentos por parte da contraparte; se torna provável que o devedor vá entrar em liquidação ou reestruturação financeira. Para determinadas categorias de activos financeiros para as quais não é possível determinar a imparidade em termos individuais, esta é calculada em termos colectivos, nomeadamente ao nível do segmento Telecomunicações. Evidência objectiva de imparidade para um portfólio de contas a receber pode incluir a experiência passada em termos de cobranças, aumento do número de atrasos nos recebimentos, assim como alterações nas condições	Informação de mercado que demonstre que: a contraparte apresenta dificuldades financeiras significativas; se verifiquem atrasos significativos nos pagamentos por parte da contraparte; se torna provável que o devedor vá entrar em liquidação ou reestruturação financeira; experiência passada em termos de cobranças, aumento do número de atrasos nos recebimentos, assim como alterações nas condições económicas nacionais ou locais que estejam correlacionadas com a capacidade de cobrança

INSTRUMENTOS FINANCEIROS

EMPRESA	DIVULGAÇÃO NO ANEXO ÀS CONTAS	PRESSUPOSTOS UTILIZADOS NO CÁLCULO DE IMPARIDADES DE CLIENTES
	económicas nacionais ou locais que estejam correlacionadas com a capacidade de cobrança. (página 180) Os montantes apresentados na demonstração da posição financeira encontram-se líquidos das perdas acumuladas por imparidade que foram estimadas pela Sonae, de acordo com a sua experiência e com base na sua avaliação da conjuntura e envolventes económicas. A 31 de Dezembro 2010 não temos indicações de que não serão cumpridos os prazos normais de recebimento relativamente aos valores incluídos em clientes não vencidos e para os quais não existe imparidade registada. (página 226) Na determinação da recuperabilidade dos valores a receber de clientes a Sonae analisa todas as alterações de qualidade de crédito das contrapartes desde a data da concessão do crédito até à data de reporte das demonstrações financeiras consolidadas. (página 227)	
Sonaecom	Evidência da existência de imparidade nas contas a receber surge quando: a contraparte apresenta dificuldades financeiras significativas; se verificam atrasos significativos no pagamento de juros e outros pagamentos principais por parte da contraparte; e se torna provável que o devedor vá entrar em liquidação ou em reestruturação financeira Evidência objectiva de imparidade para um portfólio de contas a receber pode incluir a experiência passada em termos de cobranças, aumento do número de atrasos nos recebimentos, assim como alterações nas condições económicas nacionais ou locais que estejam correlacionadas com a capacidade de cobrança. Para as dívidas a receber, o Grupo utiliza informação histórica e estatística, que lhe permite efectuar uma previsão dos montantes em imparidade.	Informação histórica e estatística, que lhe permite efectuar uma previsão dos montantes em imparidade; Para cada operador é apurada a exposição máxima ao risco e o ajustamento ao activo é calculado com base na antiguidade de cada saldo, na existência de disputas e na situação financeira de cada operador. Em relação aos agentes, estes são classificados em termos de risco com base na continuidade de prestação de serviços e na sua situação financeira, sendo o ajustamento por imparidade calculado por aplicação de uma percentagem de incobrabilidade, apurada com base

EMPRESA	DIVULGAÇÃO NO ANEXO ÀS CONTAS	PRESSUPOSTOS UTILIZADOS NO CÁLCULO DE IMPARIDADES DE CLIENTES
	(página 180) Para os saldos de operadores, os montantes a receber são analisados casuisticamente. Para cada operador é apurada a exposição máxima ao risco e o ajustamento ao activo é calculado com base na antiguidade de cada saldo, na existência de disputas e na situação financeira de cada operador. Em relação aos agentes, estes são classificados em termos de risco com base na continuidade de prestação de serviços e na sua situação financeira, sendo o ajustamento por imparidade calculado por aplicação de uma percentagem de incobrabilidade, apurada com base em dados históricos. Para os clientes regulares, a imparidade é calculada pela aplicação de uma taxa de incobrabilidade apurada recorrendo ao histórico de cobranças do Grupo. Para os restantes activos, a imparidade é calculada com base na antiguidade dos saldos a receber líquidos dos montantes a pagar e do conhecimento da situação financeira do devedor. (página 204)	em dados históricos. Para os clientes regulares, a imparidade é calculada pela aplicação de uma taxa de incobrabilidade apurada recorrendo ao histórico de cobranças do Grupo.
Zon multimédia	São registados ajustamentos para perdas por imparidade quando existem indicadores objectivos que a ZON Multimédia não irá receber todos os montantes a que tinha direito de acordo com os termos originais dos contractos estabelecidos. Na identificação de situações de imparidade são utilizados diversos indicadores, tais como: análise de incumprimento; incumprimento há mais de 6 meses; dificuldades financeiras do devedor; probabilidade de falência do devedor. (página 90) Os ajustamentos de imparidade para contas a receber são calculados considerando: i) o perfil de risco do cliente, consoante se trate de cliente residencial ou empresarial; ii) o prazo médio de recebimento, o qual difere de negócio para negócio; e iii) a condição financeira do cliente. (página 98)	Análise de incumprimento; incumprimento há mais de 6 meses; dificuldades financeiras do devedor; probabilidade de falência do devedor. Os ajustamentos de imparidade para contas a receber são calculados considerando: i) o perfil de risco do cliente, consoante se trate de cliente residencial ou empresarial; ii) o prazo médio de recebimento, o qual difere de negócio para negócio; e iii) a condição financeira do cliente.

ANEXO 3 – Divulgações sobre métodos e pressupostos na avaliação de derivados

EMPRESA	EVIDÊNCIA SOBRE MÉTODOS DE AVALIAÇÃO DE DERIVADOS
Altri	Derivados de taxas de juro, derivados de taxas de câmbio, derivados de cobertura do preço da pasta de papel: O apuramento do justo valor dos derivados contratados pelo Grupo foi efectuado pelas respectivas contrapartes (instituições financeiras com quem foram celebrados tais contratos). O modelo de avaliação destes derivados, utilizado pelas contrapartes, baseia-se no método dos Cash Flows descontados. (páginas 103, 104, 105)
Brisa	O registo dos instrumentos financeiros derivados é efectuado de acordo com as disposições da IAS 39, sendo mensurados pelo seu justo valor, considerando para tal, modelos matemáticos, como por exemplo option pricing models e discount cash flows models para instrumentos não cotados em bolsas de valores (instrumentos over-the-counter). Estes modelos baseiam-se, essencialmente, em informação de mercado. A determinação do justo valor dos instrumentos financeiros derivados tem por base avaliações efectuadas por instituições financeiras. (página 158)
Cimpor	O justo valor de instrumentos financeiros derivados é determinado com referência a valores de cotações. No caso de estas não estarem disponíveis, o justo valor é determinado com base em análise de fluxos de caixa descontados, os quais incluem pressupostos suportados em preços ou taxas observáveis no mercado. (página 124)
EDP	O justo valor dos instrumentos financeiros derivados corresponde ao seu valor de mercado, quando disponível, sendo na sua ausência determinado por entidades externas tendo por base técnicas de valorização aceites pelo mercado. Estas entidades utilizam informação de mercados e técnicas de desconto de fluxos de caixa futuros geralmente aceites. (páginas 184 e 241)
EDP Renováveis	O justo valor dos instrumentos financeiros derivados corresponde ao seu valor de mercado, quando disponível, sendo na sua ausência determinado por entidades externas tendo por base técnicas de valorização, as quais incluem modelos de fluxos de caixa descontados e avaliação de opções, conforme o mais apropriado. (páginas 171 e 209)

EMPRESA	EVIDÊNCIA SOBRE MÉTODOS DE AVALIAÇÃO DE DERIVADOS
Galp	O justo valor dos derivados financeiros foi determinado por entidades bancárias tendo por base modelos e técnicas de avaliação geralmente aceites. Em conformidade com a norma IFRS 7 uma entidade deve classificar as mensurações do justo valor baseando-se numa hierarquia do justo valor que reflicta o significado dos inputs utilizados na mensuração. A hierarquia de justo valor deverá ter os seguintes níveis: • Nível 1 – preços cotados (não ajustados) em mercados activos para activos ou passivos idênticos; • Nível 2 – inputs diferentes dos preços cotados incluídos no Nível 1, que sejam observáveis para o activo ou passivo, quer directamente (i.e., como preços) quer indirectamente (i.e., derivados dos preços); • Nível 3 – inputs para o activo ou passivo que não se baseiem em dados de mercado observáveis (inputs não observáveis). (páginas 125 e 173)
Inapa	Instrumentos derivados não afectos a operações de cobertura. Estes activos e passivos são mensurados ao justo valor (página 70)
Jerónimo Martins	O Grupo aplica técnicas de valorização para instrumentos financeiros não cotados, tais como derivados, instrumentos financeiros ao justo valor através de resultados e activos disponíveis para venda. Os modelos de valorização que são utilizados mais frequentemente são modelos de fluxos de caixa descontados e modelos de opções, que incorporam por exemplo curvas de taxa de juro e volatilidade de mercado (página 115).
Mota engil	O apuramento do justo valor dos derivados contratados pelo Grupo foi efectuado pelas respectivas contrapartes, que são consideradas entidades financeiras idóneas/independentes e de reconhecido mérito. Os modelos de avaliação utilizados baseiam-se no método dos cash-flows descontados: utilizando Par Rates de Swaps, cotadas no mercado interbancário, e disponíveis nas páginas da Reuters e Bloomberg, para os prazos relevantes, sendo calculadas as respectivas taxas forwards e factores de desconto, que servem para descontar os cash flows fixos (fixed leg) e os cash flows variáveis (floating leg). O somatório das duas legs, apura o VAL (Valor Actualizado Líquido). (página 110)

INSTRUMENTOS FINANCEIROS

EMPRESA	EVIDÊNCIA SOBRE MÉTODOS DE AVALIAÇÃO DE DERIVADOS
Portucel	Sempre que possível, o justo valor dos derivados é estimado com base em instrumentos cotados. Na ausência de preços de mercado, o justo valor dos derivados é estimado através de técnicas de valorização com base em fluxos de caixa descontados e modelos de valorização de opções, de acordo com pressupostos geralmente utilizados no mercado. (página 120)
Portugal Telecom	Os instrumentos financeiros derivados são inicialmente mensurados ao seu justo valor na data de contratação, sendo reavaliados subsequentemente pelo respectivo justo valor na data de cada Demonstração Consolidada da Posição Financeira. (página 131). No caso dos derivados contratados em Portugal, o valor de mercado foi determinado externamente com base na metodologia de fluxos de caixa descontados, utilizando inputs observáveis no mercado. (página 197). A Portugal Telecom considera que o principal pressuposto utilizado na metodologia de fluxos de caixa descontados preparada internamente está relacionado com a taxa de desconto, a qual para os instrumentos financeiros contratados em Portugal com maturidades entre 1 mês e 10 anos varia entre 2,1% e 6,6%. Adicionalmente, a Portugal Telecom também utilizou taxas forward de juro e de câmbio obtidas directamente através de informações de mercado, tomando em consideração a maturidade e a moeda de cada instrumento financeiro. (página 197)
Ren	Alterações nas taxas de juro de mercado afectam o justo valor de instrumentos financeiros derivados e outros activos e passivos financeiros. Alterações no justo valor de instrumentos financeiros derivados e outros activos e passivos financeiros são estimados descontando os fluxos de caixa futuros de valores actuais líquidos, utilizando taxas de mercado do final do ano. (página 105)
Semapa	Sempre que possível, o justo valor dos derivados é estimado com base em instrumentos cotados. Na ausência de preços de mercado, o justo valor dos derivados é estimado através do método de fluxos de caixa descontados e modelos de valorização de opções, de acordo com pressupostos geralmente utilizados no mercado. (página 149)
Sonae industria	A determinação do justo valor dos "forwards" de taxa de câmbio é efectuado com recurso a sistemas informáticos de valorização de instrumentos derivados e a avaliações externas, quando esses sistemas não permitem a valorização de determinados instrumentos, e teve por base a actualização para a data do balanço do montante a ser recebido/pago na data de termo do contrato

EMPRESA	EVIDÊNCIA SOBRE MÉTODOS DE AVALIAÇÃO DE DERIVADOS
	O justo valor dos swaps taxa de juro, à data do balanço, é determinado por avaliações efectuadas pela Sociedade com recurso a sistemas informáticos de valorização de instrumentos derivados e avaliações externas quando esses sistemas não permitem a valorização de determinados instrumentos. A determinação do justo valor destes instrumentos financeiros baseia-se no método dos "cash-flows" descontados: recorrendo às curvas de cupão zero para os prazos relevantes, disponíveis no mercado, são determinadas as respectivas taxas variáveis "forward" e factores de desconto, que servem para descontar os "cash-flows" fixos e os "cash-flows" variáveis. A soma de ambos permite apurar o justo valor actual. (páginas 176 e 177)
Sonae SGPS	A determinação do justo valor destes instrumentos financeiros (instrumentos derivados de taxas de câmbio) teve por base a actualização para a data da demonstração da posição financeira do montante a ser recebido/pago na data de termo do contrato. O montante de liquidação considerado na avaliação é igual ao montante na moeda de referência multiplicado pela diferença entre a taxa de câmbio contratada e a de mercado para a data de liquidação determinada à data da avaliação. Os instrumentos de cobertura de taxa de juro encontram-se avaliados pelo seu justo valor, à data da demonstração da posição financeira, determinado por avaliações efectuadas pela Sonae com recurso a sistemas informáticos de valorização de instrumentos derivados e avaliações externas quando esses sistemas não permitem a valorização de determinados instrumentos. A determinação do justo valor destes instrumentos financeiros teve por base, para os swaps, a actualização para a data da demonstração da posição financeira dos "cash-flows" futuros resultantes da diferença entre a taxa de juro fixa do "leg" fixo do instrumento derivado e a taxa de juro variável indexante do "leg" variável do instrumento derivado. Para opções o justo valor é determinado com base no modelo de "Black-Scholes" e suas variantes. (página 237)
Sonae com	Na determinação do justo valor das operações de cobertura, o Grupo utiliza determinados métodos, tais como modelos de avaliação de opções e de actualização de fluxos de caixa futuros, e utiliza determinados pressupostos que são baseados nas condições de taxas de juro de mercado prevalecentes à data de Balanço. Cotações comparativas de instituições financeiras, para instrumentos específicos ou semelhantes, são utilizadas como referencial de avaliação. (página 183)

INSTRUMENTOS FINANCEIROS

EMPRESA	EVIDÊNCIA SOBRE MÉTODOS DE AVALIAÇÃO DE DERIVADOS
Zon multimedia	Na determinação do justo valor de um activo ou passivo financeiro, se existir um mercado activo, o preço de mercado é aplicado. No caso de não existir um mercado activo, o que é o caso para alguns dos activos e passivos financeiros do Grupo, são utilizadas técnicas de valorização geralmente aceites no mercado, baseadas em pressupostos de mercado. O Grupo ZON aplica técnicas de valorização para instrumentos financeiros não cotados, tais como, derivados, instrumentos financeiros ao justo valor através de resultados e para activos disponíveis para venda. Os modelos de valorização utilizados com maior frequência são modelos de fluxos de caixa descontados e modelos de opções, que incorporam, por exemplo, curvas de taxa de juro e volatilidade de mercado. Para alguns tipos de derivados mais complexos são utilizados modelos de valorização mais avançados, contendo pressupostos e dados que não são directamente observáveis em mercado, para os quais o Grupo utiliza estimativas e pressupostos internos. (página 97)

Os juízos de valor e os impostos diferidos

Ilídio Tomás Lopes
Professor da Escola Superior de Gestão e Tecnologia, Instituto Politécnico de Santarém

Resumo: *A problemática dos impostos diferidos surge no normativo contabilístico nacional e internacional como uma temática complexa e vulnerável aos mais diversos juízos de valor. Existe lugar a reconhecimento de impostos diferidos sempre que a base contabilística de um ativo ou de um passivo difere da sua base fiscal. As diferenças temporárias, dedutíveis ou tributáveis, daqui resultantes são, de acordo com aqueles normativos, relevadas no balanço como ativos ou passivos não correntes. Não existe, contudo, convergência entre os principais normativos contabilísticos internacionais, em particular entre os normativos do IASB, do FASB e do APB. Evidenciamos que o reconhecimento e contabilização de ativos por impostos diferidos, à margem da complexidade e discricionariedade que a técnica possa envolver, traduz um passo importante na compreensibilidade do relato financeiro pelos diversos utilizadores ao privilegiar a substância dos efeitos fiscais futuros em detrimento da sua forma. Os juízos de valor em torno desta temática centram-se na pertinência e coerência da sua relevação contabilística, na amplitude e discricionariedade potencial das divulgações exigidas e nos pressupostos intrínsecos ao seu reconhecimento efetivo. A análise de conteúdo aos relatórios de contas do ano de 2010 das sociedades não financeiras cotadas que integravam, à data, o índice PSI 20, permitiu evidenciar a magnitude desse reconhecimento assim como a amplitude da divulgação.*

Palavras-chave: impostos diferidos, relato financeiro, diferenças temporárias, sociedades cotadas, PSI20

1. Enquadramento

O caminho da normalização contabilística em Portugal iniciou-se em 1977 com a publicação do Decreto-Lei nº 47/77, de 7 de fevereiro, que instituía na esfera jurídica nacional o Plano Oficial de Contabilidade (POC). Este diploma e as sucessivas alterações que se seguiram, ilustram e traduzem o esforço de Portugal, em linha com outros países, a institucionalização de um relato financeiro que pudesse ir de encontro às necessidades de informação, em particular do *stakeholder* Estado.

A adesão de Portugal, em 1986, à então Comunidade Económica Europeia, constituiu um importante ponto de viragem, traduzindo-se na obrigatoriedade de ajustamento dos nossos normativos à 4ª Diretiva (Diretiva nº 78/660/CEE). Resultou daqui a publicação do POC de 1989, que representou o grande ajustamento ao seu homólogo de 1977, traduzindo igualmente o primeiro alinhamento com a Europa num esforço progressivo de harmonização. Vários foram os ajustamentos que se seguiram: 1. Em 1991, a transposição para a ordem jurídica nacional do tratamento contabilístico da consolidação de contas, em linha com a 7ª diretiva (Diretiva nº 83/349/CEE); 2. Em 1999, pela possibilidade de utilização do sistema de inventário permanente e pela elaboração da demonstração dos resultados por funções; 3. Em 2003, pela introdução da demonstração dos fluxos de caixa; 4. Em 2004, ao estabelecer as bases e as condições para a aplicação do justo valor[1], transpondo internamente a diretiva nº 2011/65/CE; 5. Em 2005, a transposição para a ordem jurídica nacional da obrigatoriedade de certos tipos de sociedades, prepararem as suas contas anuais consolidadas de acordo com as Normas Internacionais de Contabilidade (NIC).

A opção atrás descrita, prevista no Regulamento (CE) nº 1606/2002, do Parlamento Europeu e do Conselho, de 19 de julho, e reafirmada pelo Estado português no quadro do Sistema de Normalização Contabilística (SNC), procura responder à consolidação do esforço de nor-

---

[1] Justo Valor: quantia pela qual um ativo pode ser trocado ou um passivo liquidado, entre partes conhecedoras e dispostas a isso, numa transação em que não existe relacionamento entre elas (NCRF's nºs 6, 7, 8, 9, 11, 14, 18, 20, 22, 23, 27 e 28).

malização e harmonização contabilística iniciada no final da década de 70 do séc. XX. A estrutura de relato financeiro agora instituída, procura responder às crescentes necessidades de informação financeira, traduzindo e incorporando os mais diversos fenómenos empresariais, nomeadamente as concentrações de atividades empresariais, a globalização dos mercados de capitais e o desenvolvimento de grandes espaços económicos que impunham normas tanto na esfera contabilística como fiscal.

O SNC, instituído pelo Decreto-Lei nº 158/2009, de 13 de julho, surge em linha com a estratégia da União Europeia, pois consubstancia a decisão de adoção das normas internacionais de contabilidade do *International Accounting Standards Board* (IASB). Foi, assim, instituído um conjunto de princípios que norteia a elaboração do relato financeiro das organizações em geral, com as exceções nele consagradas e com a discricionariedade consentida pelo mesmo normativo. Importa pois analisar, neste contexto, de que forma aqueles princípios contribuem para uma melhoria objetiva do relato financeiro e de que forma podem os mesmos ser permeáveis aos juízos de valor por parte dos diversos *stakeholders*[2].

Procuramos evidenciar, nesta análise, os contornos daquela permeabilidade e os focos da maior ou menor discricionariedade, por parte de quem prepara o relato financeiro e de quem nele suporta as suas decisões de gestão. O nosso intuito reside em identificar em que medida o SNC permite, em geral, diversos juízos de valor sobre uma mesma realidade e em particular de que forma a relevação contabilística dos impostos diferidos poderá, ou não, distorcer a imagem fiel e verdadeira da entidade, pressuposto básico e intrínseco a qualquer modelo de relato financeiro.

---

[2] De acordo com a Estrutura conceptual do SNC, identificam-se os seguintes: investidores, empregados, mutuantes, fornecedores e outros credores comerciais, clientes, governo e seus departamentos, público.

2. A importância da informação contabilístico-financeira
2.1. Da normalização à harmonização contabilística

O ano de 2005 marcou, efetivamente, uma nova era no mundo dos negócios. Constituiu o marco de um esforço de 30 anos na criação de regras de relato financeiro para a generalidade dos mercados de capitais. Tal como referem Epstein e Mirza (2005:1), *"Este ano, cerca de 15.000 sociedades cotadas nos 25 países da União Europeia, Rússia, Austrália, África do Sul e Nova Zelândia, prepararão as suas contas anuais de acordo com um único conjunto de regras – As Normais Internacionais de Contabilidade e de Relato Financeiro do IASB"*. O mesmo cenário é extensível a outras tantas sociedades registadas na *Securities and Exchange Committee* (SEC), que utilizam os *United States Generally Accepted Accounting Principles* (US GAAP). Assim sendo, é vasto o número de sociedades que utilizam um dos dois normativos contabilísticos, os quais têm procurado ao longo dos anos, a convergência. É hoje reconhecido que as divergências entre ambos os normativos se têm vindo a esbater, nomeadamente no que aos principais princípios e pressupostos diz respeito.

Também Portugal, a partir de 2005, exigiu às sociedades com valores mobiliários admitidos à cotação em mercados regulamentados, a elaboração das suas contas consolidadas em conformidade com as normas internacionais de contabilidade adotadas nos termos do Regulamento (CE) nº 1606/2002, do Parlamento Europeu e do Conselho, de 19 de julho. Tal como afirmam Rodrigues e Guerreiro (2004), não se trata apenas de um dos maiores avanços no sentido da harmonização contabilística mas também de um dos maiores desafios. Na verdade, as alterações de paradigma que se colocaram, à data, ao nível do relato financeiro, já anteviam grandes dificuldades no entendimento e na aplicação desse normativo. Tais dificuldades são hoje fortemente sentidas no âmbito da implementação do SNC, muitas delas intrinsecamente associadas ao entendimento e interpretação conceitual das normas.

Um modelo de relato financeiro estandardizado procura, no nosso entendimento, a utilização de uma linguagem comum, tanto ao nível da preparação como ao nível da disseminação informativa. Deveria, a priori, constituir um inibidor da discricionariedade e da múltipla interpretação. Assiste-nos, desde já, a oportunidade de colocarmos algumas reservas quanto à utilidade prática da discriminação vertical dos normativos contabilísticos bem como à amplitude permitida, por exemplo ao nível da disseminação voluntária da informação. Como refere Meek *et al.* (1995), as empresas divulgam informação voluntária nos casos em que, objetivamente, os seus benefícios ultrapassam os seus custos. Pela importância desta questão e pela sua articulação biunívoca com a problemática dos juízos de valor, desenvolveremos esta temática no ponto 3.3..

Caracterizar o que se entende por *"qualidade do relato financeiro"* é uma discussão de âmbito amplo e cujos entendimentos são afetados pela multiplicidade percetiva e pela diversidade de necessidades informativas. Associamos a essa qualidade, a utilidade da informação ao concorrer para o suporte de decisões, independentemente do seu utilizador. Ainda que a teoria económica estabeleça que a assimetria da informação tenha sempre consequências privadas e sociais adversas, a procura de um relato financeiro de qualidade tem como objetivo mitigar essa mesma assimetria. As dificuldades emergentes dos normativos ao nível da mensuração e valorização dos ativos e passivos não podem constituir uma escusa para a sua não inclusão nos relatos financeiros (Lev, 2001). Neste contexto, assumimos como um relato financeiro de qualidade, aquele cujas características da informação seguem o estipulado na estrutura conceptual do SNC, ou seja: compreensibilidade, relevância, fiabilidade e comparabilidade.

A característica da compreensibilidade, omissa de forma expressa nos anteriores normativos contabilísticos nacionais, procura dotar os utentes da informação de um razoável conhecimento das atividades e da contabilidade da organização. Independentemente da sua complexidade e amplitude, a informação deve ser divulgada para que os utentes possam suportar as suas decisões. Claro está que, neste contexto, emerge a problemática da materialidade, atributo secundário da informação, porém intrinsecamente associado à relevância informativa. Tal como as demais características, consideramos que tanto a suficiência como a adequação da informação, determinam a qualidade do relato financeiro. Sublinhamos a esse propósito, a evolução positiva introduzida pelas normas internacionais e continuada no SNC. As divulgações preconizadas em cada norma são o exemplo de que a amplitude e substância do relato aparece agora com uma qualidade manifestamente superior.

Influenciar as decisões de gestão, tanto na perspetiva histórica como prospetiva, incute à informação a sua relevância. Na verdade, a relação dicotómica entre o seu caráter confirmatório e preditivo, são estruturantes numa análise integrada do relato financeiro. A fiabilidade surge associada ao facto da informação estar desprovida de erros materiais, de omissões (plenitude), de preconceitos ou juízos de valor prévios (neutralidade) capazes de manipular a representação fidedigna. Porém, os preparadores dessa informação não podem ser alheios a incertezas fundamentais (prudência) nem à substância económica das transações, ainda que a sua forma legal seja secundarizada (postulado da substância sobre a forma).

A utilidade da informação surge igualmente associada à possibilidade desta ser comparada, quer no tempo quer no espaço. A entidade necessita compreender a sua posição financeira, o seu desempenho económico e as alterações que se verificaram naquela posição financeira. A este propósito, estabelece a NCRF 1, a estrutura e o conteúdo das demonstrações financeiras. Estas são tratadas, no âmbito deste trabalho, como relato financeiro integrado.

Entendendo-se *"juízo de valor"*, segundo o Dicionário de Língua Portuguesa (2004), como *"o ato ou faculdade intelectual de julgar, o discernimento, a apreciação sobre as pessoas ou coisas"*, a amplitude intrínseca ao normativo internacional e ao SNC, abre caminho, com maior acuidade e inteligência, à discricionariedade informativa e à fertilidade no domínio da contabilidade criativa. A diversidade de critérios que emana destes normativos, associada a uma cada vez maior liberdade de escolha, permitem aos preparadores da informação económico-financeira, ainda que numa base legal, a manipulação objetiva do relato financeiro integrado. Caberá, subsidiariamente, aos órgãos de fiscalização um papel acrescido na garantia de que foram observados os pressupostos inerentes à preparação desse relato.

2.2. O novo paradigma da valorização dos ativos e passivos

O custo histórico vingou, enquanto princípio contabilístico geralmente aceite, durante décadas. Diríamos mesmo que perpassou toda a evolução doutrinária da história da contabilidade, ainda que a preocupação de algumas correntes tenha sido não a valorização dos elementos patrimoniais mas sim proporcionar uma visão personalista (Cerboni), reditualista (Eugen Schmalenbach), patrimonialista (Vincenzo Masi, entre muitos outros) ou, mais recentemente, uma visão neopatrimonialista (António Lopes de Sá). A teoria das funções sistemáticas do património (Lopes de Sá, 1997), sob a égide do axioma da eficácia, associada à teoria das interações de sistemas de funções e à teoria dos campos de fenómenos, culminou numa teoria geral do conhecimento contabilístico. O custo histórico é intrínseco, ainda que de forma não expressa, a esta teoria. Contudo, a evolução dos mercados de capitais reclamaram, em larga medida, a alteração deste princípio, emergindo envolto em alguma controvérsia, o primado do justo valor.

A problemática em torno da assumpção do justo valor parece-nos mais complexa do que uma simples questão de paradigma e deve ser centrada no papel da contabilidade enquanto meio privilegiado de fornecer informação para a tomada de decisão. Em mercados globalizados, altamente voláteis e instáveis, defendemos que as demonstrações financeiras devem, em cada momento ou período, refletir a posição financeira da entidade e os resultados das suas operações, numa lógica de mercado. Privilegiamos a lógica da avaliação dos ativos e passivos ao justo valor, independentemente do destinatário da informação. Consideramos refutável e até falacioso o argumento de que a lógica da mensuração possa vir a depender do *stakeholder*. Se assim fosse, a discricionariedade verificada no âmbito da contabilidade criativa ainda seria mais vincada. Não se trata de uma batalha doutrinal, muito menos da identificação de vencidos ou vencedores. Corroboramos, contudo, a opinião de Martins (2010:18) ao afirmar que *"O debate entre o custo histórico e o justo valor está ainda em aberto, embora, a meu ver, seja claro que o caminho que se tem vindo a trilhar se afastou progressivamente do custo histórico e se tem aproximado do justo valor"*.

A generalidade das atuais normas contabilísticas apresenta o modelo de mensuração ao custo e o modelo de mensuração ao justo valor como alternativos, estando este último caso dependente desse justo valor poder ser fielmente determinado. Em todo o caso, e sempre que tal determinação seja possível, continuamos a secundarizar os modelos de base histórica.

Uma das críticas que tradicionalmente tem sido apontada à contabilidade, é a sua forte articulação com a fiscalidade. Uma delas assenta no facto da contabilidade assentar a relevação contabilística em função dos diplomas fiscais e, consequentemente, o facto do relato financeiro estar a ser preparado para um *stakeholder* específico – o Estado. Consideramos que, do ponto de vista histórico, tal se tem verificado, contrariamente ao que tem acontecido nos sistemas contabilísticos anglo-saxónicos. Cremos que a realidade normativa atual poderá contrariar aquela realidade mas, cremos também que, ainda assim, corremos o risco de regredirmos pelo mesmo caminho. A diversidade de opções contabilísticas, associada às diferenças existentes entre as bases contabilísticas e fiscais dos ativos e passivos, entroncará numa cultura organizacional ainda muito vincada pela forma em detrimento da substância. É neste contexto que enquadramos a problemática dos impostos diferidos.

2.3. A problemática dos impostos diferidos
2.3.1. Objetivos inerentes ao reconhecimento de impostos diferidos

A problemática dos impostos diferidos surge, genericamente, associada à convergência contabilística e fiscal em termos de relevação informativa. Procura relevar, em termos contabilísticos, operações que originando tributação no período corrente, são dedutíveis em períodos futuros (ativos por impostos diferidos) bem como operações cuja tributação, por força do normativo fiscal, seja diferida para períodos futuros (passivos por impostos diferidos). Tal como referido na NCRF 25/IAS 12, é inerente ao reconhecimento de um ativo ou passivo que a entidade espera vir a recuperar ou a liquidar a sua quantia escriturada.

Estamos claramente perante uma situação em que parece prevalecer a substância em detrimento da forma uma vez que se torna obrigatória, por força da aplicação daquele normativo, a contabilização das consequências fiscais de transações e outros acontecimentos tal como acontece para as próprias transações e outros acontecimentos. A relevação contabilística dos impostos diferidos é efetuada no capital próprio ou em resultados, consoante essas transações sejam também relevadas no capital próprio (*v.g.* excedentes de revalorização em ativos fixos tangíveis ou intangíveis, subsídios ao investimento, etc.) ou em resultados (*v.g.* provisões, imparidades e/ou depreciações/amortizações além dos limites fiscais, etc.).

A problemática em questão não é propriamente uma novidade no sistema normativo contabilístico português, com a entrada em vigor, em 2010, do SNC. Para além da aplicação supletiva da IAS 12, a situação modificou-se, em Portugal, com a aprovação, em junho de 2001, da Diretriz Contabilística nº 28 (DC 28). Esta norma seguia de muito perto a IAS 12 revista, do IASB, embora fosse clara a sua manifesta complexidade. Preconizando a norma a aplicação do método da responsabilidade, baseado no balanço, a verdade é que as divulgações requeridas assentavam na aplicação do método do deferimento, este baseado na demonstração dos resultados. Esta complexidade e até falta de coerência ao nível da divulgação contabilística (Cunha e Rodrigues, 2004:166) levaram a que a DC 28 nunca tivesse sido verdadeiramente aplicada.

De acordo com a NCRF 25/IAS 12, o registo de ativos por impostos diferidos resulta do reconhecimento de diferenças temporárias dedutíveis, do reporte de perdas fiscais não utilizadas (artº 52º do CIRC) e do reporte de créditos tributáveis não utilizados. Dão lugar ao reconhecimento de passivos por impostos diferidos, as quantias de impostos pagáveis em períodos futuros com respeito a diferenças temporárias tributáveis[3]. Enquadram-se neste contexto, os excedentes de revalorização de ativos fixos tangíveis (NCRF 7/IAS 16) e intangíveis (NCRF 6/IAS 38) que são reconhecidos no capital próprio, sendo a

---

[3] Diferenças temporárias de que resultam quantias tributáveis na determinação do lucro tributável (perda fiscal) de períodos futuros quando a quantia escriturada do ativo ou do passivo seja recuperada ou liquidada (§5 da NCRF 25).

tributação associada a esse excedente, diferida para o momento em que os elementos ou direitos que lhe deram origem sejam alienados, exercidos, extintos ou liquidados, com as exceções previstas na norma (*v.g.* mensuração de instrumentos financeiros ao justo valor através de resultados). A este propósito, estabelece o nº 9 do artº18º do CIRC que *"Os ajustamentos decorrentes da aplicação do justo valor não concorrem para a formação do lucro tributável, sendo imputados como rendimentos ou gastos do período de tributação em que os elementos ou direitos que lhes deram origem sejam alienados, exercidos, extintos ou liquidados, ..."*. Pode-se então afirmar que há lugar ao reconhecimento de impostos diferidos sempre que a base contabilística de um ativo/passivo difere da sua base fiscal. Essa divergência implicará o reconhecimento de ativos ou passivos por impostos diferidos sempre que estejamos perante diferenças temporárias dedutíveis ou perante diferenças temporárias tributáveis, respetivamente.

Sobre esta temática, não existe, a nível internacional, convergência entre os normativos do IASB – *International Accounting Standards Board* (SNC, 2010; Epstein and Mirza, 2005), do FASB – *Financial Accounting Standards Board* (Colley *et al*, 2006; Epstein and Mirza, 2005) ou mesmo do APB – *Accounting Principles Board* (Chaney and Jeter, 1989). Um dos pontos de divergência reside no conceito de diferenças permanentes, entendidas estas como diferenças entre as bases contabilísticas e as bases fiscais mas que nunca originarão tributação no futuro. Por outro lado, não há lugar a impostos diferidos nas diferenças temporárias que resultem do reconhecimento inicial de um ativo ou de um passivo numa transação que não seja um concentração empresarial e que não afete o lucro contabilístico ou fiscal. O tratamento dado no âmbito dos US GAAP não configura este tipo de isenção no reconhecimento inicial de ativos e passivos. Apesar de ainda permanecerem divergências, registamos que têm existido avanços significativos no sentido de uma harmonização cada vez mais consolidada.

2.3.2. O atual enquadramento normativo nacional

Como tem sido referido, a temática dos impostos diferidos está hoje consagrada, a nível nacional, na NCRF 25 e na IAS 12, esta última de aplicação restrita às sociedades com valores mobiliários admitidos à cotação em mercados regulamentados. Constituem objetivos da norma, prescrever o tratamento contabilístico dos impostos sobre o rendimento, nos casos em que existe recuperação futura da quantia escriturada bem como no que respeita às transações e outros acontecimentos do período corrente e que a entidade tenha reconhecido. Genericamente, *"esta norma exige que uma entidade contabilize as consequências fiscais de transações e de outros acontecimentos da mesma forma que contabiliza as próprias transações e outros acontecimentos"* (§1 NCRF 25). Neste sentido, os efeitos fiscais das transações ou outros acontecimentos reconhecidos nos resultados, são igualmente reconhecidos nos resultados. O mesmo acontece para as transações ou outros acontecimentos cujo reconhecimento tenha impacte no capital próprio, ou seja os efeitos fiscais são reconhecidos nessa mesma massa patrimonial. Para além destes efeitos, enquadram-se na norma os efeitos fiscais provenientes de perdas fiscais não usadas ou de créditos fiscais não usados.

O reconhecimento de passivos por impostos diferidos deve ocorrer sempre que existam diferenças temporárias tributáveis, exceto se essas diferenças resultarem do reconhecimento inicial do *goodwill*[4] ou de um ativo ou passivo que não seja uma transação relacionada com uma concentração de atividades empresariais e não afete, no momento dessa transação, nem o lucro contabilístico nem o lucro tributável (§15 NCRF 25). Nos casos em que as diferenças temporárias tributáveis estejam relacionadas com investimentos em subsidiárias,

---

[4] Múltiplas são as abordagens ao *goodwill*, tanto na identificação da sua substância como no seu tratamento contabilístico, inicial e subsequente. Corroboramos a opinião de Rodrigues (2006:254) quando afirma entender o *goodwill*: *"...como uma forma de valorização das capacidades superiores que apresenta uma empresa e ou um grupo (como forma de assegurar vantagens competitivas de médio e longo prazo, que se traduzirão em rendimentos acrescidos), e que acabam por se revelar de sobre importância num contexto de aquisições empresariais, ao reconhecer que o preço pago pela aquisição supera o valor contabilístico e mesmo o justo valor do património da sociedade adquirida"*. De acordo com a NCRF 14, corresponde a benefícios económicos futuros resultantes de ativos que não são capazes de ser individualmente identificados e separadamente reconhecidos.

sucursais, associadas e interesses em empreendimentos conjuntos, há lugar a reconhecimento de passivos por impostos diferidos[5]. No caso particular do *goodwill*, a NCRF 25 não permite o reconhecimento de impostos diferidos pois *"o goodwill é mensurado como residual e o reconhecimento do passivo por impostos diferidos iria aumentar a quantia escriturada do goodwill"* (§21 NCRF 25).

Com o objetivo de melhor se compreender a amplitude do normativo sobre impostos diferidos, apresentam-se na tabela seguinte Lopes (2013) alguns exemplos de operações que originam o reconhecimento de ativos ou passivos por impostos diferidos, independentemente do seu impacte se verificar no capital próprio (CP) ou na demonstração dos resultados (DR).

TABELA 1 – Principais operações que originam ativos ou passivos por impostos diferidos

DESCRIÇÃO	PRINCIPAIS NORMAS CONTABILÍSTICAS	IMPACTE NAS DF	ALTERAÇÃO DA BASE FISCAL	ENQUADRAMENTO FISCAL	TIPO DE IMPOSTO DIFERIDO
Revalorização de ativos fixos tangíveis e Ativos intangíveis	NCRF 7 NCRF 6	CP	Não	nº 9 do art. 18º CIRC	Passivo
Subsídios ao Investimento	NCRF 22	CP	Não	art. 22º CIRC	Passivo
Provisões não aceites fiscalmente	NCRF 21	DR	Sim	art. 39º CIRC	Ativo
Perdas por imparidade ou ajustamentos não aceites fiscalmente ou para além dos limites legais	NCRF 6; NCRF 7; NCRF 8; NCRF 11; NCRF 17; NCRF 18; NCRF 26; NCRF 27.	DR	Sim	art. 28º CIRC art. 35º CIRC	Ativo

---

[5] De acordo com o §36 da NCRF 25, são condições para esse reconhecimento: a) Que a empresa-mãe, o investidor ou o empreendedor seja capaz de controlar a tempestividade da reversão da diferença temporária e 2) que seja provável que a diferença temporária não se reverterá no futuro previsível.

DESCRIÇÃO	PRINCIPAIS NORMAS CONTABILÍSTICAS	IMPACTE NAS DF	ALTERAÇÃO DA BASE FISCAL	ENQUADRAMENTO FISCAL	TIPO DE IMPOSTO DIFERIDO
Projetos de Desenvolvimento	NCRF 6	DR	Sim	art. 32º CIRC	Passivo
Dedução de prejuízos	NCRF 25	DR	Sim	art. 52º CIRC	Ativo

O conteúdo da tabela 1 está longe de representar uma lista completa de operações que originam o registo de ativos ou passivos por impostos diferidos. Procurou-se apenas apresentar alguns exemplos que, de acordo com o normativo contabilístico e fiscal originam divergências entre as bases contabilísticas e fiscais desses ativos ou passivos.

Relativamente ao reconhecimento de ativos por impostos diferidos, importa referir que essa possibilidade está condicionada à existência de um lucro tributável relativamente ao qual a diferença temporária dedutível possa ser usada ou à disponibilidade de lucros tributáveis futuros contra os quais possam ser usadas as perdas fiscais não usadas e os créditos fiscais não usados. Estas asserções, de natureza probabilística, para além de acentuarem a discricionariedade, incutem uma maior exigência a nível do relato financeiro em termos de divulgação dos pressupostos que as suportam. Voltaremos a esta temática no ponto seguinte, a propósito da abordagem aos juízos de valor formulados no âmbito do reconhecimento dos impostos diferidos.

Efetivamente, o normativo contabilístico relacionado com os impostos diferidos é fértil na apresentação de várias exceções, nomeadamente no que se refere ao reconhecimento inicial do *goodwill*, ao reconhecimento inicial de um ativo ou passivo numa transação que não seja uma concentração de atividades empresariais nem que não afete, no momento daquela transação, nem o lucro contabilístico nem o lucro tributável. Apesar de resultarem daqui dificuldades interpretativas, reconhecemos que as situações enumeradas foram excecionadas pois requerem outro enquadramento normativo, em particular no âmbito das concentrações de atividades empresariais, dos investimentos em subsidiárias, em associadas, e dos interesses em empreendimentos conjuntos. Aliás, o reconhecimento dos impostos diferidos é uma temática que deve ser sempre cruzada e complementada com as diversas normas que enquadram cada tipologia de ativo ou passivo. Por exemplo, o reconhecimento de passivos por impostos diferidos, resultantes da revalorização de ativos fixos tangíveis e intangíveis, deve ser enquadrado no âmbito da NCRF 7 e NCRF 6, respetivamente.

As divulgações são, neste domínio, bastante amplas mas, tal como o reconhecimento de alguns impostos diferidos, altamente vulneráveis a pressupostos probabilísticos. Advogamos a necessidade de se aplicarem modelos de previsão provenientes da teoria financeira, com um elevado poder preditivo, capazes de produzir pressupostos fiáveis que possam consolidar as diversas asserções de reconhecimento e divulgação.

3. Os juízos de valor em torno dos impostos diferidos

O reconhecimento e consequente divulgação de impostos diferidos no relato financeiro não são matérias e abordagens consensuais. Aponta-se, por um lado, a falta de fundamentação teórica e de suporte doutrinário, por outro o seu caráter mecanicista, onde proliferam as múltiplas exceções. Considera-se, com este tipo de argumentação, que o relato financeiro não proporciona uma imagem verdadeira e apropriada da posição financeira da entidade. Em contraposição a esta argumentação, aponta-se a exigência de integrar no relato financeiro os impactes fiscais decorrentes das diferenças entre as bases contabilísticas e as bases fiscais, dando relevância à substância das operações em detrimento da sua forma. O esforço de harmonização contabilística, caracterizado pela aproximação a modelos de cariz anglo-saxónico, parece suportar esta corrente de pensamento.

Conscientes da dualidade doutrinária sobre esta temática, procuramos evidenciar de seguida as principais questões que se podem colocar neste domínio. O nosso objetivo está em evidenciar os aspetos de convergência e de divergência entre as duas correntes doutrinárias, especificando o impacte do reconhecimento e contabilização dos impostos diferidos ao nível da fiabilidade do relato financeiro. Assim, apontamos de seguida as principais questões que poderão suscitar interpretações diversas e cujos juízos de valor poderão suportar decisões de gestão igualmente diversas.

3.1. Pertinência da relevação contabilística de impostos diferidos

A primeira questão que se pode colocar em torno desta problemática é a pertinência do reconhecimento dos ativos e passivos por impostos diferidos porquanto o próprio normativo admite inúmeras exceções e é altamente vulnerável aos juízos de valor por parte dos preparadores da informação financeira. Recorde-se a este propósito as exceções e as condições previstas nos §25 e ss da NCRF 25 no que respeita ao reconhecimento de ativos por impostos diferidos. O reconhecimento de um ativo por imposto deferido está dependente da probabilidade de existirem lucros tributáveis futuros disponíveis contra os quais as diferenças temporárias dedutíveis possam ser utilizadas. A mesma regra é aplicável ao reporte de perdas fiscais não usadas e créditos por impostos não usados uma vez que, de acordo com o §31 da NCRF 25 *"Um ativo por impostos diferidos deve ser reconhecido para o reporte de perdas fiscais não usadas e créditos tributáveis não usados até ao ponto em que seja provável que lucros tributáveis futuros estarão disponíveis contra os quais possam ser usados perdas fiscais não usadas e créditos tributáveis não usados".* Assim sendo, ainda que reconheçamos a existência de alguma discricionariedade na avaliação probabilística destas ocorrências, não corroboramos que seja motivo substancial e determinante para que estes efeitos sejam excluídos do relato financeiro.

A pertinência do reconhecimento não pode estar consubstanciada na forma mas sim na substância dos efeitos fiscais futuros decorrentes de operações correntes. Ainda que possamos reconhecer dificuldades intrínsecas à avaliação da probabilidade efetiva de ocorrerem determinados acontecimentos futuros (*v.g.* magnitude das diferenças tributárias futuras, continuidade de determinadas operações, entre outros), consideramos que o relato financeiro, em particular no âmbito da plenitude e compreensibilidade, apareceria distorcido caso se omitissem esses efeitos. Por isso, privilegiamos claramente a substância daqueles efeitos em detrimento da sua forma. Sublinhamos ainda que a determinação com fiabilidade dos efeitos contabilísticos é um denominador comum a todo o normativo contabilístico e não de aplicação restrita no âmbito da NCRF 25/IAS 12. Quer isto dizer que, sempre que não for possível determinar com fiabilidade aqueles efeitos, os mesmos não devem ser integrados no relato financeiro tal como acontece nas mais diversas temáticas contabilísticas.

A omissão dos efeitos decorrentes do reconhecimento de impostos diferidos prejudicaria objetivamente a plenitude da informação financeira. Aliás, de acordo com Anir *et al.* (1997), a divulgação separada das rubricas que originaram impostos diferidos constitui informação relevante. Por exemplo, os investidores associam à divulgação de impostos diferidos associados à revalorização de ativos fixos tangíveis e intangíveis, a expectativa da entidade continuar a investir em bens depreciáveis/amortizáveis. Privilegiamos uma abordagem integrada e completa ainda que vulnerável aos pressupostos que servem de base à mensuração e à divulgação dos efeitos dos impostos diferidos.

Os estudos de Chaney e Jeter (1989) e Colley *et al.* (2006) apontam no mesmo sentido ao evidenciarem correlações positivas ente o reconhecimento, de forma separada, de ativos e passivos por impostos diferidos, e a capitalização das sociedades cotadas. O mercado parece reconhecer e incorporar a continuidade das operações e os seus efeitos em termos de um provável retorno futuro.

3.2. Coerência contabilística

Sem que seja permitida a compensação de saldos[6], o reconhecimento de ativos e passivos por impostos diferidos é apresentado no balanço como Ativos Não Correntes (conta *2741 – Outras contas a receber – Ativos por Impostos Diferidos*) e Passivos Não Correntes (conta *2742 – Outras contas a pagar – Passivos por Impostos Diferidos*), respetivamente[7]. Sendo um ativo definido, genericamente, como "*um recurso controlado*

---

[6] Só é permitida a compensação se, e somente se, a entidade tiver um direito legalmente executável para compensar quantias reconhecidas ou pretender liquidar numa base líquida, ou realizar o ativo e liquidar simultaneamente o passivo (§65 NCRF 25).

[7] Contrariamente, o FASB, no âmbito da aplicação dos US GAAP, admite a classificação como "*Corrente*" e "*Não Corrente*", sempre que os factos o justifiquem.

pela entidade como resultado de acontecimentos passados e do qual se espera que fluam para a entidade benefícios económicos futuros" (al. a) do §49 EC) e um passivo como *"uma obrigação presente da entidade proveniente de acontecimentos passados, da liquidação da qual se espera que resulte um exfluxo de recursos da entidade incorporando benefícios económicos"* (al. a) do §49 EC), apresentamos algumas reservas quanto ao enquadramento dos ativos e passivos por impostos diferidos em rubricas de *"Contas a receber"* ou *"Contas a pagar"*.

Sendo uma característica essencial de um passivo que a entidade tenha uma obrigação presente (§59 da Estrutura conceptual do SNC), entendida esta como um dever ou responsabilidade legalmente imposta ou como consequência contratual ou estatutária vinculativa, parece-nos duvidoso que o reconhecimento de passivos por impostos diferidos possa ser relevado em *"Contas a pagar"*. O mesmo acontece com a relevação de ativos por impostos diferidos em *"Contas a receber"*. O saldo evidenciado no ativo nunca corresponderá a um valor a receber da administração fiscal, só podendo vir a ser deduzido contra diferenças temporárias tributáveis ou lucros tributáveis, na justa magnitude em que estes as possam absorver. A leitura do balanço de uma entidade por parte dos mais diversos *stakeholders* poderá conduzir a uma leitura imediata distorcida, na medida em que poderão ser assumidos como influxos prováveis os valores evidenciados na conta 2741 – *Outras contas a receber – Impostos diferidos*.

Tendo por base os princípios intrínsecos à periodização económica, parecer-nos-ia mais ajustado e adequada a relevação dos impostos diferidos, no balanço, como *"Acréscimos de Rendimentos"* ou *"Rendimentos Diferidos"*. Por outro lado, não está contemplado nesta temática um grau de prudência adequado pois por vezes existem situações que nunca irão originar tributação (exigibilidade) futura, a não ser perante a descontinuidade das operações (*v.g.* revalorização de um terreno não depreciável). Assim, no caso particular dos passivos por impostos diferidos, consideramos também como interessante o enquadramento desta temática no âmbito da NCRF 21/IAS 37 – Provisões, passivos contingentes e ativos contingentes. Tal asserção resulta do facto de uma provisão ser, de acordo com este normativo, um passivo de tempestividade ou quantia incerta. Recordamos que, a este propósito, nada existe do ponto de vista doutrinal que possa consolidar o que acabamos de referir e como tal há que envidar por novos desenvolvimentos futuros que possam consolidar as asserções de base.

Subscrevemos também, ainda que parcialmente, a questão colocada por Van Greuning (2005:115) sobre se o imposto diferido não deveria ser considerado parte integrante do capital próprio para efeitos de análise. Ainda que possamos assumir que estão cumpridos os pressupostos inerentes ao reconhecimento como um ativo/passivo, a verdade é que não traduzem impostos gerados ou exigíveis no âmbito da gestão corrente. Complementarmente, a existência de impostos diferidos surge associada ao crescimento natural do negócio e o seu pagamento efetivo dependerá da fonte e da intensidade com que essas diferenças temporárias são geradas. Por estas razões, e por integrarem uma certa lógica de perpetuidade, advoga-se que os impostos diferidos passivos deveriam fazer parte do capital próprio e não relevados, para efeitos de relato financeiro, como passivos não correntes.

Não podemos deixar de concluir sobre este juízo de valor sem vincarmos a nossa convicção de que a relevação dos ativos e passivos por impostos diferidos como contas a receber ou a pagar, pode distorcer a interpretação que se faz das demonstrações financeiras ao considerar-se que se tratam de dívidas efetivas e apenas vulneráveis às respetivas imparidades decorrentes da probabilidade de incobrabilidade. Não é esta a realidade que se verifica neste tipo de ativos e passivos, tal como já evidenciado em pontos anteriores desta reflexão.

Relativamente à taxa de derrama[8], existem empresas que a excluem do cálculo dos impostos diferidos e outras que a consideram. Outras incluem ainda o impacte da *Derrama Estadual*[9] introduzida nas medi-

---

[8] Trata-se de uma receita Municipal. A taxa é lançada, anualmente, pelos diferentes municípios e pode ascender até 1,50%. Quando seja aplicável o Regime Especial de Tributação dos Grupos de Sociedades (RETGS), a derrama incide sobre o lucro tributável individual de cada uma das sociedades do grupo. Neste caso o registo é apresentado numa rubrica de *"Empresas do Grupo"*.

[9] A Derrama Estadual é devida pelas entidades que exerçam a título principal atividades de natureza comercial, industrial ou agrícola e pelas entidades não residentes com

das temporárias do Plano de Estabilidade e Crescimento (PEC), e legislada pela Lei 12-A/2010, de 30 de junho, apesar de ser entendimento que a reversão dos impostos diferidos registados só ocorra num período posterior ao abrangido pelo PEC. Ainda que faça sentido que no caso de prejuízos fiscais seja tomada em consideração apenas a taxa geral de imposto (25%), não se compreende o duplo entendimento para os restantes casos pelo que poderá fazer sentido a emissão de uma norma interpretativa à NCRF 25 sobre esta matéria. No nosso entendimento, e tendo por base a asserção de que devem ser relevados contabilisticamente os efeitos fiscais, corroboramos do procedimento de que devem ser consideradas tanto a taxa geral de imposto como as taxas de derrama correspondentes.

3.3. Amplitude e discricionariedade nas divulgações

A problemática da divulgação surge associada à característica da compreensibilidade da informação financeira. As reservas e questões que se colocam neste domínio são transversais a todo o normativo contabilístico. A amplitude e a clareza da divulgação contabilística estão altamente dependentes dos preparadores da informação financeira. Como já referido por Meek *et al.* (1995), a informação voluntária só ocorre nos casos em que os benefícios ultrapassam largamente os custos. Ainda que as NCRF/IAS enumerem os requisitos em termos de amplitude qualitativa e quantitativa das matérias a divulgar, o conteúdo e a forma continuam dependentes da discricionariedade do preparador da informação financeira.

Relativamente aos impostos diferidos, estabelece o normativo que a entidade deve divulgar, entre outros, os seguintes aspetos (§72 a §84 da NCRF 25):

- "A quantia de gasto (rendimento) por impostos diferidos relacionada com a origem e reversão de diferenças temporárias;

---

estabelecimento estável em Portugal. As taxas atualmente aplicáveis são: 3% para lucros coletáveis superiores a 1.500.000 euros e inferiores ou iguais a 10.000.000 euros e de 5% acima deste valor.

- A quantia de gasto (rendimento) por impostos diferidos relacionada com alterações nas taxas de tributação ou com o lançamento de novos impostos;
- A quantia de benefícios provenientes de uma perda fiscal não reconhecida anteriormente, de crédito por impostos ou de diferença temporária de um período anterior que seja usada para reduzir gasto de impostos correntes;
- Uma reconciliação numérica entre a taxa média efetiva de imposto e a taxa de imposto aplicável, divulgando também a base pela qual é calculada a taxa de imposto aplicável;
- Uma explicação de alterações na taxa de imposto aplicável comparada com o período contabilístico anterior;
- A quantia (a data de extinção, se houver) de diferenças temporárias dedutíveis, perdas fiscais não usadas, e créditos por impostos não usados relativamente aos quais nenhum ativo por impostos diferidos seja reconhecido no balanço;
- A quantia agregada de diferenças temporárias associadas com investimentos em subsidiárias, sucursais e associadas e interesses e em empreendimentos conjuntos, relativamente ás quais passivos por impostos diferidos não tenham sido reconhecidos;
- Passivos e ativos contingentes relacionados com impostos de acordo com a NCRF 21".

Consideramos que as exigências de divulgação são complexas e, mesmo de uma forma holística, tal facto pode constituir um inibidor severo à sua divulgação. O relato financeiro ficará desta forma incompleto com as consequências daí decorrentes para os utilizadores das demonstrações financeiras. Tal como evidenciado por Amir *et al.* (1997), a omissão da informação relativa a impostos diferidos influencia negativamente a valorização das organizações.

3.4. Pressupostos ao reconhecimento

Como já fora referido, o reconhecimento de impostos diferidos está dependente da observância de acontecimentos futuros, aos quais é intrínseca uma determinada probabilidade de ocorrência. Referimo-

-nos, regra geral, ao reconhecimento de ativos por impostos diferidos e à condição, a priori, de existirem diferenças tributáveis futuras ou lucros tributáveis suficientes que possam compensar aqueles ativos. A incerteza associada a qualquer contexto probabilístico, remete-nos de imediato para aos pressupostos que serviram de base à determinação do retorno potencial. Consideramos que a simples condição de estarmos num contexto de incerteza, constitui um inibidor ao reconhecimento, levando a que as entidades, numa assumpção de prudência, optem pelo seu não reconhecimento.

Ainda que os órgãos de fiscalização assumam um papel determinante na aferição desses pressupostos (*v.g.* aplicação da DRA 545 – *Auditoria das mensurações e divulgações ao justo valor*[10], por parte dos Revisores Oficiais de Contas), entendemos que a volatilidade do contexto macroeconómico que atravessamos não é compatível com um grau de segurança razoável que permite consolidar o relato financeiro nesta matéria. Uma vez mais, é nossa convicção de que o relato financeiro não se afigura pleno por dificuldades associadas à fiabilidade dos pressupostos nos quais se baseia o reconhecimento e a contabilização dos impostos diferidos.

3.5. Os impostos diferidos e a análise financeira

A procura de indicadores de gestão que proporcionem uma imagem fiel da posição financeira da entidade, dos resultados das suas operações e das alterações verificadas naquela posição financeira, tem sido uma das preocupações chave por parte dos analistas. Neste sentido, a relevação dos impostos diferidos nas demonstrações financeiras não se revela matéria inócua porquanto o seu impacte nesses indicadores e consequentemente nos utilizadores da informação. Pelas dúvidas

---

[10] Esta Diretriz de Revisão/Auditoria trata de considerações de auditoria relativas à mensuração, apresentação e divulgação de ativos, de passivos e de componentes do capital próprio, que sejam materialmente relevantes e que tenham sido apresentados ou divulgados pelo justo valor nas demonstrações financeiras. Contudo, a evidência obtida através de outros procedimentos de auditoria constitui prova corroborativa na aferição das mensurações e divulgações ao justo valor.

anteriormente apresentadas sobre a relevação dos impostos diferidos no balanço, a abordagem de Van Greuning (2005) remete-nos para o facto do analista dever modificar o balanço para efeitos de análise financeira, sempre que existirem dúvidas sobre a sua relevação no *"Passivo não corrente"* ou no *"Capital próprio"* da entidade. Considera o autor que, neste caso, os impostos diferidos deveriam ser ignorados para efeitos de análise, ou então ficaria ao critério do analista avaliar as circunstâncias que determinariam a sua classificação.

Sendo a contabilidade o *scorecard* dos negócios e a análise financeira a sua interpretação com o objetivo de avaliar a performance e planear as decisões futuras (Higgins, 2007), a discricionariedade emergente do que anteriormente fora explanado, poria em causa uma das características fundamentais da informação contabilístico-financeira: a sua comparabilidade no espaço. Indicadores como a rendibilidade dos capitais próprios, a solvabilidade ou a autonomia financeira não seriam comparáveis porquanto o tratamento da temática dos impostos diferidos teria sido, eventualmente, diversa. Assim, para além da convergência dos efeitos contabilísticos e fiscais, também os princípios financeiros devem ser convergentes sob pena de apenas alcançarmos uma harmonização parcial e consequentemente distorcida.

4. Uma análise integrada às sociedades não financeiras do PSI 20

A Bolsa de Valores de Lisboa (BVL) foi fundada em 1 de janeiro de 1769 tendo passado desde então pelas mais diversas modificações. Destacamos desde já a suspensão em 29 de abril de 1974 de todas as transações sobre valores mobiliários, por ordem da então Junta de Salvação Nacional, as quais se reiniciaram quase três anos depois, em 28 de fevereiro de 1977. Criada em 29 de janeiro de 1891, a Bolsa de valores do Porto, posteriormente alterada a designação para Bolsa de Derivados do Porto, associa-se à BVL, dando origem em fevereiro de 2000, por escritura pública, à Bolsa de Valores de Lisboa e Porto – Sociedade Gestora de Mercados Regulamentados, S.A. (BVLP). Esta sociedade passou a ser responsável pela gestão dos mercados regulamentados à vista e a prazo bem como pela gestão de outros mercados não regulamentados.

Objeto de múltiplas transformações entre 2002 e 2005, a *Euronext Lisbon*, integra atualmente como índices principais, o PSI-20, o PSI-20 TR – *PSI Total Return* e o PSI – Geral, o qual é desagregado em vários índices representativos de diversos ramos de atividade dos quais o *PSI Telecommunications* e *PSI Financials* são meros exemplos.

TABELA 2 – Ativos e passivos por impostos diferidos nas sociedades não financeiras do PSI 20

SOCIEDADE	ATIVOS POR IMPOSTOS DIFERIDOS (AID) '000 EUROS	PASSIVOS POR IMPOSTOS DIFERIDOS (PID) – '000 EUROS
ALTRI	–	–
BRISA	9.093	45
CIMPOR	386	247
EDP	54.788	122.714
EDP RENOVÁVEIS	4.579	30.621
GALP ENERGIA	206	–
JERÓNIMO MARTINS	6.772	243
MOTA ENGIL	1,753	–
PORTUGAL TELECOM	5.871	15.143
PORTUCEL	3.223	65.616
REN	2.578	1.103
SEMAPA	37.257	313.340
SONAE	220.721	371.309
SONAE INDÚSTRIA	10.607	–
SONAECOM	109.587	786
ZON MULTIMEDIA	1.700	–

A análise de conteúdo que efetuámos recaiu sobre os relatórios de contas das sociedades não financeiras que integravam o índice bolsista PSI 20, à data de 31 de dezembro de 2010. Apresentamos na tabela 2, os valores relevados no balanço pelas respetivas sociedades, como

Ativos por Impostos Diferidos (AID) e como Passivos por Impostos Diferidos (PID). Ainda que a nossa opção tenha recaído sobre as contas individuais, foram também considerados os casos em que as empresas se encontravam abrangidas pelo Regime Especial de Tributação dos Grupos de Sociedades (RETGS)[11]. Neste caso, cada empresa abrangida por este regime regista o imposto sobre o rendimento nas suas contas individuais por contrapartida de uma rubrica *"Empresas do grupo"*.

Das 16 empresas que integraram o nosso estudo, 5 (31%) declararam no seu relatório de gestão que, por motivos de prudência, não registaram a totalidade ou parte dos ativos por impostos diferidos resultantes dos prejuízos fiscais por não ser possível perspetivar com fiabilidade a existência de diferenças temporárias tributáveis ou resultados tributáveis futuros que permitissem a absorção desses ativos, tal como previsto nos §§ 27, 31 e 32 da NCRF 25. São os casos da Altri, Cimpor, Semapa, Sonae e Sonaecom.

O reconhecimento dos ativos por impostos diferidos identificados na tabela 2 resultou de múltiplas operações. Pela sua materialidade, elencamos de seguida algumas dessas operações bem como as sociedades que procederam ao seu reconhecimento:

- Provisões não consideradas fiscalmente (Brisa, Cimpor, EDP, Portucel, Semapa, Sonae e Sonaecom);
- Benefícios de reforma e planos de saúde (Brisa, Jerónimo Martins, Portucel e Semapa);
- Imparidades em ativos fixos tangíveis e intangíveis (Brisa, Cimpor, Portucel, Semapa e Sonae Indústria);

---

[11] Pode haver opção pelo RETGS nos casos em que uma empresa (dominante) detenha, pelo menos 90% do capital de outra(s), desde que tal participação lhe confira mais de 50% dos direitos de voto; – As sociedades do grupo sejam residentes em Portugal e estejam sujeitas ao regime geral IRC, à taxa normal mais elevada; – A sociedade dominante detenha a participação na sociedade dominada há mais de 1 ano; – A sociedade dominante não seja dominada por outra sociedade residente em território português; e – A sociedade dominante não tenha renunciado à aplicação do regime nos 3 anos anteriores.

- Prejuízos fiscais reportáveis[12] (Brisa, Cimpor, Semapa e Sonae);
- Instrumentos financeiros (EDP, Portugal Telecom e Semapa);
- Valorização de ativos biológicos (Semapa);
- Benefícios Fiscais – SIFIDE[13] (Sonaecom);
- Diferenças temporárias resultantes da licença UMTS (Sonaecom).

Similarmente, deram origem ao reconhecimento de passivos por impostos diferidos, entre outras, as seguintes operações:

- Diferenças entre a base tributável e a base fiscal em ativos fixos tangíveis e intangíveis (Brisa, Cimpor, Portucel, Semapa e Sonae);
- Instrumentos financeiros derivados ao justo valor (EDP, Jerónimo Martins e Portucel);
- Desvio e défice tarifário (EDP);
- Investimentos financeiros e investimentos disponíveis para venda (EDP);
- Incentivos financeiros registados em capitais próprios (Portucel);
- Efeito fiscal associado à componente de capital de obrigações convertíveis emitidas (Portugal Telecom);
- Extensão da vida útil de ativos fixos tangíveis (Semapa).

---

[12] Nos termos da legislação em vigor, os prejuízos fiscais são reportáveis durante um período de seis anos, para prejuízos de exercícios anteriores a 2010 e quatro anos para prejuízos de exercícios posteriores a 2010.

[13] O SIFIDE II vigora até 2015. Nos termos deste sistema, são dedutíveis à coleta, em determinadas condições, as despesas com investigação e desenvolvimento, nas seguintes percentagens: – 32,5% das despesas realizadas no exercício; – 50% do acréscimo das despesas do exercício relativamente à média dos 2 exercícios anteriores, até ao limite de 1.500.000 €. – a percentagem de 32,5% é majorada em 10% no caso de PME que não beneficiem da taxa incremental de 50% por não terem ainda completado 2 exercícios de atividade. As empresas deverão obter uma declaração comprovativa emitida por entidade nomeada pelo Ministro da Economia e Emprego; – 70% das despesas relativas à contratação de doutorados pelas empresas para as atividades de investigação e desenvolvimento, até ao limite de 1.800.000 €. Existem outros benefícios fiscais dos quais destacamos: Benefícios fiscais contratuais ao investimento produtivo, criação líquida de empregos, mecenato, entre outros.

Em diversos casos, são apresentados em contas de outros ativos e passivos por impostos diferidos, valores que, embora possam ser consideramos materialmente relevantes, as entidades optam pela sua não desagregação. São exemplo disso, os casos das sociedades EDP e Sonae, entre outras.

Globalmente, podemos afirmar que a Semapa, Sonae e Sonaecom são as sociedades que mais informações divulgam no seu relatório de gestão sobre impostos diferidos. Contudo, e apesar do detalhe dessa informação, não existe evidência dos pressupostos que a suportam.

A aplicação da IAS 12 por parte das sociedades não financeiras que integram o PSI 20, ainda está longe de estar consolidada. Grande é a discricionariedade existente na informação divulgada, optando-se, na maior parte dos casos por apresentar informações de caráter genérico que pouco contribuem para a compreensibilidade da informação financeira. Por se tratar de uma temática, altamente condicionada pela sua natureza probabilística, não existem evidências dos pressupostos (ou da sua consistência) que suportem o reconhecimento da generalidade dos ativos por impostos diferidos.

Ainda que a divulgação da informação possa constituir um passo em frente na mitigação dos efeitos decorrentes da assimetria da informação, consideramos existir um longo caminho a percorrer na divulgação de pressupostos credíveis que suportem o reconhecimento dos ativos e passivos por impostos diferidos. A adoção dos modelos de previsão tradicionais pode ser uma alternativa credível na consolidação desses pressupostos.

5. Considerações finais

Ao longo dos últimos 35 anos, várias têm sido as alterações verificadas no normativo contabilístico em Portugal. Essas alterações têm pautado por uma crescente melhoria no relato financeiro das organizações, em particular no domínio da compreensibilidade da informação. O emergir de um novo paradigma, assente no conceito de justo valor, constitui um dos maiores desafios na medida em que parece agudizar a problemática associada à discricionariedade informativa e ao emergir da amplitude da contabilidade criativa.

O relato financeiro integra um conjunto de demonstrações financeiras, identificadas em cada um dos normativos, mas também a divulgação de informação quantitativa e qualitativa que contribua de forma construtiva para a compreensibilidade das operações da entidade. Deve constituir um todo integrado capaz de contribuir de forma positiva e objetiva para a mitigação dos efeitos decorrentes da assimetria de informação. A inclusão nas demonstrações financeiras dos efeitos decorrentes da tributação corrente e futura constitui um avanço, ainda que paulatino, na minimização da assimetria informativa.

Há lugar a impostos diferidos sempre que a base contabilística de um ativo ou de um passivo difere da sua base fiscal. Ainda que estejam previstas múltiplas situações excecionadas, as diferenças temporárias dedutíveis ou tributáveis são relevadas no balanço da entidade como contas a receber ou contas a pagar, para além do balanceamento dos efeitos no capital próprio ou diretamente nos resultados. É de sublinhar, contudo, que esta problemática já se encontrava prevista no anterior normativo contabilístico, em particular na Diretriz Contabilística nº 28 e, supletivamente, pela adoção da NIC 12. No entanto, cremos que a sua complexidade e as características do tecido empresarial português, constituíram os principais inibidores à sua efetiva aplicação.

Apontamos como fontes de juízos de valor múltiplos, a divergência que ainda existe sobre a utilidade do reconhecimento deste tipo de ativos e passivos e qual o seu verdadeiro contributo para a compreensibilidade e fiabilidade do relato financeiro. Entendemos, ainda assim, que os princípios inerentes ao próprio SNC requerem a sua relevação como forma de evidenciar contabilisticamente os efeitos decorrentes das divergências entre as bases contabilísticas e as bases fiscais desses mesmos ativos ou passivos.

Optou o legislador pela relevação dos ativos e passivos como contas a receber ou contas a pagar. Tal facto poderá conduzir a alguma distorção na apreciação do relato financeiro uma vez que, em diversas situações, os ativos e passivos relevados, não conduzem a quaisquer influxos ou exfluxos monetários. Esta questão surge associada à problemática da divulgação tal como exigido pela NCRF 25/IAS 12.

A complexidade associada à preparação da informação a divulgar, em particular no que aos pressupostos diz respeito, poderá ser um inibidor a essa divulgação.

A análise efetuada aos relatórios de gestão das sociedades não financeiras que integravam, em finais de 2010, o índice bolsista PSI 20, evidencia que a informação apresentada é ainda bastante difusa e genérica, Opta-se, em múltiplos casos pelo não reconhecimento de ativos por impostos diferidos por não existirem bases fiáveis que consolidem o eventual retorno futuro. Ainda que o reconhecimento e contabilização exista na maioria das sociedades, o contributo para a compreensibilidade do relato financeiro poderá ser discutível, particularmente ao nível dos pressupostos que fundamentam a sua mensuração.

BIBLIOGRAFIA

AMIR, ELI; KIRSCHENHEITER; WILLARD, KRISTIN (1997). "The Valuation of Deferred Taxes", *Contemporary Accounting Research*, Vol. 14, Nº 4, Winter, pp. 597-622.

CHANEY, PAUL K.; JETER, DEBRA C. (1989). "Accounting for Deferred Income Taxes: Simplicity? Usefulness?", *Accounting Horizons*, June, pp. 6-13.

COLLEY, RON; RUE, JOSEPH; VOLKAN, ARA (2006). "The Myth of Inter--Period Allocation of Deferred Taxes: Industry – Based Analyses", *The Journal of American Academy of Business*, Vol. 8, num.2, Cambridge, pp. 1-8.

CUNHA, CARLOS ALBERTO S.; RODRIGUES, LÚCIA M. P. L. (2004). *A Problemática do Reconhecimento e Contabilização dos Impostos Diferidos: sua pertinência e aceitação, Lisboa:* Áreas Editora.

EPSTEIN, BARRY J.; MIRZA, ABBAS ALI (2005). *Interpretation and Application of International Accounting and Financial Reporting Standards,* New Jersey: John Wiley & Sons.

HIGGINS, ROBERT C. (2007). *Analysis for Financial Management,* Eighth Edition, New York: McGraw-Hill.

LEV, BARUCH (2001). *Intangibles: Management, Measurement, and Reporting,* Washington: Brookings Institution Press.

LOPES, ILÍDIO T. (2013). *Contabilidade Financeira – Preparação das Demonstrações Financeiras, sua Divulgação e Análise,* Lisboa: Escolar Editora.

LOPES DE SÁ, ANTÓNIO (1997). *História Geral e das Doutrinas da Contabilidade,* São Paulo: Editora Atlas.

MARTINS, ANTÓNIO (2010). *Justo Valor e Imparidade de Ativos Fixos Tangíveis e Intangíveis: aspetos financeiros, contabilísticos e fiscais,* Coimbra: Editora Almedina.

MEEK, G. K.; ROBERTS, C. B.; GRAY, S. J. (1995). "Factors Influencing Voluntary Annual Report Disclosures by U.S., U.K. and Continental Multinational Corporations, *Journal of International Business Studies,* nº 26 (3), pp. 555-572.

RODRIGUES, ANA M. G. (2006). *O Goodwill nas Contas Consolidadas,* Coimbra: Coimbra Editora.

RODRIGUES, LÚCIA L.; GUERREIRO, MARTA A. S. (2004). *A Convergência de Portugal com as Normas Internacionais de Contabilidade*, Lisboa: Publisher Team.

SNC – Sistema de Normalização Contabilística (2010), Coordenação de Ana Maria Gomes Rodrigues, Coimbra: Editora Almedina.

VAN GREUNING, HENNIE (2005). *International Financial Reporting Standards: A Practical Guide*, Revised Edition, Washington: The World Bank.

Comentários sobre o 3º Tema da Conferência intitulada "O SNC e os Juízos de Valor: uma perspectiva crítica e multidisciplinar"

José Vieira dos Reis

Quero começar por agradecer o amável convite que me foi feito pelas entidades organizadoras desta Conferência, FEUC, ISCAC e OTOC, na pessoa da Professora Doutora Ana Maria Rodrigues, para estar presente na qualidade de moderador/comentador deste 3º Tema, e dizer que é com muito gosto que o aceitei.

De seguida, dizer também que é um privilégio para mim e seguramente para todos vós presentes nesta Conferência ter como oradoras neste 3º Tema as Professoras Doutoras Leonor Fernandes Ferreira, Ana Maria Rodrigues e Lúcia Lima Rodrigues, pessoas suficientemente conhecidas não só a nível académico, como também pelos trabalhos produzidos a outros níveis profissionais, o que me facilita a tarefa da sua apresentação.

E, por fim, dizer que os comentários abaixo alinhados, não são mais do que umas notas síntese dos aspectos que me pareceram mais relevantes relativamente às excelentes comunicações que foram apresentadas.

1. Provisões

Este conceito contabilístico tem evoluído na sua terminologia, desde provisões, passando por ajustamentos até às agora designadas imparidades. Presentemente, o Sistema de Normalização Contabilística (SNC) classifica esta realidade contabilística em dois grandes grupos. Por um lado, o grupo referente a correcções de valores do activo, nas suas várias classes, que designa por imparidades, e, por outro lado, o grupo referente à estimativa de riscos e encargos de natureza específica e provável a incluir no passivo, que designa propriamente por provisões.

Em termos gerais, o processo de constituição e de movimentação das anteriormente designadas provisões tem os seus fundamentos no chamado princípio contabilístico da prudência[1]. Este princípio contabilístico prevê a possibilidade de integrar nas contas um grau de precaução ao fazer-se as estimativas exigidas em condições de incerteza sem, contudo, permitir a criação de provisões excessivas ou a deliberada quantificação de activos e rendimentos por defeito ou de passivos e gastos por excesso. Não se deverá todavia confundir este conceito com activos contingentes e passivos contingentes, cujo âmbito e objectivos são distintos.

Com qualquer das suas terminologias, este conceito continua a ter o seu lugar na contabilidade e a desempenhar a função a que se destina, tornando o apuramento em cada período da situação financeira e dos resultados das entidades mais apropriado.

Por último, importará aqui recordar que, para efeitos fiscais, mantem-se o modelo de dependência parcial do direito fiscal face à contabilidade, o que significa a possibilidade de haver graus de não convergência total entre a contabilidade e o direito fiscal nesta matéria.

2. Método da equivalência patrimonial e justo valor

Importa começar por distinguir o método da equivalência patrimonial (MEP) do critério de valorização do justo valor. O MEP e o justo valor são realidades contabilísticas essencialmente distintas. Ou seja, enquanto o

---

[1] De acordo com o parágrafo 37 da Estrutura Conceptual do SNC, a prudência constitui, não um princípio contabilístico, mas uma das características qualitativas de fiabilidade da informação financeira.

MEP é um método de reconhecimento de certos investimentos financeiros de entidades participantes em partes de capital de entidades participadas, o justo valor é um critério de valorização adequado para alguns elementos patrimoniais transaccionados em mercados activos. O MEP é um método de reconhecimento de certos investimentos financeiros em função da equivalência contabilístico-patrimonial que eles proporcionalmente representam no capital próprio (incluindo nos resultados) da entidade participada. O justo valor é um critério de valorização para elementos patrimoniais com determinadas características de uma dada entidade. O MEP necessita de uma relação entre pelo menos duas entidades, enquanto o justo valor pressupõe a existência de certos elementos patrimoniais de uma mesma entidade.

A seguir dizer que a introdução do nº 2 do artigo 32º do Código das Sociedades Comerciais (CSC) pretendeu tão somente resolver um problema, o qual tem a ver com a salvaguarda do princípio da intangibilidade do capital face à aplicação do critério de valorização do justo valor. Este preceito constitui uma limitação objectiva à distribuição de bens da sociedade aos sócios resultante de incrementos decorrentes da aplicação do justo valor, enquanto estes não estiverem realizados. A expressão *"quando os elementos ou direitos que lhes deram origem sejam alienados, exercidos, extintos, liquidados ou, também quando se verifique o uso, no caso de activos fixos tangíveis e intangíveis"* apela directamente à concretização do princípio da realização.

De facto, o nº 2 do artigo 32º do CSC apenas se refere aos incrementos decorrentes da aplicação do justo valor através de componentes do capital próprio, incluindo os da sua aplicação através do resultado líquido do exercício, pelo que a interpretação deste preceito deverá restringir-se aos incrementos com origem na aplicação do justo valor, não devendo envolver os ajustamentos positivos decorrentes da aplicação do MEP, quer sejam os ajustamentos de transição decorrentes da sua aplicação pela primeira vez, quer sejam os seus ajustamentos subsequentes. Não deverá, por conseguinte, envolver incrementos do capital próprio, incluindo do resultado líquido do exercício, com outras origens ou naturezas, sejam elas quais forem.

É de recordar ainda a este propósito que a valorimetria resultante da aplicação do MEP não é aplicável às prestações acessórias/suplementares, as quais são registadas na entidade participada pelo valor das entregas, uma vez que não lhes são conferidos quaisquer direitos de participação nas variações dos capitais próprios da entidade participada e são, subsequentemente, objecto de imparidade em face da impossibilidade total ou parcial de reembolso, se a este houver lugar.

2.1. Tratamento das participações de capital nas IAS e nas NCRF
2.1.1. Nas IAS

Na IAS *(International Accounting Standard)* 27, as entidades participantes reconhecem nas contas individuais (também designadas por contas separadas nos casos em que a mesma entidade emite mais do que um conjunto de contas, como quando há contas consolidadas) as suas participações de capital noutras entidades pelo método do custo ou do justo valor *(de acordo com a alínea b) do parágrafo 37 da IAS 27)*.

Nas contas individuais de entidades que não consolidam, as participações de capital são registadas pelo MEP. E nas contas consolidadas de entidades enquadradas em "Outras situações" poderá haver opção entre o MEP e o método do custo.

Resumidamente, na IAS 27 o reconhecimento das participações de capital deve se efectuado da seguinte forma:

	CONTROLO	CONTROLO CONJUNTO	INFLUÊNCIA SIGNIFICATIVA	SEM INFLUÊNCIA SIGNIFICATIVA
	SUBSIDIÁRIA	EMPREENDIMENTO CONJUNTO	ASSOCIADA	OUTRAS SITUAÇÕES
CONTAS INDIVIDUAIS (SEPARADAS)	METODO DO CUSTO OU DO JUSTO VALOR	METODO DO CUSTO OU DO JUSTO VALOR	METODO DO CUSTO OU DO JUSTO VALOR	METODO DO CUSTO OU DO JUSTO VALOR
CONTAS CONSOLIDADAS	METODO DA CONSOLIDAÇÃO INTEGRAL	MÉTODO DA CONSOLIDAÇÃO PROPORCIONAL OU DO MEP	METODO DA EQUIVALÊNCIA PATRIMONIAL	METODO DA EQUIVALÊNCIA PATRIMONIAL OU AO CUSTO

Do quadro anterior importará aqui chamar a atenção para a definição de influência significativa relativamente a uma entidade participante noutra, prevista no parágrafo 6 da IAS 28, realçando-se que a existência, ou não, de influência significativa assenta numa presunção fundada no poder de voto decorrente da percentagem de participação de uma entidade no capital de outra (de 20% ou mais), a qual poderá ser ilidida desde que claramente demonstrado o contrário, sendo que a existência de influência significativa é geralmente evidenciada por uma ou mais das situações previstas no parágrafo 7 da referida norma.

2.1.2. Nas NCRF

Com a entrada em vigor do SNC e a consequente publicação das diversas NCRF (Normas Contabilísticas e de Relato Financeiro), verificaram-se várias mudanças para as quais as entidades têm vindo a adaptar-se.

As NCRF 13 e 15, embora baseadas, tal como as restantes, no normativo IASB, apresentam diferenças significativas em relação às opções tomadas nas IAS, nomeadamente, no que se refere às contas individuais de entidades que apresentem contas consolidadas.

Podemos classificar as entidades participadas em subsidiárias, entidades conjuntamente controladas, associadas e outras, dependendo essencialmente do grau de influência na gestão. Para cada participação de capital estão previstos diferentes métodos, que diferem caso se esteja perante contas individuais ou consolidadas.

O quadro seguinte sintetiza os métodos aplicar em cada um dos casos:

	CONTROLO	CONTROLO CONJUNTO	INFLUÊNCIA SIGNIFICATIVA	SEM INFLUÊNCIA SIGNIFICATIVA
	SUBSIDIÁRIA	EMPREENDIMENTO CONJUNTO	ASSOCIADA	OUTRAS SITUAÇÕES
CONTAS INDIVIDUAIS	MÉTODO DA EQUIVALÊNCIA PATRIMONIAL	MÉTODO DA EQUIVALÊNCIA PATRIMONIAL	MÉTODO DA EQUIVALÊNCIA PATRIMONIAL	MÉTODO DA EQUIVALÊNCIA PATRIMONIAL OU AO CUSTO
CONTAS CONSOLIDADAS	MÉTODO DA CONSOLIDAÇÃO INTEGRAL	MÉTODO DA CONSOLIDAÇÃO PROPORCIONAL	MÉTODO DA EQUIVALÊNCIA PATRIMONIAL	MÉTODO DA EQUIVALÊNCIA PATRIMONIAL OU AO CUSTO

Resumindo, no actual normativo nacional, as participações de capital devem ser reconhecidas nas contas individuais pelo MEP, excepto para as "Outras situações" em que poderá haver opção entre o MEP e o método do custo.

2.1.3. Principais diferenças entre as IAS e as NCRF

Do exposto podemos concluir que a perspectiva assumida nas NCRF difere em substância da adoptada nas IAS. Enquanto nestas as participações de capital devem ser reconhecidas nas contas individuais pelo método do custo ou do justo valor, nas NCRF as participações de capital devem ser reconhecidas nas contas individuais pelo MEP, excepto para as "Outras situações" em que poderá haver opção entre o MEP e o método do custo.

Parece não haver necessidade, nem tão pouco utilidade, de se obrigar nas NCRF a aplicar o MEP às contas individuais das entidades subsidiárias, no caso de estarem incluídas no perímetro de consolidação. Por um lado, quando aplicado às contas individuais das entidades subsidiárias, o MEP é subsumido no processo de consolidação de contas. Por outro lado, quando há consolidação de contas e se está em presença de um grupo económico, privilegiam-se em geral as contas consolidadas em detrimento das contas individuais (ou também designadas, como se referiu, por contas separadas). Neste caso, a aplicação do MEP às contas individuais das entidades subsidiárias deveria ser optativa.

Para além disso, entendemos que apenas nas entidades que não consolidam e nas entidades subsidiárias dispensadas ou excluídas da consolidação, por aplicação do disposto nos artigos 6º ou 7º do Decreto – Lei nº 158/2009, de 13 de Julho, a aplicação do MEP às contas individuais dessas entidades deveria ser obrigatória.

Diga-se a terminar que, por definição, só há um conceito de MEP. Não há um conceito de MEP mais ou menos completo, não se devendo, por conseguinte, apelar a quaisquer ajustamentos às contas individuais decorrentes de transacções e saldos intra-grupo entre a entidade participante e as suas participadas, e vice-versa.

3. Manipulação de resultados

As alterações de valor de alguns componentes das demonstrações financeiras podem ter impactos relevantes em indicadores relativos à situação económica e financeira e ao desempenho de uma dada entidade. Refira-se em particular o caso da aplicação do justo valor, o qual é um critério de valorização adequado para alguns elementos patrimoniais transaccionados em mercados activos. No entanto, para determinados activos não correntes, cujas alterações de justo valor são actualmente reconhecidas em resultados, tais activos deveriam antes passar a ser reconhecidos nos capitais próprios quando não haja mercados activos ou o seu justo valor não possa ser assegurado com o mínimo de fiabilidade. O que significa que a aplicação do critério de valorização do justo valor leva ao reconhecimento de ganhos e perdas não realizados em determinados activos, com impactos relevantes em vários indicadores relativos à situação económica e financeira e ao desempenho de uma dada entidade. Com impactos relevantes, por exemplo, ao nível do próprio resultado líquido do exercício, indicador que tem servido e contínua a servir para, entre outras coisas, medir e avaliar o desempenho de uma dada entidade.

Nesta linha de raciocínio poderá dizer-se que a tentação de gestão de resultados ou até da sua manipulação poderá ser muito forte. A dificuldade está em definir a fronteira em que acaba a gestão e começa a manipulação de resultados, ou vice versa, sendo plausível considerar que se manipulam resultados sempre que *ex ante* haja uma motivação consciente ou indesculpável por parte da gestão cujo resultado seja uma violação do referencial contabilístico em que se está a trabalhar, enquanto o conceito de gestão de resultados ocorrerá dentro desse mesmo referencial contabilístico. Assim sendo, entendemos, a título de exemplo, que as alterações de resultados provocadas pela mudança obrigatória ou optativa de referencial contabilístico, nos termos previstos na lei e na respectiva regulamentação, não deverão ser consideradas, em princípio, como manipulação de resultados.

Das diversas hipóteses que têm vindo a ser avançadas pela teoria politico-contratual da contabilidade tendentes a justificar a manipulação de resultados por parte das empresas, destacam-se, por um lado, as características inerentes ao referencial contabilístico, como sejam, a existência de lacunas, a possibilidade de opções e as diferentes interpretações, e, por outro lado, certas especificidades das empresas, bem como do ambiente e das relações de poder ou de comportamento que as envolvem.

A teoria politico-contratual da contabilidade tem vindo a ocupar-se essencialmente da análise dos contratos negociados no seio das empresas e das suas consequências sobre o comportamento das diferentes partes contratantes. E a este propósito convirá realçar que a prática de manipulação de resultados dependerá das condições e dos incentivos relativamente a cada empresa e à sua gestão, pelo que esta fará certamente uma análise dos custos e dos benefícios associados a essa atitude.

A existência de factores que afectam o financiamento e as perspectivas de crescimento das empresas, como quedas significativas e contínuas nas cotações e aumentos do custo de capital, constituem condições propiciadoras de manipulação de resultados por parte da gestão, tendo em vista apresentar uma imagem mais favorável da situação dessas empresas.

Relativamente aos incentivos, eles não são mutuamente exclusivos, podendo existir vários incentivos no mesmo período contabilístico e, porventura, sendo mesmo conflituantes, haver até uma combinação de incentivos, designadamente, incentivos ligados ao mercado de capitais e outros associados à remuneração da gestão.

Veja-se o caso da gestão de uma empresa que pode ter como incentivo, por um lado, divulgar ao mercado de capitais lucros mais baixos, por forma a evitar custos políticos, mas, por outro lado, devido ao risco de violação de regras do referencial contabilístico ou do mercado de capitais, optar antes por outro ou outros incentivos, privilegiando a divulgação dos resultados de acordo com o referencial contabilístico a que está obrigada e, ao mesmo tempo, atribuindo incentivos associados à remuneração dos gestores.

Um outro exemplo de manipulação de resultados poderá ser dado na área das provisões. Esta é uma área fortemente sujeita a manipulação por parte dos gestores. Quando se pretende reduzir os resultados e criar as também chamadas reservas ocultas para exercícios futuros, constituem-se provisões excessivas. Pelo contrário, se os resultados não são bons, existe a tentação de não se constituírem as provisões necessárias. Naturalmente que outros exemplos poderão ser apresentados.

O autor escreve de acordo com a antiga ortografia.

Provisões[1]

Leonor Fernandes Ferreira
Professora da Nova SBE - *School of Business and Economics*

1. Introdução

O relato financeiro das provisões tem sido objecto de aceso debate sempre que se torna necessário quantificar a incerteza ou emitir juízos de valor na procura da melhor estimativa na sua mensuração e porque as provisões atingem montantes significativos nos balanços das empresas[2], o interesse pela temática das provisões é plenamente justificado.

Neste artigo analisam-se questões respeitantes ao reconhecimento, mensuração, apresentação e divulgações das provisões de acordo com o Sistema de Normalização Contabilístca (SNC) e em particular no âmbito da Norma Contabilística de Relato Financeiro (NCRF) – 21

---

[1] O presente texto constituiu o suporte para a apresentação proferida por ocasião da Conferência *'O SNC e os Juízos de Valor – Uma Perspectiva Crítica e Multidisciplinar'*, em Coimbra, em 16 de Março de 2012, no Instituto Superior de Contabilidade e Administração de Coimbra.

[2] O montante total de provisões reconhecidas nos balanços das empresas portuguesas com valores mobiliários admitidos à cotação na Euronext Lisbon, em 31 de Dezembro de 2010, ascendia a 1.715.213 milhares de Euros (Cruz, 2012).

Provisões, passivos contingentes e activos contingentes. Após recortar o conceito de provisão e descrever a sua evolução, à luz do quadro normativo nacional, o artigo prossegue com a apresentação dos critérios de reconhecimento, das bases de mensuração e das divulgações sobre provisões, numa tentativa de contribuir para o debate e esclarecimento das razões que justificam as exigências normativas e as escolhas contabilísticas das empresas quanto à natureza, tempestividade e montante das provisões. O texto desenvolve-se seguindo a seguinte estrutura:

- Recorte do conceito de provisão e delimitação de figuras afins;
- Quadro normativo nacional;
- Critérios de reconhecimento das provisões;
- Contas a utilizar para o registo das provisões;
- Bases de mensuração aplicáveis às provisões;
- Apresentação das provisões nas demonstrações financeiras;
- Divulgações mínimas sobre provisões;
- Evidências do relato financeiro sobre provisões;
- Reflexões finais sobre o relato financeiro de provisões.

2. O que são provisões?

Em Portugal o conceito de provisão foi tendo diferentes enunciações e sofreu, ao longo dos tempos, evolução digna de nota. Os autores não atribuíram logo um sentido unívoco e bem delimitado ao vocábulo *provisões*.

Rogério Ferreira, na obra intitulado *Provisões*[3] (Ferreira, 1970) clarificou serem as provisões *custos actuais e estimados*. E assinalou que *as provisões se encaram como custos estimados (de exercício) mas relativos a processamentos futuros de despesas (ou de não receitas), despesas de incerta com-*

---

[3] Conforme o autor refere no Prefácio, o livro *Provisões* reúne um conjunto de trabalhos em que se esclarecem conceitos, se formulam opiniões e se dão indicações relativas a aspectos jurídicos e contabilísticos do tema *provisões*, acerca do qual, antes dos estudos suscitados pelo Código da Contribuição Industrial, as ideias que entre nós existiam eram assaz divergentes e por vezes confusas (Rogério Ferreira, 1970). O livro trata da doutrina jurídico-contabilística acerca das provisões, nomeadamente da delimitação conceitual e da caracterização das provisões e seu enquadramento na legislação fiscal da época.

provação futura. Porém, nem sempre se entendeu ser assim. Em tempos idos, chegou mesmo a admitir-se que as provisões incluíssem compromissos ou encargos por pagar, tais como comissões a pagar e juros a pagar, e também autênticas reservas e prejuízos certos já verificados.

Em nova visita ao tema das provisões, Rogério Ferreira (1984, p.186 e seguintes) comenta, no livro *Normalização Contabilística*, que o estudo das soluções do Plano Oficial de Contabilidade (POC) e dos aspectos da lei fiscal em matéria de provisões exigem uma correcta apreensão do conceito de provisão, alguns dos quais se revelam pertinentes às finalidades de normalização. Em síntese, conclui que o POC adopta duas categorias de provisões: as *provisões – contas de balanço e as provisões – contas de custos de exercício*. As primeiras têm, em cada exercício, um valor acumulado que será o que passa ao balanço e as segundas configuram-se como contas subsidiárias da conta central de Resultados, contas onde se lançam custos estimados de exercício, mas cuja despesa é de verificação futura".

Alerta ainda o Professor para o facto de nem sempre se distinguirem devidamente as provisões *tout court* dos chamados encargos a pagar, isto é, de passivo derivado de despesas de montante certo a processar, mas para o que falta documentação vinculativa externa. Para essas despesas, o SNC recomenda agora se registem em subcontas de *Devedores e credores por acréscimos*. Efectivamente, o SNC adopta um conceito de provisão mais restritivo, ao não abranger gastos estimados de ocorrências de verificação comprovada que se consideram *acréscimos* (*accruals*, na terminologia anglo-saxónica). O SNC considera que uma provisão é um passivo, ou seja, é uma obrigação presente da entidade proveniente de acontecimentos passados, cuja liquidação se espera que resulte num exfluxo de recursos da entidade que incorporem benefícios económicos (NCRF 21, §8).

No SNC, o legislador define provisão como um passivo de tempestividade ou quantia incerta (NCRF 21, §8 e NCRF 26, §5), que se distingue de outros passivos, tais como contas a pagar e os acréscimos comerciais, pelas suas características peculiares: a incerteza acerca da tempestividade ou da quantia dos dispêndios futuros necessários para a sua liquidação. As contas a pagar comerciais são passivos a pagar por bens ou serviços facturados ou formalmente acordados com o fornecedor e os acréscimos são passivos a pagar por bens ou serviços recebidos ou fornecidos, mas que não tenham sido pagos, facturados ou formalmente acordados com o fornecedor (*v.g.*, as quantias devidas a empregados relacionadas com pagamento acrescido de férias). Nos acréscimos, é por vezes necessário estimar a quantia ou tempestividade, mas a incerteza é em geral inferior à que se observa nas provisões. (SNC, §10).

Rogério Ferreira comenta que retirar do conceito de provisão despesas futuras de ocorrências já verificadas mas de montante incerto esquece que a incerteza do montante também é "ocorrência" e que a "verificação do facto" não legitima a exclusão da noção de provisão quando há "incerteza significativa do montante". E acrescenta: "*às restrições contidas na legislação fiscal que é menos própria para regular matérias contabilísticas, aliam-se interpretações quanto ao entendimento que deve ter-se na contabilidade a ideia de* quantitativos aproximados, *a ponderar em termos de* materialidade. Um correcto recorte conceitual de provisão *assenta em que tanto poderá abranger-se um evento incerto como um evento certo mas de montante significativamente incerto. A caracterização está no grau de* certo ou incerto, *na transição ou grau intermédio de* certeza/incerteza *que a provisão deve assumir. Ou seja: por um lado, há que excluir, do conceito de provisões realidades ou ocorrências verificadas, cujos montantes se conheçam na sua quase totalidade ou de modo muito aproximado (sentido de materialidade) tomando--as assim como* passivo certo *(por exemplo, um imposto[5] cuja determinação se faça em bases que muito provavelmente não venham a sofrer significativas variações, salvo se o montante provável contiver grande amplitude de incerteza ou arbítrio significativo*".[4]

O SNC indica que todas as provisões são, num sentido geral, contingentes porque incertas na tempestividade ou quantia (NCRF 21, §11). Mas o termo *contingente* é usado para passivos e activos que não sejam reconhecidos porque a sua existência somente será confirmada pela ocorrência ou não ocorrência de um ou mais eventos futuros incertos não totalmente sob o controlo da entidade. E, assim, a expressão *pas-*

---

[4] Cf. artigo de Rogério Fernandes Ferreira.

sivo contingente é usada para passivos que não satisfaçam os critérios de reconhecimento.

Em todos esses casos, está-se perante situações que recomendam prudência, conceito a que na Estrutura Conceptual do SNC (§37) faz referência, nos termos seguintes: *"A prudência é a inclusão de um grau de precaução no exercício dos juízos necessários ao fazer as estimativas necessárias em condições de incerteza, de forma que os activos ou os rendimentos não sejam sobreavaliados e os passivos ou os gastos não sejam subavaliados. Porém, o exercício da prudência não permite, por exemplo, a criação de reservas ocultas ou provisões excessivas, a subavaliação deliberada de activos ou de rendimentos, ou a deliberada sobreavaliação de passivos ou de gastos, porque as demonstrações financeiras não seriam neutras e, por isso, não teriam a qualidade de fiabilidade".*

3. Que normas contabilísticas regulam as provisões?

Actualmente, são duas as normas contabilísticas de relato financeiro que no SNC se ocupam especificamente das provisões[5]: a *NCRF 21 Provisões, passivos contingentes e activos contingentes* e a *NCRF 26 Matérias ambientais*. A primeira baseia-se na *International Accounting Standard 37*, enquanto a segunda, fora do âmbito do presente texto, corresponde à adopção de uma recomendação da Comissão Europeia, datada de 2001[6]. É objectivo destas duas normas, assegurar no âmbito do relato sobre provisões a aplicação de critérios apropriados de reconhecimento e mensuração, a existência de divulgações suficientes ao nível da natureza, tempestividade e quantia e ainda garantir que apenas direitos e obrigações, certos ou prováveis, figurem nas demonstrações financeiras.

As normas contabilísticas apoiam-se em teorias e espelham evolução conceptual. É, pois, possível distinguir na regulamentação conta-

---

[5] Várias outras normas do SNC fazem referência às provisões e remetem, por várias vezes, para o texto da NCRF 21, nomeadamente as normas seguintes: NCRF 1, NCRF 7, NCRF 9, NCRF 11, NCRF 12, NCRF 14, NCRF 16, NCRF 19, NCRF 22, NCRF 24, NCRF 25 e NCRF 28.

[6] Trata-se da Recomendação de 30 de Maio de 2001, publicada no Jornal Oficial das Comunidades Europeias de 13 de Junho de 2001. Esta norma respeita ao reconhecimento, mensuração e divulgação de matérias ambientais nas contas anuais e no relatório de gestão das sociedades.

bilística e fiscal portuguesa cinco fases, que se sugere sistematizem-se assim:

- Fase de reconhecimento da necessidade de normalização (época do Código da Contribuição Industrial, nas décadas de 60 e 70 do século passado);
- Fase de normalização nacional (período de em que vigorou o POC de 1977);
- Fase de harmonização internacional (quando vigorou legislação nacional de acordo com normas internacionais transportas para o ordenamento jurídico nacional, tais como a Quarta Directiva e a Sétima Directiva comunitárias) e o POC da versão de 1989;
- Fase de normalização internacional (tempo actual, onde coexiste legislação internacional que se aplica directamente às empresas de cada estado-membro, sem necessidade de legislação nacional, é o tempo de vigência do Regulamento nº 1606/2002 e do SNC);
- Fase de harmonização mundial (será no futuro, que se ensaia agora, nomeadamente com o processo de convergência IASB--FASB em curso).

A Figura 1 ilustra a evolução do conceito de provisão na legislação portuguesa e identifica as distintas fases evolutivas que se enquadram na sistematização anteriormente enunciada.

Na fase da normalização nacional, o POC de 1977 adoptava um conceito amplo de provisão, abarcando as correcções de activos e não apenas passivos.

A fase da harmonização internacional está associada à publicação do Decreto-Lei nº 35/2005[7], que veio alterar o conceito e o tratamento

---

[7] O Decreto-Lei nº 35/2005, de 17 de Fevereiro, transpôs para o ordenamento jurídico interno a Directiva nº 2003/51/CE, do Parlamento Europeu e do Conselho, de 18 de Junho, que alterou as Directivas nºs 78/660/CEE, 83/349/CEE, 86/635/CEE e 91/674/CEE, do Conselho, relativas às contas anuais e às contas consolidadas de certas formas de sociedades, bancos e outras instituições financeiras e empresas de seguros, e visa assegurar a coerência entre a legislação contabilística comunitária e as Normas Internacionais de Contabilidade (NIC), em vigor desde 1 de Maio de 2002.

FIGURA 1 – Evolução do Conceito de Provisão nas Normas
de Contabilidade Portuguesas

Fase da normalização nacional
Observável no POC de 1977 (e também no Plano de Contas das Instituições Particulares de Solidariedade Social (PCIPSS) ainda aplicável em 2010)

BALANÇO

Provisões	Provisões

Fase da harmonização internacional
Observável no POC reformulado a partir de 2005

BALANÇO

Ajustamentos	Provisões

Fase da normalização internacional
Observável nas IAS/IFRS e no SNC, em vigor desde 2005 e 2010, respectivamente

BALANÇO

Imparidades	Provisões

das provisões preconizado no POC[8]: fora da alçada das provisões passam a ficar os ajustamentos de valores de activos e procede-se à revisão do conteúdo das contas. O citado Decreto-Lei visou criar um quadro jurídico integrado no novo regime contabilístico de origem comunitária, atendendo a que as contas anuais e consolidadas das sociedades não abrangidas pelas normas internacionais de contabilidade continuavam a basear-se no direito nacional resultante da transposição das directivas comunitárias, enquanto fonte primária dos requisitos contabilísticos a respeitar[9]. As provisões passam a ter por objecto as responsabilidades cuja natureza esteja claramente definida e que à data do balanço sejam de ocorrência provável ou certa, mas incertas quanto ao seu valor ou data de ocorrência. O montante das provisões não pode ultrapassar as necessidades. As provisões não podem ter por objecto corrigir os valores dos elementos do activo (POC, capítulo 2, ponto 2.9)[10]. O conceito de provisão reformulado assenta no princípio da prudência, que o artigo 3º do Decreto-lei nº 35/2005 enuncia nos termos seguintes: *"1 – Para efeitos de observância do princípio da prudência consagrado (...) no Plano Oficial de Contabilidade, devem ser reconhecidas todas as responsabilidades incorridas no exercício financeiro em causa ou num exercício anterior, ainda que tais responsabilidades apenas se tornem patentes entre a data a que se reporta o balanço e a data em que é elaborado; 2 – Devem, igualmente, ser tidas em conta todas as responsabilidades previsíveis e perdas potenciais incorridas no exercício financeiro em causa ou em exercício anterior,*

---

[8] O Decreto-Lei nº 410/89, de 21 de Novembro (POC) foi revogado pelo Decreto-Lei nº 158/2009, de 13 de Julho (SNC), a partir de 1 de Janeiro de 2010.

[9] Tendo em vista a necessidade de acautelar o impacte fiscal resultante da adopção das normas internacionais de contabilidade, o diploma prevê, relativamente às contas individuais, a obrigatoriedade de manter a contabilidade organizada de acordo com as normas contabilísticas nacionais e demais legislação em vigor para o respectivo sector de actividade.

[10] O Decreto-lei nº 35/2005 o estabelece, no artigo 2º, que: (a) as provisões têm por objecto cobrir as responsabilidades cuja natureza esteja claramente definida e que à data do balanço sejam de ocorrência provável ou certa, mas incertas quanto ao seu valor ou data de ocorrência; (b) as provisões não podem ter por objecto corrigir os valores dos elementos do activo; (c) o montante das provisões não pode ultrapassar as necessidades.

ainda que tais responsabilidades ou perdas apenas se tornem patentes entre a data a que se reporta o balanço e a data em que é elaborado."

As anteriores provisões para perda de valores dos activos contempladas no POC de 1977, tais como as relativas a aplicações de tesouraria, dívidas a receber, existências, investimentos financeiros foram renomeadas para *ajustamentos para perdas de valores do activo*. E a anterior conta *29 – Provisões* para riscos e encargos passou a denominar-se simplesmente *29 – Provisões*, ao mesmo tempo que foi criada uma nova conta designada *77 – Reversões de amortizações e ajustamentos*. Também as notas explicativas às contas de provisões foram alteradas.[11] As alterações de âmbito das contas no POC referidas tiveram consequências nas demonstrações financeiras, nomeadamente quanto à comparabilidade do anexo ao balanço, da demonstração dos resultados financeiros e extraordinários e da demonstração dos fluxos de caixa quando as actividades operacionais são apresentadas pelo método indirecto. No anexo ao balanço e à demonstração dos resultados do POC passou a exigir-se o desdobramento da conta de provisões e a explicitação dos movimentos ocorridos no exercício num quadro que evidenciasse, por tipo de provisões, o saldo inical, os aumentos, as reduções e o saldo final. E o valor global dos compromissos financeiros e outras contingências que não figurem no balanço, mesmo que apenas patentes entre a data a que se reporta o balanço e a data em que é elaborado. Para além disso, deveriam ainda ser indicados, separadamente, os com-

---

[11] Assim a conta *29 – Provisões* passou a registar as responsabilidades cuja natureza estivesse claramente definida e que à data do balanço fossem de ocorrência provável ou certa, mas incertas quanto ao seu valor ou data de ocorrência, sendo debitada na medida em que se reduzam ou cessem os motivos que originaram a sua constituição. E a conta *67 – Provisões do exercício* regista, de forma global, no final do período contabilístico, a variação positiva daquelas responsabilidades Por sua vez, a conta *796 – Reduções de provisões* regista, também de forma global, no final do período contabilístico, a variação negativa das responsabilidades em cada espécie de provisão, entre dois períodos contabilísticos consecutivos. As reversões de amortizações e ajustamentos passaram a ser reconhecidas como proveitos correntes. Para tal foram criadas as contas *77 – Reversões de amortizações e ajustamentos* e respectivas subcontas. As reversões de ajustamentos de aplicações de tesouraria e de investimentos financeiros passaram a ser reconhecidos como proveitos e ganhos financeiros.

promissos relativos a pensões, bem como os respeitantes às empresas interligadas. Por essa altura, a Comissão Executiva da Comissão de Normalização Contabilística emitiu um entendimento acerca do modo de apresentar nas demonstrações financeiras as quantias relativas ao exercício anterior.[12]

Mais recentemente, já na fase de normalização internacional e do SNC, o legislador dsitingue, a propósito das provisões, que uns acontecimentos criam obrigação legal e outros criam obrigação construtiva, dois tipos de obrigações cuja definição se apresenta no Quadro 1. Em ambos os casos, a obrigação leva a que a única alternativa realista da entidade seja liquidar essa obrigação (NCRF 21, §8 e NCRF 26, §5).

A Figura 2 evidencia os três critérios de diferenciação entre provisões e passivos contingentes, que são: (a) o tempo da obrigação: presente *versus* futuro; (b) a probabilidade do exfluxo: provável *versus* não provável; (c) a fiabilidade de mensuração: possível *versus* não possível.

Nos casos raros em que não é claro se existe uma obrigação presente presume-se que um acontecimento passado dá origem a uma obrigação presente se, tendo em conta toda a evidência disponível, for mais provável do que não que tal obrigação presente exista à data do Balanço. Um passivo contingente é uma obrigação presente que decorre de acontecimentos passados mas que não é reconhecida porque não é provável que venha a ser exigida uma saída de recursos que incorporam benefícios económicos para satisfazer a obrigação; ou a quantia da obrigação não pode ser mensurada com suficiente fiabilidade.

---

[12] Cf. Interpretação Técnica nº 3 – Instrução nº 3/2005 (2ª série), de 3 de Novembro. aprovada pela comissão executiva (CE) da Comissão de Normalização Contabilística (CNC), publicada no D.R. nº 211 Série II, acerca da apresentação das quantias relativas ao exercício anterior em face das alterações do POC introduzidas pelo Decreto-Lei nº 35/2005, de 17 de Fevereiro. Refere a dita Interpretação Técnica que a informação comparativa e qualquer outra informação respeitante a períodos anteriores contida nas demonstrações financeiras deviam ser reexpressas a fim de reflectir o novo âmbito atribuído às contas que sofreram modificações e sempre que as diferenças resultantes da reexpressão sejam materialmente relevantes, devem estas ser objecto de explicação pormenorizada no anexo ao balanço e à demonstração dos resultados.

QUADRO 1 – Obrigação Legal *versus* Obrigação Construtiva

TIPO DE OBRIGAÇÃO	DEFINIÇÃO
Obrigação legal	obrigação decorrente de: • um contrato (por meio de termos explícitos ou implícitos); • legislação; ou • outra operação da lei.
Obrigação construtiva	obrigação decorrente das acções de uma entidade em que: • por via de um modelo estabelecido de práticas passadas, de políticas publicadas ou de uma declaração corrente suficientemente específica, a entidade tenha indicado a outras partes que aceitará certas responsabilidades; e • em consequência, a entidade tenha criado uma expectativa válida de que cumprirá essas responsabilidades.

Fonte: NCRF 21, §8 e NCRF 26, §5.

FIGURA 2 – Provisão *versus* Passivo Contingente

Provisão	=	Obrigação ***possível*** de acontecimento passado	+	Exfluxo provável	+	Fiabilidade de mensuração
Passivo contingente	=	Obrigação ***possível*** de acontecimento passado	e/ou	Exfluxo ***não*** provável	e/ou	**Impossibilidade** de mensuração

Fonte: Fonseca (2008).

Ao cotejar a IAS 37 com a NCRF 21 não se encontram diferenças significativas quanto ao reconhecimento e à mensuração de provisões, passivos contingentes e activos contingentes, e até na linguagem, a norma nacional e a norma internacional tendem a coincidir.

À margem do cerne deste artigo, anota-se que a lei fiscal recorta também o conceito de provisão, ao explicitar os casos em que as provisões são aceites como custos (CIRC, art. 39º e segs.). Esta circunstânciaexplica que provisões não aceites fiscalmente nem sempre sejam processadas e, assim, não se observam as características qualitativas das demonstrações financeiras e afasta-se a possibilidade de obter uma imagem verdadeira e apropriada da posição financeira e do desempenho da actividade tal como se encontra consagrado no SNC.

Quando entrou em vigor o Código do Imposto sobre o Rendimento das Pessoas Colectivas (CIRC), no início de 1989, em sintonia com o conceito de provisão na lei contabilística desse tempo, um despacho veio referir-se às provisões com encargos com férias e indicar que incluem, além do subsídio de férias, o mês de vencimento pago quando ocorrem as férias, bem como todos os encargos obrigatórios sobre essas remunerações[13].

Actualmente, a legislação fiscal tipifica as provisões que podem ser fiscalmente dedutíveis no âmbito do IRC (CIRC, Subsecção IV sob o título *'Imparidades e provisões'*, arts. 35º a 40º)[14]. Para além da provisão para a reparação de danos de carácter ambiental (CIRC, art. 40º), o Código do IRC enuncia, no artigo 39º[15] que podem ser deduzidas as seguintes provisões:

- as provisões que se destinem a fazer face a obrigações e encargos derivados de processos judiciais em curso por factos que

---

[13] Através de um Despacho de 18.01.89, esclareceu que estes encargos deverão ser, tanto quanto possível, do valor por que irão ser pagos e assim, caso haja conhecimento das novas tabelas salariais, o valor a considerar como certo deverá ser calculado com base nessas tabelas. No caso das tabelas não serem conhecidas, devem-se calcular esses encargos com base nas tabelas em vigor em 31.12 e criar uma provisão cujo montante será igual ao valor da diferença prevista, diferença esta que só poderá ser aceite fiscalmente como custo no ano seguinte.

[14] Rectificado pela Declaração de Rectificação nº 67-A/2009, de 11 de Setembro.

[15] Artigo republicado pelo Decreto-Lei nº 159/2009, de 13 de Julho, aplicável aos períodos que se iniciem em, ou após, 1 de Janeiro de 2010.

determinariam a inclusão daqueles entre os gastos do período de tributação;
- as provisões que se destinem a fazer face a encargos com garantias a clientes previstas em contratos de venda e de prestação de serviços[16];
- as provisões técnicas constituídas obrigatoriamente, por força de normas emanadas pelo Instituto de Seguros de Portugal, de carácter genérico e abstracto, pelas empresas de seguros[17] sujeitas à sua supervisão e pelas sucursais em Portugal de empresas seguradoras com sede em outro Estado membro da União Europeia;
- as provisões que, constituídas pelas empresas pertencentes ao sector das indústrias extractivas ou de tratamento e eliminação de resíduos, se destinem a fazer face aos encargos com a reparação dos danos de carácter ambiental dos locais afectos à exploração, sempre que tal seja obrigatório e após a cessação desta, nos termos da legislação aplicável[18].

Uma novidade recente é o Código do Imposto sobre o Rendimento das Pessoas Colectivas ter passado a reconhecer, para efeitos fiscais, as provisões que se destinem a fazer face a encargos com garantias a clientes previstas em contratos de venda e de prestação de serviços

---

[16] O montante anual da provisão para garantias a clientes é determinado pela aplicação às vendas e prestações de serviços sujeitas a garantia efectuadas no período de tributação de uma percentagem que não pode ser superior à que resulta da proporção entre a soma dos encargos derivados de garantias a clientes efectivamente suportados nos últimos três períodos de tributação e a soma das vendas e prestações de serviços sujeitas a garantia efectuadas nos mesmos períodos (CIRC, art.39º, nº5).

[17] O montante anual acumulado das provisões técnicas não devem ultrapassar os valores mínimos que resultem da aplicação das normas emanadas da entidade de supervisão.

[18] O artigo 40º do CIRC refere-se também à provisão para a reparação de danos de carácter ambiental.

(CIRC, art. 39º, nº5 na redacção dada pelo Decreto-Lei nº 159/2009, de 13 de Julho).[19]/[20]

Comenta-se que o Código do IRC se preocupou com as contas representativas de gastos, mas não com as respectivas contrapartidas que são as provisões acumuladas (contas de balanço).

Atente-se em que as provisões que não devam subsistir por não se terem verificado os eventos a que se reportam e as que forem utilizadas para fins diversos dos expressamente previstos neste artigo consideram-se rendimentos do respectivo período de tributação (CIRC, art. 39º, nº 4).

---

[19] A provisão para garantia de clientes deu azo à publicação da Circular nº 10/2011, de 05-05-2011, por Despacho de 25 de Fevereiro de 2011 que veio esclarecer eventuais dúvidas de interpretação quanto ao critério de mensuração. Essa Circular veiculou o entendimento de que o montante anual da provisão para encargos com garantias a clientes previstas em contratos de venda e de prestação de serviços é determinado pela aplicação às vendas e prestações de serviços sujeitas a garantia efectuadas no período de tributação, de uma percentagem que não pode ser superior à que resulta da proporção entre a soma dos encargos derivados de garantias a clientes efectivamente suportados nos últimos três períodos de tributação e a soma das vendas e prestações de serviços sujeitas a garantia efectuadas nos mesmos períodos.

[20] A DGCI emitiu um despacho, datado de 02-02-2010, sobre os efeitos da adopção da interpretação *IFRIC 13 – Programa de Fidelização de Clientes: Desreconhecimento de provisão e reconhecimento de rédito diferido* (Processo: 2010 000101). Na sequência do tratamento contabilístico consensual a que se refere a referida interpretação, aplicável aos sujeitos passivos já no exercício de 2009 e por força da hierarquia definida no ponto 13. da Directriz Contabilística nº 18 Objectivos das demonstrações financeiras e princípios contabilísticos geralmente aceites, a requerente viu-se obrigada a alterar em 2005 a política contabilística relativa ao reconhecimento da obrigação de proporcionar produtos ou serviços gratuitos ou com desconto a título dos programas de fidelização de clientes decorrente da atribuição de pontos, aquando da venda de um serviço. A alteração da política contabilística determinou que a provisão para pontos anteriormente constituída e que não era aceite fiscalmente fosse desreconhecida, por crédito de Resultados Transitados. E como a alteração da política devia ser aplicada retrospectivamente, procedeu-se à reversão dos proveitos reconhecidos em períodos anteriores, «na parte da componente separadamente identificável», correspondente à totalidade dos pontos atribuídos e ainda não resgatados até à data, implicando o reconhecimento de um proveito/rédito diferido por contrapartida de um débito de Resultados Transitados. Estes movimentos geraram, por um lado, uma variação patrimonial positiva e, por outro lado, uma variação patrimonial negativa.

4. Como se reconhecem as provisões?

A NCRF 21, inspirada na norma internacional IAS 37, apresenta em anexo uma árvore de decisão que ajuda a esclarecer como se reconhece uma provisão. Essa árvore reproduz-se na Figura 3. Conforme aí se observa, o SNC distingue provisões de passivos contingentes (NCRF 21, §12).

FIGURA 3 – Critérios de Reconhecimento de Provisões

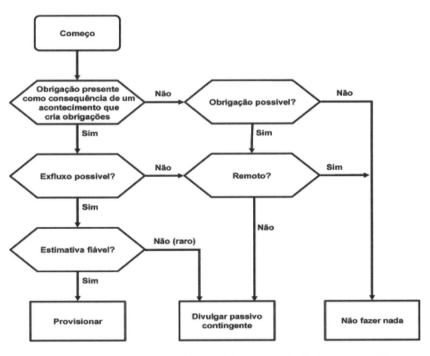

Nota: em casos raros, não está claro se há uma obrigação presente. Nestes casos, considera-se que um acontecimento passado dá origem a uma obrigação presente se, tendo em consideração toda a evidência disponível, for mais provável do que não que uma obrigação presente exista à data do balanço (parágrafo 15 desta Norma).

Em suma, as provisões, desde que possa efectuar-se uma estimativa fiável, são reconhecidas como passivos porque são obrigações presentes e é provável que um exfluxo de recursos que incorporem benefícios económicos seja necessário para liquidar as obrigações. Conforme se pode observar na Figura 3, a legislação contabilística indica que uma provisão deve ser reconhecida no Balanço quando estiverem reunidas três condições:

a) a entidade tem uma obrigação presente (legal ou construtiva) como resultado de um acontecimento passado;
b) é provável que venha a ser exigida à entidade uma saída de recursos que incorporam benefícios económicos para satisfazer a obrigação;
c) é possível estimar a quantia de modo fiável.

Segundo a NCRF 21 uma provisão não poderá ser criada em antecipação a um evento futuro para o reconhecimento como provisão. É o que decorre da primeira condição de reconhecimento enunciada. Eugénio (2012) e Rodrigues (2009) referem que este critério de reconhecimento é importante, pois algumas obrigações existem devido a custos futuros para os quais não há uma obrigação na data do balanço e, nesses casos, não cumprindo este critério, não há que constitur provisão. Por outro lado, a noção de obrigação inclui não apenas a obrigação legal mas também a obrigação construtiva, ou seja, a obrigação pode surgir de práticas normais do negócio, costumes ou um desejo de manter boas relações negociais ou agir de maneira equilibrada (EC, §59). A NCRF 21 apresenta algumas situações que ilustram esta questão (§18 a §21), como seja o desejo e prática de prestação de garantia a clientes, após o prazo ter expirado.

Relativamente à segunda condição, os §22 e §23 da NCRF 21 esclarecem o que deve entender-se por 'provável': *"(...) um exfluxo de recursos ou outro acontecimento é considerado como provável se o acontecimento for mais provável do que não de ocorrer, isto é, se a probabilidade de que o acontecimento ocorrerá for maior do que a probabilidade de isso não acontecer (...); quando houver várias obrigações semelhantes (...) a probabilidade de que um exfluxo será exigido na liquidação é determinada considerando-se a classe de obrigações como um todo (...)".*

A terceira condição refere-se à existência de uma estimativa fiável da quantia da obrigação: deve ter-se em conta a melhor estimativa à data do balanço, podendo esta definir-se como a quantia que a entidade pagaria para solver a dívida ou transferi-la para terceiros.

Um conceito próximo do de provisão é o de passivo contingente. Ao contrário das provisões, os passivos contingentes não devem ser reconhecidos no balanço, mas tão só divulgados no anexo às demonstrações financeiras, a menos que seja remota a possibilidade de uma saída de recursos que incorporem benefícios económicos activo possível proveniente de acontecimentos passados e cuja existência somente será confirmada pela ocorrência ou falta de ocorrência de um ou mais acontecimentos futuros incertos não totalmente sob controlo pela entidade. Daí parece decorrer que não se lhes impõe um relato quantitativo, mas apenas qualitativo.

Quando a aplicação do SNC teve início, no fecho de contas de 2010 aquando da transição do POC houve que resolver questões de reconhecimento de novas provisões e desreconhecimento de outras provisões existentes anteriormente. Teve na altura que verificar-se as provisões constituídas atendiam aos critérios de reconhecimento indicados na NCRF 21 e, nuns casos, as provisões foram anuladas, enquanto noutros se constituíram novas provisões.

5. Em que contas se registam as provisões?

Uma conta é uma classe de valores que se usa para registar os aumentos e as diminuições em activos, passivos, capital próprio, rendimentos ou gastos. Na linha do que se observava no POC, o SNC indica três contas para o registo dos movimentos de provisões: uma conta de passivo (*29 Provisões*), uma conta de gastos (*67 Provisões do período*) e uma conta de rendimentos (*763 Reversões de provisões*).

Os requisitos a que devem obedecer estas contas são a constância do título e do ponto de vista (o conteúdo da conta) e, por outro lado, a homogeneidade e a integridade do conteúdo. A homogeneidade garante que qualquer conta contenha apenas elementos patrimoniais compreendidos no seu ponto de vista. E a integridade conduz a que cada uma das contas inclua todos os elementos patrimoniais que gozam do seu ponto de vista.

Quanto ao ponto de vista, de acordo com as notas de enquadramento do código de contas do SNC: a conta *29 – Provisões serve para registar as responsabilidades cuja natureza esteja claramente definida e que à data do balanço sejam de ocorrência provável ou certa, mas incertas quanto ao seu valor ou data de ocorrência. As subcontas devem ser utilizadas directamente pelos dispêndios para que foram reconhecidas, sem prejuízo das reversões posteriores.* Esta definição indica que são *contas que configuram valores estimados de correcção de activo de provável comprovação ou ocorrência futura, ou contas de passivo contingente e de montante (significativamente) incerto.*

Como se referiu já neste texto, as provisões do período são, uma componente negativa do resultado definem-se como custos estimados e *actuais* ou. *não-proveitos*, correspondentes a despesas, de montante significativamente incerto, relativo a eventuais ocorrências futuras. A conta *67 – Provisões do período regista os gastos no período decorrentes das responsabilidades cuja natureza esteja claramente definida e que à data do balanço sejam de ocorrência provável ou certa, mas incertas quanto ao seu valor ou data de ocorrência.*

Para cada uma das três contas de provisões – 29, 67 e 77 – o SNC prevê subcontas próprias, seguindo a seguinte classificação comum: provisões para impostos, provisões para garantias a clientes, provisões para processos judiciais em curso, provisões para acidentes de trabalho e doenças profissionais, provisões para matérias ambientais, provisões para contratos onerosos, provisões para reestruturação e outras provisões. Todos estes títulos e códigos das subcontas de provisões previstas expressamente no quadro de contas do SNC se apresentam no Quadro 2.

O paralelismo e a semelhança que se observa nos códigos e nos títulos atribuídos a essas subcontas facilita a leitura dos dados e favorece a interpretação e comparabilidade da informação.

Um contrato oneroso é aquele em que os custos não evitáveis de satisfazer as obrigações do contrato excedem os benefícios económicos que se espera sejam recebidos ao abrigo do mesmo (NCRF 21, §8 e NCRF 26, §5).

QUADRO 2 – Contas de Provisões

PASSIVO: 29 Provisões	GASTO: 67 Provisões do período	RENDIMENTO: 763 Reversões de provisões
291 Impostos.	671 Impostos.	7631 Impostos.
292 Garantias a clientes.	672 Garantias a clientes.	7632 Garantias a clientes.
293 Processos judiciais em curso.	673 Processos judiciais em curso.	7633 Processos judiciais em curso.
294 Acidentes de trabalho e doenças profissionais.	674 Acidentes no trabalho e doenças profissionais.	7634 Acidentes no trabalho e doenças profissionais.
295 Matérias ambientais.	675 Matérias ambientais.	7635 Matérias ambientais.
296 Contratos onerosos.	676 Contratos onerosos.	7636 Contratos onerosos.
297 Reestruturação.	677 Reestruturação.	7637 Reestruturação.
298 Outras provisões.	678 Outras provisões.	7638 Outras provisões.

Fonte: Portaria nº 1011/2009 de 9 de Setembro.

As *provisões acumuladas* (conta 29) surgem por contrapartida de contas de provisões do período (conta 67). Rogério Ferreira aponta, para as contas de provisões as três características seguintes:

a) constituem custos ou perdas estimados e actuais, de eventual comprovação ou ocorrência (financeira) futura;
b) o processamento das provisões é independente de haver lucros no exercício;
c) a provisão passa a componente do capital próprio, se não se verificar a ocorrência prevista e que anteriormente se provisionou.

A análise conceptual das contas de provisões justifica considerações complementares. O SNC, assim como o POC, perfilhou um conceito de provisão que compreende dois grupos de contas: *por um lado, as contas através das quais se escrituram despesas, encargos ou prejuízos, imputáveis como custos ao exercício em causa, mas de ocorrência futura incerta e, por outro lado, as contas através das quais se processam despesas, encargos ou pre-*

juízos imputáveis como custos ao exercício, de verificação já comprovada, mas de montante desconhecido ou relativamente indeterminado[21].

6. Como se mensuram as provisões?

A mensuração é o processo de determinar as quantias monetárias pelas quais os elementos das demonstrações financeiras devem ser reconhecidos e inscritos no balanço e na demonstração dos resultados. Envolve a selecção da base de mensuração (SNC, Estrutura conceptual, §97 a §99). Nas demonstrações financeiras podem utilizar-se, em graus diferentes e em combinações variadas as seguintes bases de mensuração: o custo histórico, o custo corrente, o valor realizável (de liquidação), o valor presente e o justo valor.

Em resumo, os factores a ponderar na mensuração de provisões são, entre outros: a melhor estimativa, o valor temporal do dinheiro e a estimativa do valor presente, os acontecimentos futuros, os riscos e incertezas e a alienação esperada de activos. Outras questões ainda a ter em consideração nas provisões são os reembolsos esperados, os contratos onerosos e as reestruturações, a revisão das provisões à data do balanço e o uso das provisões.

No SNC, indica-se que a mensuração das provisões consiste em aplicar a *melhor estimativa* para cada tipo de provisão, revê-la e ajustá-la em cada data de balanço. As provisões devem corresponder à melhor estimativa do dispêndio exigido para liquidar a obrigação presente (ou transferi-la para um terceiro) à data do balanço (NCRF21, §35) Para conhecer a melhor estimativa de uma provisão têm de considerar-se os riscos e as incertezas dos acontecimentos, o que pode envolver juízos dos membros dos órgãos de gestão, do técnico oficial de contas da empresa, relatórios de peritos independentes e experiência da entidade em transacções semelhantes. Cravo *et al.* (2009, p. 121) indicam que quando se estimam as provisões há que utilizar o melhor julga-

---

[21] Cf. Rogério Ferreira refere que se houver operações a contabilizar que numa parte se configurem de quantitativo e verificação certos, mas não na parte restante, poder-se-ão decompor as suas parcelas, vindo assim a considerar-se "provisão" apenas a parcela incerta no montante (ou incerta no evento e no montante).

mento da situação, tendo em conta não só a situação concreta, mas igualmente a experiência obtida em transacções semelhantes e junto de peritos na matéria em análise.

Quando a provisão se associa com uma grande população de itens, ao estimar a obrigação recorrre-se, ao conceito de valor esperado. Nesse caso, a obrigação estima-se a partir de todos os desfechos possíveis, ponderando-os pelas probabilidades a eles associadas.

No SNC refere-se que, no âmbito da mensuração, os riscos e incertezas que rodeiam acontecimentos e circunstâncias devem ser tidos em conta para se chegar à melhor estimativa de uma provisão (NCRF 21, §42). O risco descreve a variabilidade de desfechos. Um ajustamento do risco pode aumentar a quantia pela qual é mensurado um passivo. O SNC recomenda cuidado ao emitir juízos em condições de incerteza, a fim de obter estimativas fiáveis, que não originem rendimentos ou activos subavaliados, nem gastos e passivos sobreavaliados (NCRF 21, §43). A incerteza não justifica, por si só, a criação de provisões excessivas ou uma sobreavaliação deliberada de passivos. É necessário cuidado para evitar se dupliquem ajustamentos do risco e incerteza com a consequente sobreavaliação de uma provisão (NCRF 21, §43).

Quando o efeito do valor temporal do dinheiro for material, a quantia de uma provisão deve ser o valor presente dos dispêndios que se espera que sejam necessários para liquidar a obrigação (NCRF 21, §45). A taxa, ou taxas, de desconto usadas devem ser taxas pré--impostos que reflictam as avaliações correntes de mercado do valor temporal do dinheiro e dos riscos específicos do passivo. Essas taxas de desconto não devem reflectir riscos relativamente aos quais as estimativas dos fluxos de caixa futuros tenham sido ajustados (NCRF 21, §46 e §47).

Quanto a perdas operacionais futuras, anota-se que não devem ser reconhecidas provisões, pois essas perdas não satisfazem os critérios gerais de reconhecimento de um passivo. No entanto, as perdas operacionais futuras são uma indicação de os activos poderem estar sobreavaliados e deve, por isso, considerar-se o reconhecimento de uma perda por imparidade (nos termos da NCRF 12).

Deve mencionar-se que o uso de estimativas fiáveis é parte essencial da preparação das demonstrações financeiras (DF), ao ponto de, não sendo possível obter uma estimativa fiável de uma provisão, esse passivo não poder ser reconhecido nas demonstrações financeiras (no balanço e na demonstração dos resultados), devendo antes ser divulgado um passivo contingente (no anexo às demonstrações financeiras).

Se uma entidade tiver um contrato oneroso, a obrigação presente segundo o contrato deve ser reconhecida e mensurada como uma provisão, mas antes de estabelecer uma provisão separada para esses contratos, uma entidade deve reconhecer uma perda por imparidade (NCRF 12) que tenha ocorrido nos activos inerentes a esse contrato.

Quanto a obrigações ligadas a reestruturação[22], é reconhecida uma provisão apenas quando os critérios gerais de reconhecimento de provisões forem satisfeitos (NCRF 21, §69). Esses critérios, definidos nos §70 a §80 da NCRF 21, incluem um programa planeado e controlado pelo órgão de gestão e que altera materialmente o âmbito de um negócio levado a cabo por uma entidade ou o modo como esse negócio é conduzido, uma obrigação construtiva de reestruturar identifica o negócio e os locais afectados, a função e número aproximado dos empregados que serão compensados pelo término, os dispêndios que serão expendidos e o momento de implementação do plano de reestruturação. Deve ainda ter sido criada uma expectativa válida nas pessoas afectadas: o plano deve ter sido adequadamente comunicado às partes afectadas ou ter já sido iniciado, não sendo suficiente uma decisão da administração sem aquela comunicação. Uma provisão de reestruturação inclui os dispêndios directos provenientes da reestruturação, tais como os que são consequência directa da reestruturação e os que não se relacionem com as actividades continuadas da entidade. Mas não inclui custos relacionados com a conduta futura da entidade (*v.g.*, treinar ou deslocalizar o pessoal que continua ao serviço da entidade; investimento em novos sistemas e redes de distribuição).

---

[22] Quando uma reestruturação satisfizer a definição de uma unidade operacional descontinuada, a NCRF 8 – Activos Não Correntes Detidos para Venda e Unidades Operacionais Descontinuadas pode exigir divulgações adicionais (cf. NCRF 8 §7).

Indica-se que não surge obrigação pela venda de uma unidade operacional até que a entidade esteja comprometida com a venda (isto é, haja um acordo vinculativo).

Aquando da transição para o SNC, houve situações em que no âmbito da mensuração, se observaram diferenças na mensuração das provisões, nomeadamente motivadas por dever descontar-se a obrigação para o valor presente.

A contabilidade fornece informação de apoio à decisão dos utilizadores, mais do que uma avalição definitiva. Mensurações alternativas poderiam ser úteis mais para alguns utilizadores, mas seria solução que se configura pouco praticável, cara e quiçá poderia tornar o relato confuso. Por estas razões, o relato com colunas múltiplas tem encontrado poucos adeptos na prática. E assim se compreende a necessidade de princípios que limitem as alternativas exigidas por uma qualquer abordagem informacional, tais como definir uma medida objectiva ampla e permitir a adopção de diferentes bases de medida em circunstâncias diferentes. Estando apenas um único método de medida associado a cada item em particular, diferentes items seriam, ou poderiam, ser medidos usando métodos diferentes, no caso desses métodos representarem do melhor modo possível as propriedades económicas de um item particular. No contexto actual das estruturas conceptuais do FASB e do IASB, tal objectivo poderia fornecer informação mais relevante para dar a conhecer a posição financeira e o desempenho ecónomico de uma entidade.

7. Como se apresentam as provisões nas demonstrações financeiras?
Os modelos das demonstrações financeiras para as contas individuais e para as contas consolidadas têm um conteúdo mínimo definido. O SNC exige a divulgação da natureza e da quantidade de itens materiais de rendimento e de gasto. O modelo de balanço é único, os comparativos são obrigatórios e as referências cruzadas revelam-se muito úteis ao leitor. As linhas que não apresentem valores devem ser removidas, mas é possível acrescentar outras rubricas, dependendo dos conceitos de materialidade e agregação.

Na demontração da posição financeira, ou balanço. o SNC, assim como as normas internacionais de contabilidade, recomenda a divisão entre passivos correntes e passivos não correntes. Devido a este requisito, os utilizadores podem ficar informados sobre a exigibilidade das obrigações e conhecer quanto tempo falta para a maturidade de um item, se um ou mais anos. Isto permite estabelecer comparações entre os relatórios analisados. No tocante à apresentação das provisões na face do balanço, o modelo de balanço do SNC (Anexo nº 1, Portaria 986/2009) prevê a inclusão da conta provisões no passivo não corrente, mas não indica o título na categoria de passivo corrente. Cruz (2012) observou que nos balanços de final de 2011 das sociedades portuguesas não financeiras com títulos admitidos à cotação, onze empresas (22%) apresentam apenas provisões correntes, quarenta empresas (78%) mostram apenas items não correntes, enquanto oito empresas têm provisões dos dois tipos. Estes resultados estão em linha com os de Fonseca (2008), que concluíra anteriormente, ao analisar o relato relativo ao ano de 2007, que a maioria das sociedades listadas na Euronext Lisbon apresentava mais provisões não correntes do que provisões correntes.

O modelo de demonstração dos resultados por natureza (Anexo nº 2, Portaria 986/2009) apresenta as provisões como gasto (aumentos e reduções, como componente do resultado antes de depreciações, gastos de financiamento e impostos (RADGFI). Por sua vez, o modelo de demonstração dos resultados por funções (Anexo nº 3, Portaria 986/2009) não indica explicitamente a linha provisões. Admite-se todavia que deva surgir acima do resultado operacional antes de gastos de financiamento e impostos, na rubrica 'outros gastos'.

Na demonstração dos fluxos de caixa (Anexo nº 4, Portaria 986//2009), ao apurar os fluxos de caixa das actividades operacionais pelo método directo, os items arrumam-se em pagamentos e recebimentos e as provisões não figuram no mapa, pois não são fluxos monetários[23].

---

[23] Já no método indirecto, as provisões são apresentadas em linha autónoma, incluída nas actividades operacionais, a somar ao resultado líquido do exercício (primeira linha do mapa) por ser um gasto que não implica um pagamento.

Comenta-se que as demonstrações financeiras são mais claras para estabelecer comparações quando apresentam informação sobre a unidade monetária em milhares de unidades ou em milhões de unidades, adoptando-se um nível de arredondamento aceitável e não sendo omitida nenhuma informação. Os resultados observados por Cruz (2012) mostram que cerca de um terço das empresas portuguesas não financeiras com títulos admitidos à cotação na amostra apresentavam em 2010 os resultados em Euros e a a maioria restante em milhares de Euros. Por outro lado, o facto de algumas vezes as empresas não descreverem a classe de provisões nas notas às demonstrações financeiras e apenas as denominarem "provisões" e "provisões para riscos e encargos" no balanço, torna menos fácil estabelecer comparações.

8. Que informações sobre provisões devem divulgar-se nas notas às demonstrações financeiras?

As divulgações relativas às provisões encontram-se no anexo às demonstrações financeiras, que é parte integrante do conjunto completo de demonstrações financeiras do SNC e deve ser lido em conjunto com elas. Com efeito, o Anexo do SNC contém nota específica relativa às divulgações das provisões, passivos contingentes e activos contingentes[24]. Aí se indica, para cada classe de provisões, a informação que as entidades devem divulgar à data do balanço. O Quadro 3 sintetiza essa informação.

Entende-se que as divulgações indicadas no Quadro 3 constituem o conjunto mínimo de informação exigida, podendo as entidades divulgar voluntariamente outras informações para além das que aí se indicam. Caso não seja possível proceder a alguma das divulgações mencionadas, deve declarar-se o facto.

Uma divulgação que merece destaque é a revisão das provisões. O normativo contabilístico exige que as provisões sejam revistas à data

---

[24] Cf. a nota 22 no modelo geral e nota 11 no modelo reduzido do Anexo às contas. O modelo geral aplica-se às entidades que apliquem o SNC e o modelo reduzido aplica-se às entidades que tenham optado por adoptar a a Norma Contabilística de Relato Financeiro para as Pequenas Entidades (NCRF-PE) em vez das NCRF.

de cada balanço e ajustadas para reflectir a melhor estimativa corrente (NCRF, §58). Dessa revisão, pode resultar um reforço da provisão ou uma reversão. A reversão deve dar-se quando deixar de ser provável a necessidade de pagamento de recursos que incorporem benefícios económicos futuros para liquidar a obrigação.

QUADRO 3 – Divulgações sobre Provisões no Anexo às Demonstrações Financeiras

DIVULGAÇÕES QUANTITATIVAS	DIVULGAÇÕES QUALITATIVAS

• Movimento no exercício:
  – Saldo inicial.
  – Reforço.
  – Utilizações.
  – Anulações.
  – Efeito de desconto das provisões.
  – Efeito de alterações na taxa de desconto.
  – Saldo final.
	• Breve descrição de:
	  – Natureza e tempestividade da obrigação.
	  – Incertezas e pressupostos acerca dos montantes ou tempestividade dos dispêndios.
	  – Possibilidades de reembolsos.

Quanto às divulgações relativas aos passivos contingentes, a NCRF 21 refere que se divulgue a descrição da natureza do passivo contingente e, se for praticável, a estimativa do efeito financeiro, a indicação de eventuais incertezas na quantia ou tempestividade dos dispêndios e a possibilidade de eventual reembolso.

Quando uma provisão e um passivo contingente tiverem origem no mesmo conjunto de circunstâncias, uma entidade fará as divulgações exigidas de maneira a mostrar a ligação entre ambos.

Anota-se que as exigências de divulgação indicadas no SNC não se afastam das preconizadas pela IAS 37.

9. Evidência de práticas de relato financeiro sobre provisões

A investigação de Cruz (2012) sobre as práticas de relato das empresas portuguesas com títulos admitidos à cotação na *Euronext Lisbon*, que adoptam as IAS / IFRS, conclui que a informação divulgada pelas empresas portuguesas nos relatórios e contas anuais nem sempre é clara, completa ou facilmente comparável.

A regulação existente acerca da tipologia das provisões deixa liberdade aos preparadores do relato financeiro e, consequentemente, diferentes agregações de informação são apresentadas pelas empresas. Cruz (2012) verifica que as provisões para processos judiciais são as que apresentam mais ocorrências mas os casos observados evidenciam a dificuldade de manter a consistência entre os relatórios e contas das várias empresas, e alerta para dificuldades quando se classificam as provisões em 'outras provisões' ou como 'provisões não especificadas', duas categorias de provisões que se observa atingirem montantes significativos, embora devessem assumir valores pequenos porque essas subcontas deveriam ser utilizadas residualmente. Com efeito, não só o tipo 'outras provisões' apresenta um montante elevado, como também as empresas classificam em 'outras provisões' obrigações que deveriam efectivamente ser incluídas em classe própria. Por exemplo, sociedades desportivas como o SL Benfica SAD e o Sporting SAD classificam os processos judiciais em 'outras provisões', enquanto a EDP regista sob o mesmo nome as provisões para desmantelamento de edifícios e equipamentos. Por outro lado, encontram-se 'provisões não especificadas' em 93% das empresas e aí se incluem, nomeadamente provisões para investimentos em associadas e provisões que aparecem devido ao uso do método da equivalência patrimonial. O recurso a esta subconta surge quando a empresa regista os movimentos ocorridos durante o ano em provisões não os dividindo por tipos e não existe sobre isso explicação no anexo às demonstrações financeiras ou a explicação dada é pouco clara. A comparabilidade está também afectada porque algumas empresas não separam as provisões em passivos correntes e não correntes.

Acerca do reconhecimento das provisões, é de evidenciar que muitas empresas copiam *ipsis verbis* o palavreado utilizado pela norma internacional (IAS 37. §14). Encontra-se nos relatórios financeiros a transcrição dos requisitos legais exigidos para o reconhecimento da provisões. Exemplo do que se afirma está nas notas explicativas às demonstrações financeiras individuais em 31 de Dezembro de 2010, da Altri, S.G.P.S., S.A, em cujas contas anuais de 2010 (p. 5) se indica que:

"(...)
e) as provisões são reconhecidas quando, e somente quando a Empresa tenha uma obrigação presente (legal ou construtiva) resultante de um evento passado, seja provável que para a resolução dessa obrigação ocorra uma saída de recursos e o montante da obrigação possa ser razoavelmente estimado. As provisões são revistas na data de cada balanço e ajustadas de modo a reflectir a melhor estimativa do Conselho de Administração a essa data. As provisões para custos de reestruturação são reconhecidas sempre que exista um plano formal e detalhado de reestruturação e que o mesmo tenha sido comunicado às partes envolvidas. Quando uma provisão é apurada tendo em consideração os fluxos de caixa necessários para liquidar tal obrigação, a mesma é registada pelo valor actual dos mesmos".

No mesmo sentido, ainda na Altri, S.G.P.S., S.A., mas nas notas explicativas às demonstrações financeiras consolidadas em 31 de Dezembro de 2010 (p. 10) pode ler-se:

"Provisões: as provisões são reconhecidas quando, e somente quando, o Grupo tenha uma obrigação presente (legal ou implícita) resultante de um evento passado, seja provável que para a resolução dessa obrigação ocorra uma saída de recursos e o montante da obrigação possa ser razoavelmente estimado. As provisões são revistas na data de cada demonstração da posição financeira e ajustadas de modo a reflectir a melhor estimativa a essa data. As provisões para custos de reestruturação são reconhecidas pelo Grupo sempre que exista um plano formal e detalhado de reestruturação e que o mesmo tenha sido comunicado às partes envolvidas."

Num outro registo, nas notas explicativas às demonstrações financeiras individuais em 31 de Dezembro de 2010 Sumol + Compal (pp. 12-13) encontra-se o seguinte:

"Nota 15
As provisões são reconhecidas quando, e somente quando, a Empresa tem uma obrigação presente (legal ou implícita) resultante de um evento passado e é provável que, para a resolução dessa obrigação, ocorra uma saída de recursos e que o montante da obrigação possa ser razoavelmente estimado.
As provisões são revistas na data de cada balanço e são ajustadas de modo a reflectir a melhor estimativa a essa data."

Ainda numa outra empresa, o Sporting Clube de Portugal – Futebol, SAD, as notas explicativas às demonstrações financeiras individuais, para a época 2010-2011 (p. 98) a propósito das políticas contabilísticas (ponto 1), se refere (Cf. NCFR 21, §13):

"p) são constituídas provisões quando 1) existe uma obrigação presente, legal ou construtiva, 2) seja provável que o seu pagamento venha a ser exigido, 3) possa ser feita uma estimativa fiável do valor dessa obrigação."

Num outro registo, nas notas explicativas às demonstrações financeiras individuais da COMPTA – Equipamentos e Serviços de Informática, S.A., em 31 de Dezembro de 2010 (p. 65) pode ler-se a propósito das políticas acerca das provisões:

"são constituídas provisões somente quando a empresa tem uma obrigação presente (legal ou construtiva) resultante de um acontecimento passado, sempre que seja provável que para a resolução dessa obrigação ocorra uma saída de recursos e o montante da obrigação possa ser fiavelmente mensurado. As provisões são revistas na data de cada balanço e são ajustadas de modo a reflectir a melhor estimativa a essa data".

O mesmo relatório e contas, sob o ponto intitulado *13. Provisões, passivos contingentes e activos contingentes*, refere simplesmente que a empresa não registou provisões nos exercícios em apreço e que não existiam quaisquer activos ou passivos contingentes à data do balanço.

Ainda a COMPTA – Equipam. e Serviços de Informática e Subsidiárias, mas nas notas explicativas às demonstrações financeiras consolidadas em 31 de Dezembro de 2010 (p. 93) sob o ponto 18.17, Provisões, passivos e activos contingentes lê-se assim:

- *"Sempre que o Grupo reconhece a existência de uma obrigação fruto de um evento passado, a qual exige o dispêndio de recursos, e sempre que o seu valor possa ser razoavelmente estimado, é constituída uma provisão. Estas provisões são revistas à data do balanço de forma a transmitirem uma estimativa actual."*

- *"Na possibilidade de uma das condições anteriores não ser cumprida, mas mantenha-se a possibilidade de afectar os exercícios futuros, o Grupo não reconhece um passivo contingente mas promove a divulgação na Nota 32."*

De facto, o conhecimento da norma é obrigatório para todas as sociedades e assim uma cópia de parágrafos da IAS 37 talvez não fosse necessária, mas também não se revela suficiente.

No tocante à mensuração dos provisões, observa-se que em 2010 a maioria das empresas com títulos admitidos à cotação na *Euronext Lisbon* (33 empresas, 77%) divulga no anexo às demonstrações financeiras consolidadas as bases usadas para estimar as provisões, mas algums empresas (10 empresas, 23%) não se referem aos métodos de mensuração. Das 33 empresas que fazem aquela divulgação, 27 (82%) estimam o montante das provisões com base na 'melhor estimativa' e transcrevem da norma de contabilidade sobre as provisões para o anexo às demonstrações financeiras o texto seguinte *"estas estimativas baseiam-se na melhor estimativa disponível à data (...) baseada no conhecimento e na experência de acontecimentos presentes e passados"* o que em teoria significa cumprir a norma (IAS 37, §36). Embora essas 27 empresas afirmem que o montante estimado das provisões se baseia em conhecimento de juristas e membros do órgão de gestão, nenhuma divulga os pressupostos usados e assim o assunto pode tornar-se problemático para os utilizadores no momento da análise, pois as normas podem ser interpretadas de modos diversos. Quanto a outros aspectos ligados à mensuração das provisões, merece ser realçado que as demonstrações financeiras da EDP Renováveis são o caso único onde se encontrou uma descrição dos pressupostos usados na estimação das provisões, a taxa de inflação e a taxa de desconto adoptada, proporcionando assim aos utilizadores mais informação sobre o risco associado às obrigações que são as provisões.

Quanto às revisões das provisões, 32 empresas afirmam nas notas às demonstrações financeiras que procedem à revisão em cada data de balanço, mais uma vez transcrevendo no anexo as palavras usadas na norma contabilística aplicável, assim: *"as provisões devem ser revistas em cada data do balanço e ajustadas para reflectir a melhor estimativa corrente nos relatórios financeiros"* (IAS 37, §8).

Outras divulgações pouco claras são a não indicação das provisões revertidas ou anuladas, a não separação de aumentos de transferências, transferências por variação no perímetro de consolidação, diferenças de câmbio e outras, o uso de diferentes termos nos movimentos anuais de provisões.

10. Reflexão final

Os resultados deste estudo, e o cotejo entre o que as normas indicam, que deve divulgar-se e o que de facto se observa nos relatórios e contas, isto deixa espaço para recomendações, a dirigir, aos contabilistas aos auditores e aos reguladores.

Uma parte das empresas ao relatarem sobre provisões transcrevem simplemente frases das normas contabilísticas, o que torna o relato financeiro pouco informativo e a informação divulgada desadequada para compreender a situação financeira e a evolução do desempenho da empresa. Pode comentar-se que assim se obtém maior comparabilidade, mas os relatórios são pouco personalizados e, no limite, pode admitir-se que se antige 'comparabilidade 100%, com utilidade 0%'.

Conclui-se haver dificuldade em emitir juízos profissionais ou estabelecer a probabilidade de ocorrência de certos eventos ou fazer estimativas sobre provisões.

Os contabilistas devem apartar-se cada vez mais de um trabalho meramente mecanizado para um modo mais racional e fundamentado de fazer a contabilidade, enquanto os auditores devem verificar os registos contabilísticos e a informação nos relatórios anuais de modo menos clerical.

E os auditores poderão incentivar as empresas a fazerem mais divulgações qualitativas de informação no que se refere à mensuração das provisões, quanto aos pressupostos assumidos para classificar uma obrigação como provisão. Assim melhorará a qualidade da informação sobre provisões observada nas práticas de relato financeiro resultante da aplicação da NCRF 21.

Os reguladores poderiam prever os tipos de provisões e os items para os movimentos de cada classe de provisões com vista a evitar as *nuances* encontradas nos relatórios financeiros analisados. E ainda estabelecer e aplicar mecanismos de cumprimento das normas contabilísticas mais efectivos, no que respeita às partes do SNC que são novidade e que o POC não contemplava.

Os resultados desta investigação são limitados e deixam amplo espaço para investigações futuras sobre provisões. Sugestões de novos desenvolvimentos do tema poderão passar, por exemplo, pelos eixos seguintes: comparabilidade *versus* utilidade da informação sobre provisões; provisões reguladas *versus* provisões não reguladas; divulgações *versus* não divulgação em ligação com a materialidade das provisões; divulgações obrigatórias *versus* divulgações voluntárias sobre provisões; cumprimento no relato de provisões *versus* incumprimento e sanções.

Em última análise, as possibilidades e os limites do relato financeiro sobre provisões dependem de um sério conhecimento das normas sobre este assunto, de um correcto diagnóstico das necessidades informativas dos utilizadores, das ferramentas e tecnologias disponíveis e em uso nas empresas e, claro, de um trabalho colaborativo de quem prepara e de quem usa a informação.

REFERÊNCIAS

Código do Imposto sobre o Rendimento das Pessoas Colectivas. Porto Editora, Porto..

CRAVO, D; C. GRENHA, CARLOS; L. BAPTISTA; e S. PONTES (2009). *Sistema de Normalização Contabilística Comentado*, Texto Editora, Lisboa.

CRUZ, J. (2012). *Financial Reporting about Provisions: Evidence from Portuguese Listed Companies*.Work Project, supervised by Leonor Ferreira presented as part of the requirements for the Award of a Master Degree in Finance from the NOVA – School of Business and Economics, Universidade Nova de Lisboa, Lisboa.

EUGÉNIO, T. (2012). 'Provisões, Passivos Contingentes e Activos Contingentes, que desafios na sua contabilização?'. *Revista Portuguesa de Contabilidade*, Nº5, Vol. II. 37-52.

FERREIRA, ROGÉRIO F. (1964). 'Provisões'. *Revista de Contabilidade e Comércio*. Nº 121, Janeiro/Março, Vol XXI: 26-35.

FERREIRA, ROGÉRIO F. (1970). *Provisões*. Petrony. Lisboa.

FERREIRA, ROGÉRIO F. (1984). *Normalização Contabilística*. Livraria Arnado. Coimbra.

FERREIRA, ROGÉRIO F. (1997). 'Ainda as provisões'. *Revista de Contabilidade e Comércio* nº 215, Julho; Vol. LIV: 359-384.

FONSECA, R. (2008). 'Do Portuguese Non-Financial Listed Companies Comply With Provisions` Requirements?'. *Msc. Dissertation* supervised by Leonor Ferreira, Faculdade de Economia da Universidade Nova de Lisboa, Lisboa.

GOMES, J. e J. PIRES, (2011). *Sistema de Normalização Contabilística – Teoria e Prática*. (4ª Edição), Vida Económica, Porto.

IAS Plus (2012). Deloitte. http://www.iasplus.com/agenda/converge-ias37.htm (acesso em 29 de Janeiro de 2012).

OLIVEIRA, J. (2007). "Relato financeiro sobre provisões, passivos contingentes e activos contingentes: o caso português". *Contabilidade e Gestão*. OTOC, Nº 4: 19-68.

PONTES, S. (2011). "SNC – Passivos Correntes e Não Correntes". Curso On-line. OTOC.

Rodrigues, A. (2011). *SNC – Sistema de Normalização Contabilística*. Editora Almedina, Coimbra.

Rodrigues, A., C. Carvalho, D. Cravo e G. Azevedo (2010). *SNC – Contabilidade Financeira: sua aplicação*. Editora Almedina, Coimbra.

Rodrigues, J. (2009). *Sistema de Normalização Contabilística Explicado*. Porto Editora, Porto.

Vieira dos Reis, J. (1991). 'A metodologia contabilística das Provisões adaptada no novo POC'. *Fisco.* nº 29/Março/91, pág. 14/15.

A aplicação do MEP em subsidiárias e associadas – uma visão crítica e multidisciplinar

Ana Maria Rodrigues
Professora da Faculdade de Economia da Universidade de Coimbra

ÍNDICE: 1. Introdução; 2. A evolução das formas organizacionais: o caso das subsidiárias e associadas; 3. O MEP no Direito Contabilístico; 3.1. Conceito e sua evolução; 3.2. Motivações subjacentes à lógica implícita no MEP; 3.3. O MEP: uma verdadeira base de mensuração ou um método de consolidação?; 3.4. Procedimentos contabilísticos subjacentes ao MEP; 3.4.1. Na transição do método do custo para o MEP; 3.4.2. O MPE e a (in)existência de *goodwill* (positivo ou negativo); 3.4.3. O MPE e a anulação de operações internas; 4. O MEP no Direito Fiscal; 5. O MEP no Direito Societário; 6. Nótulas conclusivas.

1. Introdução

Este trabalho centra-se na análise da utilização do Método da Equivalência Patrimonial, comummente designado por MEP, nas contas individuais, enquanto critério de valorização/mensuração dos investimentos em empresas subsidiárias, empreendimentos conjuntos[1] e

---

[1] Optámos por analisar apenas os investimentos em subsidiárias e associadas. Excluímos, por isso, deste trabalho os empreendimentos conjuntos, já que, no essencial, alguns dos

associadas[2], procurando analisar, ainda que sumariamente, a sua adoção enquanto método de consolidação no âmbito das contas consolidadas.

Apesar de o MEP já ter sido adotado entre nós há mais de vinte anos, as perplexidades associadas ao seu conceito e as práticas que tem inspirado nas empresas nacionais não deixam de nos surpreender e questionar, tendo gerado sempre grandes controvérsias na doutrina e na prática.

Em termos de teoria contabilística, podemos desde logo constatar a sua não inclusão enquanto critério de mensuração no quadro do modelo contabilístico por ora dominante, o modelo do *Internacional Accounting Standards Board* (IASB), enquanto fonte inspiradora do Sistema de Normalização Contabilística (SNC). Será que se deve entender o MEP como um verdadeiro critério de valorização/mensuração a utilizar nas contas individuais das empresas investidoras[3], *in casu* das participações de capital em subsidiárias e associadas, ou o MEP deve ser entendido com maior abrangência no atual quadro conceptual?

O legislador contabilístico não se pautou, até agora, pelo realismo e coerência no que ao MEP diz respeito, sendo este utilizado como um critério de mensuração/valorização nos investimentos em subsidiárias, empreendimentos conjuntos e associadas, para efeitos de elaboração da informação individual e, simultaneamente, como método de consolidação para efeitos da preparação das contas consolidadas. Esta dupla coexistência tem conduzido a sérios problemas na sua apli-

---

problemas que se lhes colocam são semelhantes aos casos em observação, mas, simultaneamente apresentam especificidades que merecem um tratamento autónomo.

[2] Também designadas no normativo contabilístico em vigor por investidas.

[3] Investidoras/adquirentes/participante/empresa-mãe podem ser usadas ao longo do texto com o mesmo significado, representando uma entidade que adquiriu uma participação numa subsidiária ou associada. A terminologia adequada deveria ser: empresa-mãe ou adquirente quando se trata de aquisições de partes de capital em subsidiárias e Investidora ou adquirente para o caso de aquisição de participações em investidas ou associadas. Utilizámos, simultaneamente, investida ou participada para uma participação numa associada ou subsidiária. Todavia, e seguindo os melhores cânones apenas se devia usar o termo investida para as associadas. Os dois últimos termos tem o mesmo significado no normativo contabilístico.

cabilidade, originando práticas também elas heterogéneas e, em nossa opinião, violadoras dos princípios que devem presidir à elaboração da informação individual, podendo deste modo esta não corresponder às necessidades de informação dos seus múltiplos destinatários.

Ao longo deste trabalho analisaremos, para além das orientações contabilísticas e suas idiossincrasias, as implicações fiscais e societárias que podem advir da aplicação do MEP, tal como foi desenhado pelos nossos legisladores contabilístico, fiscal e societário. Começaremos, contudo, por uma breve análise da evolução das formas organizacionais que conduzem à adoção do MEP.

2. A evolução das formas organizacionais[4]: o caso das subsidiárias e associadas

Num ambiente empresarial turbulento, os gestores têm necessidade de reavaliar constantemente as posições competitivas das entidades que dirigem, pois estas são objecto de intensa concorrência, forçando-as a viverem importantes processos de concentração, estabelecendo ligações e acordos com outras entidades, tornando as operações de fusão ou de cisão e as aquisições de participações em empresas existentes ou, mesmo, a criação de novas entidades, cada vez mais frequentes.

Na doutrina sobre o assunto abundam os motivos que explicam as múltiplas razões subjacentes à concretização de processos de concentração[5]. Os mais comumente apresentados são: a posse de ativos estratégicos; a conquista de novos mercados e a eventual eliminação ou redução dos concorrentes, acrescendo, assim, o domínio e o poder de mercado; perspetivas de maximização da capacidade produtiva, melhorando, eventualmente, a afetação dos recursos e fazendo um melhor aproveitamento de eventuais sinergias; a combinação de uma política de diversificação e diluição do risco empresarial e de implan-

---

[4] Neste ponto seguimos de perto A. Rodrigues (2003).
[5] Sobre este assunto pode ser consultada uma extensa bibliografia. Apoiamo-nos, essencialmente, no nosso trabalho de 2003, bem como nos seguintes autores: B. Montmorillon (1986), V. Condor (1988), M. Carreira (1992), E. Antunes (1993), P. Sudarsanam (1995), M. Yoshino e U. Rangan (1996), W. Bulgarelli (1997), entre tantos outros.

tação internacional; a realização de projetos de investigação e desenvolvimento mais arriscados que conduzam à conceção de novos produtos e de novos processos produtivos e tecnológicos; a procura de benefícios fiscais e financeiros, além de ganhos pessoais dos agentes envolvidos nestas operações; entre tantos outros, numa conjugação de fatores que permitam assegurar o crescimento e a sobrevivência das empresas numa economia cada vez mais global[6] e concorrencial.

Para que as empresas modernas expostas a imperativos de sobrevivência tenham os meios necessários para competir na Europa Comunitária, bem como no resto do mundo, permitindo-lhes responder a uma procura eminentemente global, duas atitudes são possíveis em abstrato[7]: uma estratégia de crescimento interno e/ou uma estratégia de crescimento externo.

A escolha entre uma, ou outra estratégia, atende às especificidades de cada empresa (capacidade financeira, capacidade tecnológica e de gestão, número e dimensão relativa das empresas do setor, relação entre capacidade produtiva e procura, estrutura societária, entre outras), aos mercados onde operam ou desejam operar, aos enquadramentos legais e às vantagens que se associam a uma ou a outra das estratégias alternativas, sempre ponderadas num quadro de análise de custo/benefício, que permita comparar os retornos de um novo projeto de investimento com os que resultariam de uma aquisição ou do reagrupamento com outra, ou outras empresas, já existentes.

Na estratégia de crescimento interno, a empresa mantém-se como uma unidade autónoma de decisão e operações, procurando aumentar a sua dimensão absoluta, através do recurso às suas próprias capacidades financeiras, técnicas e comerciais. Estas estratégias resultam mais arriscadas por envolverem normalmente processos lentos, perante

---

[6] A propósito das motivações que levam as empresas a concentrarem-se ver, entre outros autores: V. Condor (1988), M. Carreira (1992) e E. Antunes (1993).

[7] B. Montmorillon (1986: 15 e ss.) defende três mecanismos de crescimento: patrimonial, financeiro e contratual. Identifica a via de crescimento interno com o crescimento patrimonial, enquanto agrega os outros dois tipos sob a designação genérica de crescimento externo. Para mais esclarecimentos sobre este assunto ver B. Montmorillon (1986).

cenários de enorme incerteza e de mudanças muito rápidas como as que se vivem nos tempos atuais, onde permanentemente se debate a subsistência e a competitividade das empresas num quadro de crescimento. Contém, no entanto, em si mesma limites significativos, nomeadamente, no que respeita aos meios financeiros, organizativos e legais, além dos problemas que originam, associados a algum gigantismo, nomeadamente na organização e na gestão, e outros resultantes de regulamentações legais, designadamente os relativos ao direito da concorrência. Assim, esta estratégia de expansão pode conduzir a graves deseconomias de dimensão e, com isso, a uma progressiva redução da eficácia económica e a um acréscimo de rigidez organizativa.

Fruto dos limites impostos por qualquer política de expansão interna, os agentes económicos procuraram formas alternativas de se organizar para poder responder às necessidades do mercado mundial e às suas próprias aspirações de crescimento. Em consequência, verifica-se uma persistente tendência para o reagrupamento (concentração) de sociedades, quer em termos nacionais, quer internacionais, na mira de assegurar uma posição dominante em mercados cada vez mais globais.

Nessa tentativa de ganhar dimensão através de estratégias de crescimento externo, a empresa adota uma política de interligação com outras empresas[8], através do controlo de outros operadores económicos que atuam no mesmo segmento de mercado, de empresas situadas a montante e/ou a jusante, ou até de empresas operando em países e com produtos diversos, já que a concentração das atividades pode ter múltiplos fins.

Estes mecanismos externos de adaptação e evolução empresarial são, do ponto de vista contabilístico, classificados na categoria genérica de concentrações de atividades empresariais. Dentro da diversidade das concentrações de atividades empresariais, como fenómeno

---

[8] Entre as formas de concentração empresarial, de direito ou de facto, constam formas distintas, que vão desde a celebração de acordos de cooperação (alianças estratégicas), constituição de empresas comuns (*joint ventures*), agrupamentos complementares de empresas, consórcio de empresas, entre tantas outras.

chave da ordem económica dos nossos dias, poder-se-á afirmar que estas podem assumir diversas modalidades, como sejam: fusões de sociedades; compra de ativos e passivos de uma empresa ou de um dos seus negócios, sem que se extinga a sociedade que os alienou; tomadas de participação através da compra da totalidade ou de partes de capital de uma sociedade; acordos interempresas, ou simplesmente, situações de facto que implicam uma unidade ou uma coordenação de atuações e decisões resultantes de uma direção económica unitária exercida por uma entidade, de acordo com a estratégia e interesses comuns do todo.

São muitas as técnicas revolucionárias de concentração, que "com engenho e arte" o mundo dos negócios tem conseguido "trazer para a ribalta", permitindo com alguma facilidade e sem custos muito elevados reorientar as suas estratégias e as atividades das várias empresas do agrupamento em função das exigências de mercados em constante mutação.

Neste contexto, há muito que a Contabilidade sentiu necessidade de se ajustar a esses novos imperativos e procurar contribuir para a melhoria da qualidade da informação divulgada, de modo a refletir estas realidades complexas.

Como refere Cea García (1992: 26) "quando uma sociedade possui entre os seus ativos participações, diretas ou indiretas, no «capital-propriedade» de outras sociedades capazes de outorgar àquela uma influência ou domínio, determinante ou significativo, sobre a atividade empresarial destas últimas, as suas contas anuais individuais (...) são claramente insuficientes para transmitir a imagem fiel e autêntica do património, da situação financeira e dos resultados da sociedade dominante". Essa insuficiência só é ultrapassada neste contexto quando se substitui as ações adquiridas pelo conjunto dos ativos e passivos que essas ações representam[9], com o fim de permitir mostrar

---

[9] O que não se verifica em todas as operações de aquisição de participações sociais, pois os ativos e passivos da sociedade adquirida só são reconhecidos nas contas consolidadas quando a sociedade adquirente assegurar o controlo sobre o património e as operações da sociedade adquirida.

a totalidade dos recursos económicos e financeiros geridos de modo efetivo pela sociedade dominante, o que nos coloca na necessidade de elaborar outro tipo de informação: as contas consolidadas.

Deste modo, o sistema contabilístico viu-se confrontado com a necessidade de dar resposta a novas necessidades informativas sentidas pelos interessados nesses macro impérios, que se desenvolveram desde os primeiros anos do século vinte. Esta informação acabou por ser apelidada de informação consolidada, tendo como objetivo representar a posição financeira, o desempenho e as alterações na posição financeira de um grupo de sociedades juridicamente autónomas, como se de uma única entidade se tratasse, prevalecendo a substância económica do grupo sobre a sua forma legal.

Fruto dessa complexidade de relações entre entidades juridicamente autónomas, também nas contas individuais se sentiu a necessidade de refletir contabilisticamente, de modo mais adequado, essas participações. Com efeito se esses investimentos continuassem registados ao custo de aquisição, eventualmente corrigido de eventuais perdas por imparidade, a informação fornecida seria pobre, não permitindo que a entidade refletisse nas suas contas o desempenho das entidades com as quais mantém relações particularmente próximas e sobre as quais pode exercer uma influência significativa ou mesmo algum tipo de controlo. Assim, a adoção do MEP como critério de mensuração visou ultrapassar algumas dessas limitações de mensuração dos investimentos financeiros em relação aos quais a entidade adquirente mantem particulares relações, nomeadamente, os investimentos em subsidiárias e associadas.

Importa agora analisar, ainda que muito sumariamente, alguns desses últimos conceitos à luz do ordenamento contabilístico, pois estes revelam-se imprescindíveis para compreender a complexa realidade em análise.

Entende-se por **subsidiária** uma entidade (aqui se incluindo entidades não constituídas em forma de sociedade, como, p. ex., as parcerias) controlada por uma outra entidade, designada por empresa-mãe

(§ 4, 7 da NCRF 15)[10]. Já o **controlo** é definido como o poder de gerir as políticas financeiras e operacionais de uma entidade, ou de uma atividade económica, a fim de obter benefícios da mesma (§ 4, 1 da NCRF 15). Importa ainda conhecer o conceito de **empresa-mãe,** sendo esta entendida como uma entidade que detém uma ou mais subsidiárias (§ 4, 3 da NCRF 15). No seu conjunto estas entidades aparecem designadas globalmente como **grupo**, ou seja, enquanto entidade, o grupo é constituído por uma empresa-mãe e por todas as suas subsidiárias (§ 4, 4 da NCRF 15).

Outra é a realidade quando apelamos ao conceito de **associada**. Esta é uma entidade (incluindo as entidades que não sejam constituídas em forma de sociedade, como, p. ex., as parcerias) sobre a qual um investidor tem influência significativa e que não seja, nem uma subsidiária, nem um interesse num empreendimento conjunto (§ 4, 1 da NCRF 13).

Dada a indeterminação do conceito de **influência significativa**, o legislador contabilístico sentiu necessidade de o densificar e objetivar. Para esse efeito, definiu influência significativa como o poder de participar nas decisões de políticas financeira e operacional da investida ou de uma atividade económica, mas que não é controlo nem controlo conjunto sobre essas políticas. A influência significativa pode ser obtida pela posse de ações, estatuto ou acordo (§ 4, 7 da NCRF 13). Os §§ 19 e 20 da NCRF 13 indicam os critérios a que se deve apelar para identificar uma situação de influência significativa: objetivamente a percentagem de direitos de voto detidos[11] devem estar compreendidos entre 20% e 50%, para além de um conjunto diversificado de evidências empíricas que constituem presunções elidíveis da existência dessa

---

[10] O enquadramento normativo relacionado, direta ou indiretamente, com o MEP será analisado no ponto 3.1. deste trabalho.

[11] Importa distinguir que os votos detidos permitem definir a percentagem de controlo, entendida como o grau de dependência das participadas (investidas) relativamente à investidora (participante), no que respeita à tomada de decisões. Outro é o entendimento subjacente à percentagem de interesse ou de participação que apenas representa a fração do capital, ou quota-parte do património, detida, direta ou indiretamente, na sociedade investida.

influência. É, ainda, enumerado no seu § 20, a mero título exemplificativo, um conjunto de formas que podem concretizar essa influência:

- Representação no órgão de direção ou órgão de gestão equivalente da investida;
- Participação em processos de decisão de políticas, incluindo a participação em decisões sobre dividendos e outras distribuições;
- Transações materiais entre o investidor e a investida;
- Intercâmbio de pessoal de gestão;
- Fornecimento de informação técnica essencial.

Depois de analisarmos os conceitos de subsidiárias e associadas constantes no ordenamento contabilístico, iremos de seguida discutir o conceito e a relevância do MEP no direito contabilístico, enquanto modo de refletir este tipo de investimentos na informação divulgada. Antes, porém, importa percebermos quando e como surgiu o MEP em Portugal.

3. O MEP no Direito Contabilístico

Pretendemos, ao longo deste ponto, contribuir para um esclarecimento e clarificação do atual quadro normativo resultante da dual assunção subjacente ao MEP. Para o efeito, debruçar-nos-emos de seguida, e de modo mais aprofundado, sobre: o surgimento do MEP em Portugal; suas motivações subjacentes, bem como o seu entendimento conceptual; para, posteriormente, se analisar algumas das mais complexas questões associadas à sua aplicação.

3.1. Conceito e sua evolução

O MEP foi introduzido pela primeira vez em Portugal com a publicação do Decreto-Lei nº 238/91, de 2 de julho, diploma que transpôs para a nossa ordem jurídica a 7ª Diretiva da CEE (Diretiva nº 83/349/CEE), que versa sobre as normas de consolidação de contas. Desde o seu surgimento, o MEP trouxe consigo os germes da discórdia. Com efeito, embora tenha sido pensado no contexto da consolidação de contas, foi simultaneamente estendido às contas individuais como um critério de valorimetria aplicável a particulares participações de capital, os ditos investimentos em empresas subsidiárias e associadas.

O POC, no seu ponto 5.4.3.1. e ss., e, posteriormente, a Diretriz Contabilística (DC) 9 – Contabilização, nas contas individuais da detentora, de partes de capital em filiais e associadas, de 19 novembro de 1992, já após a transposição da 7ª Diretiva da CEE, veio a admitir esse critério para o reconhecimento das participações em filiais[12] e associadas nas contas individuais. O MEP surgiu, no POC, como um critério de valorimetria opcional para investimentos em empresas do grupo e associadas e, simultaneamente, como método de consolidação. Assumiu, posteriormente, na DC 9 natureza obrigatória para o mesmo tipo de investimentos financeiros. Esta divergência começou por minar, desde logo, um adequado entendimento e aplicação do referido método.

Na 7ª Diretiva o MEP assumiu, desde sempre, natureza obrigatória para o caso das empresas associadas[13]. Este normativo prevê, no entanto, duas variantes do MEP no registo inicial das participações em associadas: *Equity Method* (valor ajustado) e a variante *Net Asset Value Method* (valor patrimonial proporcional), cabendo à empresa a opção por uma ou outra variante[14/15]. Esta posição, assumida desde logo pelo

---

[12] O conceito de filial foi substituído pelo de subsidiária, com a introdução das normas do IASB e do SNC. Tradução não muito feliz e que não colhe a nossa concordância.

[13] E, até 2005, assumia também natureza obrigatória para as empresas do grupo excluídas da consolidação pelo Método de Consolidação Integral (MCI), desde que essa exclusão fosse baseada na diversidade de atividades das entidades pertencentes ao perímetro de consolidação.

[14] Para maiores desenvolvimentos sobre esta questão ver: Robleda Cabezas (1988) e A. Rodrigues (2003).

[15] Existe, ainda hoje, uma profunda confusão à volta do MEP, fruto das suas três variantes previstas nos EUA desde o seu surgimento (*v.g.*, T. King e V. Lembke, 1994): MEP totalmente ajustado (*Equity Fully Adjusted*); MEP básico (*Modified or Basic Equity*); e MEP alargado (*Expanded Equity*). Estas diferentes perspetivas do MEP trouxeram problemas sérios desde o seu surgimento, pois o normativo contabilístico e a doutrina têm vindo, um pouco por todo o mundo, e de forma algo incoerente, a adotar procedimentos conjuntos de várias dessas variantes, sem atender às particulares especificidades a cada uma delas. E o entendimento do MEP na 7ª Diretiva é de isto exemplo. Ver referências anteriores.

legislador comunitário, revelou-se difícil de entender e até hoje tem conduzido a grandes confusões na aplicação do referido método. Ora, a transposição da Diretiva na nossa ordem jurídica não esvaziou esse duplo entendimento do MEP, incrementando a discórdia em torno deste método.

Com a adoção do SNC, em 1 de Janeiro de 2010, fortemente inspirado no paradigma contabilístico de raiz anglo-saxónica, também a adoção do MEP continua imbuída de complexidades não despiciendas, conforme teremos oportunidade de analisar nos pontos seguintes deste trabalho.

Hoje as orientações sobre o MEP encontram-se dispersas por três principais normas: a NCRF 13 – Interesses em Empreendimentos Conjuntos e Investimentos em Associadas[16]; a NCRF 15 – Investimentos em Subsidiárias e Consolidação[17]; e a NCRF 14 – Concentrações de Atividades Empresariais[18]. Em nossa opinião, estas normas, pela sua raiz inspiradora, foram pensadas essencialmente para a elaboração de informação financeira consolidada e não para a informação individual, que continua a assumir natureza não obrigatória na generalidade dos países signatários do IASB. Assim, quando se procura saber como aplicar o MEP nas contas individuais, o normalizador remete-nos para a NCRF 13 que, em primeira linha, parece ser especialmente adequada para registar as participações em associadas e empreendimentos conjuntos nas contas consolidadas. Todavia, é

---

[16] Esta norma proporciona orientação prática para o reconhecimento, mensuração e divulgação dos interesses em empreendimentos conjuntos e dos investimentos em associadas. Corresponde à versão da IAS 28 – *Investments in Associates*, que foi recentemente substituída pela IFRS 12 – *Disclosure of Interest in Other Entities*, que entrará em vigor em 1 de Janeiro de 2013.

[17] Norma que tem por base a IAS 27 – *Consolidated and Separate Financial Statements*. Esta norma foi revogada pela IFRS 10 – *Consolidated Financial Statements*, que entrará em vigor em 1 de Janeiro de 2013.

[18] Inspirada na IFRS 3 – *Business Combinations*, emitida pelo IASB, na sua versão de 2004. Esta norma foi, posteriormente, revista em 2008, com a entrada em vigor a partir de 1 de Janeiro de 2009. A NCRF 14 não atende, ainda, a essas últimas alterações introduzidas pelo IASB.

claro que o normalizador contabilístico quis claramente assumir o MEP como o método adequado para o reconhecimento e mensuração dos investimentos em subsidiárias e associadas, pois pretendeu afastar a mensuração das participações em subsidiárias e associadas do critério do justo valor.

Tentar perceber o MEP e a sua aplicação implicará sempre o recurso a um conjunto de conceitos estabelecidos nas normas contabilísticas. Munidos de alguns desses conceitos introdutórios, importará agora perceber como se deve entender o MEP.

Este é, geralmente, entendido como um método de contabilização pelo qual um investimento ou um interesse em uma subsidiária, empreendimento conjunto ou associada é inicialmente reconhecido pelo custo e posteriormente **ajustado** em função das alterações verificadas, **após a aquisição**, na quota-parte do investidor (entendida como percentagem de interesse) nos ativos líquidos da investida. Os resultados (lucros ou prejuízos) do investidor incluem a parte que lhe corresponda nos resultados (lucro ou prejuízos) da investida (§§ 4, 10 e 58 da NCRF 13 e § 4, 6 da NCRF 15).

De acordo com o legislador contabilístico, a aplicação do MEP corresponderá à imputação dos resultados da subsidiária/associada, o que conduzirá a reconhecer nas contas da empresa-mãe/investidora o desempenho da subsidiária/investida resultante do controlo/influência significativa que a/o empresa-mãe/investidora exerceu sobre as políticas operacionais e financeiras dessa entidade. O valor do investimento reconhecido nas contas da investidora é ainda alvo de outras alterações em consequência de outras variações ocorridas no capital próprio das suas subsidiárias e associadas. Deste modo, este método reconduz-se a um particular critério de mensuração para o caso dos investimentos em participadas especialmente qualificadas (subsidiárias e associadas), permitindo traduzir nas contas da empresa-mãe/investidora a eficiência da gestão das investidas.

Importa perceber de seguida, e de modo mais detalhado, qual será a *ratio* da aplicação do MEP para este particular tipo de investimentos.

3.2. Motivações subjacentes à lógica implícita no MEP

O MEP é um critério de mensuração *sui generis* que atende ao desempenho da entidade subsidiária/investida em um determinado período através da consideração dos lucros imputados, bem como de outras variações do capital próprio que não advenham de resultados e que, em última linha, pertencerão aos detentores de capital enquanto valores residuais da entidade.

A intenção de mensurar este tipo de investimentos nas contas individuais pelo MEP, e não pelo método do custo histórico, foi o de permitir facultar aos destinatários da informação um valor mais realista do investimento realizado na subsidiária e na associada[19], bem como a sua evolução ao longo do tempo, atendendo às particulares relações estabelecidas entre essas entidades e a empresa adquirente. Não é pressuposto que através da aplicação do MEP seja possível conhecer a situação financeira, suas alterações e o desempenho do conjunto, mas apenas que se tenha uma ideia mais próxima da realidade do valor do investimento, pois aquelas informações do grupo apenas serão disponibilizadas ao destinatário através da elaboração das contas consolidadas.

O MEP assume-se, assim, como um método de mensuração que permite às entidades adquirentes refletirem, nas suas contas individuais, o desempenho das entidades adquiridas, dando corpo à sua participação, através do controlo ou da influência significativa, na atividade desenvolvida pelas suas participadas. Atende, por isso, à diferente natureza subjacente aos investimentos em subsidiárias e associadas, ao permitir reconhecer parcialmente o resultado e outras variações nos capitais próprios da entidade que influenciam ou controlam nas suas próprias contas individuais.

Para Iudícibus, Martins, Gelbcke e Santos (2010) o MEP acompanha o facto económico, que é a geração dos resultados e não a formalidade da distribuição de tal resultado. Ainda para estes autores, o conceito básico do MEP é fundamentado no facto de que os resultados e quaisquer outras variações patrimoniais da investida sejam reconhe-

---

[19] Ver sobre esta questão: J. Pinto (1993 e 1996).

cidos (contabilizados) na investidora no momento da sua geração na investida, independentemente de serem ou não distribuídos por esta.

Em síntese, a utilização do MEP dá maior relevância aos fatores de ordem económica, derivados da conexão entre as empresas, do que ao desembolso de capitais que foi necessário incorrer para deter essas participações, em resultado de um vínculo permanente que tem reflexos na atividade desenvolvida pela participada.

Atendendo à complexidade associada a todas estas temáticas, importará agora questionar, mesmo que sumariamente, se o MEP será uma verdadeira base de mensuração ou deve antes ser entendido como um método de consolidação. É esse o objetivo delineado para o ponto seguinte deste trabalho.

3.3. O MEP: uma verdadeira base de mensuração ou um método de consolidação?

Quando um investimento financeiro se materializa na aquisição de uma participação no capital de uma sociedade, que assegura à adquirente o controlo ou a influência significativa sobre a adquirida, a empresa adquirente deve reconhecer, inicialmente, nas suas contas individuais o custo de aquisição dessa participação, ou seja, na data da transação unicamente se refletirá na contabilidade da adquirente o custo dos títulos adquiridos. No entanto, como a sociedade adquirente tem que utilizar o MEP como critério de mensuração para este tipo de participações, o valor posteriormente a inscrever na conta de investimentos financeiros identificar-se-á com o valor de aquisição corrigido dos lucros pós-aquisição imputáveis à participação, bem como de outras variações nos capitais próprios da participada que não resultem de resultados. O início da aplicação do MEP é considerado obrigatório a partir da data de aquisição[20], ou seja, no momento em que a adquirente passe a exercer influência significativa ou controlo,

---

[20] Data de aquisição é aquela em que a adquirente obtém efetivamente o controlo sobre a adquirida, cf. § 9, 6, da NCRF 14. Apesar de o normalizador contabilístico não definir data de aquisição para os investimentos em associadas, já que os mesmos não podem ser considerados, uma concentração de atividades empresariais (CAE), optámos, ainda assim,

o que pode acontecer através de uma ou várias operações de troca dos títulos da entidade adquirida. Logo, apenas aquando da verificação da existência de influência significativa ou de controlo se impõe a obrigatoriedade de mensurar o investimento através do MEP.

De acordo com o MEP, **o custo de aquisição** de uma participação deverá ser, numa primeira fase, **acrescido** da quantia correspondente à proporção nos resultados líquidos positivos (lucros) da entidade participada (contas: 41.x/ 78.51). Numa segunda fase, esse valor será ainda acrescido da quantia correspondente à proporção em outras variações positivas nos capitais próprios da entidade participada (contas: 41.x/57.13)[21]. Aquele valor pode ainda ser acrescido pela quantia da cobertura de prejuízos se esta tiver sido deliberada (contas: 41.x/27.8).

O custo de aquisição de uma participação deverá, contudo, ser **reduzido**, até à concorrência do saldo devedor da conta 41.x, da quantia correspondente à proporção nos resultados líquidos negativos (prejuízos) da entidade participada (contas 68.52/41.x), bem como da quantia correspondente à proporção em outras variações negativas nos capitais próprios da entidade participada (contas: 57.13[22]/41.x). Esse valor será ainda diminuído da quantia dos lucros distribuídos à participação (contas: 27.8.X e 24.112/41.x) e (56/57.12[23]), pela dife-

---

por utilizar o mesmo conceito para assinalar o momento do tempo em que a adquirente/investidora obtém efetivamente a influência significativa sobre a investida/associada.

[21] De acordo como o § 49 da NCRF 13, se a parte do investidor nas perdas de uma associada igualar ou exceder o seu interesse na associada, o investidor deixa de reconhecer a sua parte nas perdas seguintes. Caso contrário, a conta onde está refletido o investimento financeiro passaria a apresentar saldo credor.

[22] A conta *"5713 - Ajustamentos em ativos financeiros – Relacionados com o método da equivalência patrimonial – Decorrentes de outras variações nos capitais próprios"* acolherá, por contrapartida das contas 411 a 413, os valores imputáveis à participante na variação dos capitais próprios das participadas, que não respeitem a resultados.

[23] A conta *"5712 - Ajustamentos em ativos financeiros – Relacionados com o método da equivalência patrimonial – Lucros não atribuídos"* será creditada pela diferença entre os lucros imputáveis às participações e os lucros que lhes forem atribuídos (dividendos), movimentando-se em contrapartida a conta 56 – Resultados Transitados.

rença entre lucros imputáveis à participação e os lucros que lhe foram atribuídos.

O MEP é, por isso, um método pelo qual o investimento ou interesse é inicialmente reconhecido pelo custo e posteriormente ajustado em função das alterações verificadas, após a aquisição, na quota-parte da sociedade adquirente (sociedade-mãe ou investidora) nos ativos líquidos da subsidiária ou da investida ou da entidade conjuntamente controlada. Os resultados da adquirente incluem a parte que lhe corresponda nos resultados da subsidiária ou da investida.

Assim, as contas individuais pretendem refletir um valor mais realista do investimento realizado nessas sociedades, assumindo-se que a entidade detentora da participação onde detém controlo ou influência significativa, é corresponsável pelo desempenho, pelo menos em parte, atingido pela subsidiária ou associada. Para refletir a contribuição da adquirente (empresa-mãe ou investidora) para esse desempenho, o legislador contabilístico optou por incluir no valor da participação a percentagem que lhe cabe nos resultados líquidos gerados pela participada (designados tecnicamente por lucros imputáveis), bem como a proporção em outras variações ocorridas nos capitais próprios dessas entidades, que não tenham origem em resultados. Logo, o MEP nasceu como um método de valorização/mensuração, que permitia expressar no valor da participação o desempenho atingido pela participada, de modo a traduzir a contribuição da adquirente nesse desempenho. A eficiência da gestão das participadas/adquiridas é, desse modo traduzida, nas contas das participantes/adquirentes sempre, que a entidade aplique o MEP como critério de mensuração desse tipo de participações nas contas individuais. A individualidade jurídica de cada uma das entidades é plenamente assegurada, não se incorporando nas contas individuais da adquirente os ativos e passivos da adquirida. Para efeitos da nova mensuração do investimento financeiro pondera-se apenas a parte proporcional que cabe à adquirente nos resultados líquidos do período da participada[24], bem como em

---

[24] Os resultados líquidos do período são entendidos como a medida do desempenho atingido pela entidade. A parte dos resultados líquidos da subsidiária ou da associada que

outras variações entretanto ocorridas nos seus capitais próprios, deste que estas não sejam originadas por resultados. A adoção do MEP como critério de mensuração nas contas individuais é idêntico quer se trate de investimentos em subsidiárias, quer se trate de investimentos em associadas. Outra é a lógica em contexto de consolidação de contas, conforme teremos oportunidade de analisar em seguida.

Na NCRF 15 o MEP é entendido como um método de consolidação. Afirma-se neste normativo que um investimento numa **associada** ou numa **subsidiária** deve ser contabilizado usando o MEP, **exceto** se existirem restrições severas e duradouras que prejudiquem significativamente a capacidade de transferência de fundos para a empresa detentora, caso em que deve ser usado o método do custo (§§ 42 e 43 da NCRF 13; § 8 da NCRF 15).

No âmbito das contas consolidadas importa, todavia, distinguir com rigor o caso do investimento em subsidiárias e em associadas.

À semelhança do pensado para as contas individuais, o reconhecimento e mensuração dos investimentos em associadas nas contas consolidadas é feito igualmente pelo MEP, pois a sociedade consolidante tem apenas influência significativa sobre as políticas operacionais e financeiras dessas entidades, não detendo o controlo sobre os seus ativos líquidos e, como tal, não controla a sua utilização. Consequentemente, as associadas não fazem parte do perímetro de consolidação e, assim sendo, não há integração dos seus ativos líquidos nas contas consolidadas. Admite-se, ainda que com algumas reservas[25], que a lógica do grupo possa assumir aqui alguma prevalência, fazendo com

---

proporcionalmente cabe à adquirente designa-se por lucro imputável.

[25] A norma prescreve a anulação das operações realizadas entre a investidora e a investida. Todavia, uma associada não é uma empresa do grupo, mas apenas uma participação em que a sociedade consolidante detém influência significativa. Num entendimento puro do conceito de grupo para efeitos de consolidação esta operação de anulação não se justifica, pois neste caso o MEP deve apenas ser entendido como critério de mensuração para efeitos de valorização dos investimentos em associadas, seja nas contas individuais ou nas contas consolidadas. Para maiores desenvolvimentos veja-se a este propósito o que se afirma no ponto "3.4.3. O MEP e a anulação de operações internas".

que o MEP como "método de consolidação" possa ser diverso do MEP entendido como um critério de mensuração nas contas individuais.

A intenção de incluir este tipo de investimentos nas contas consolidadas (também designadas na doutrina[26] por contas do grupo), mensuradas ao MEP, à semelhança do que acontece nas contas individuais, é apenas a de facultar aos acionistas da empresa consolidante, bem como aos outros destinatários das demonstrações financeiras consolidadas (doravante, DFC), um valor mais realista do investimento realizado pelo grupo na associada. Importa questionar se o MEP é, neste contexto, um critério de mensuração ou um método de consolidação. Apelando à teoria contabilística, não nos parece adequado que o MEP possa ser entendido como um método de consolidação, pois as associadas não são consolidáveis, não integram o perímetro de consolidação no mais puro entendimento de consolidação de contas[27]. Neste contexto, não se devia considerar o MEP um método de consolidação, mas um particular método de mensuração. Todavia, o entendimento do legislador contabilístico não é muito claro a este respeito, continuando a referir-se na lei contabilística, e na própria doutrina, o MEP como método de consolidação. Assim sendo, e ainda que sem grande convicção admitimos que no reconhecimento das associadas nas contas consolidadas se possa admitir alguns procedimentos diversos daqueles que são adotados nas contas individuais. Trataremos no ponto 3.4. desta temática.

Já no caso das subsidiárias a questão é diversa, porquanto para a elaboração das contas consolidadas, são agregados os seus ativos e passivos com os da sociedade mãe, tendo por base a ideia que esta última tem o controlo sobre esses mesmos ativos líquidos. Prevalece a substância económica da unidade do grupo, em detrimento da individualidade jurídica de cada uma das entidades do grupo, pois os recursos são geridos como se de uma entidade económica se tratasse. Neste caso em particular, e no que respeita às contas consolidadas, as sub-

---

[26] Esta designação é, particularmente, adotada na literatura anglo-saxónica. Ver, entre muitos outros autores, R. Dodge (1996) e M. Lamb (1995).
[27] Para maiores desenvolvimentos ver: A. Rodrigues (2003 e 2006).

sidiárias são na generalidade dos casos integradas no perímetro de consolidação e são consolidadas pelo método de consolidação integral (MCI). Salvo a hipótese de exclusão de uma subsidiária do âmbito da consolidação, por alguma circunstância prevista no ordenamento contabilístico em que não seja admissível a sua integração pelo MCI, ou seja em que essa subsidiária não fosse, pelos requisitos previstos no normativo, incluída no perímetro de consolidação, se devia admitir que a mensuração pelo MEP atendesse aos ajustamentos exigidos para a elaboração da informação consolidada.

Em termos teóricos parece-nos seguro afirmar que, mesmo para efeitos da elaboração das contas consolidadas, o MEP só devia ser diverso do utilizado na mensuração das participações em subsidiárias e associadas nas contas individuais, quando o mesmo fosse utilizado para registar participações em subsidiárias, que por especiais razões previstas na lei contabilística não pudessem vir a ser integradas no perímetro de consolidação.

Apelar ao primado da substância sobre a forma para defender a igual contabilização dos investimentos em subsidiárias e associadas nas contas individuais e nas contas consolidadas é contrário ao objetivo que preside à elaboração deste diferente tipo de informações, em base individual e em base consolidada. É razoável esperar um tratamento contabilístico idêntico, pelo apelo a este princípio, quando a substância económica da operação subjacente é a mesma. Todavia, não é este o caso. Nas contas individuais pretende atingir-se a imagem verdadeira e apropriada da situação financeira, das suas alterações e do desempenho de uma entidade com existência jurídica e económica distinta do conjunto em que se integra. Já a elaboração da informação financeira consolidada nasceu do surgimento de uma figura *sui generis* – o grupo de sociedades. O grupo ganhou relevância na teoria da contabilidade através da perceção da necessidade de um tipo de informação contabilística diferenciado e mais adequado a este agrupamento, nomeadamente através da preparação e divulgação de informação que refletisse a unidade económica assente na unicidade de direção coexistente com uma pluralidade de entidades juridicamente autónomas. Todavia, essa unicidade de direção é assegurada para o conjunto, com total independência da sociedade que encabeça o grupo, sendo que esse conjunto pode ser mais ou menos lato[28], conforme se entenda que o grupo é constituído apenas pela sociedade mãe e suas subsidiárias, ou se opte por um conceito mais lato que estende o entendimento do grupo a outras entidades, nas quais a sociedade no topo da hierarquia exerce, diretamente ou indiretamente, um controlo conjunto ou uma influência significativa.

Importa agora sumariar claramente a nossa posição sobre a aplicação do MEP como critério de mensuração nas contas individuais e/ou como método de consolidação nas contas consolidadas.

Assim, e no que respeita às contas individuais, tanto as associadas como as subsidiárias devem ser avaliadas/mensuradas pelo MEP[29], que corresponde ao custo de aquisição na data da operação corrigido pelos lucros/prejuízos imputáveis gerados pós-aquisição, bem como outras variações nos capitais próprios ocorridas pós-aquisição, que não advenham de resultados das entidades adquiridas, sejam estas subsidiárias ou associadas. Todavia, em nossa opinião, em nenhum dos casos será de admitir a eliminação das operações internas, pois este conceito está intimamente ligado à lógica de grupo, enquanto entidade económica distinta das partes que individualmente a integram. Nas contas individuais não faz sentido a existência de operações internas, pois a individualidade jurídica da entidade adquirente (sociedade-mãe ou investidora) é assegurada. A prestação de contas individuais visa satisfazer, essencialmente, as necessidades de informação para efeitos da distribuição de lucros aos sócios e para apurar o imposto a pagar em determinado período, e não para efeito de informação ao mercado sobre o conjunto[30].

---

[28] Para maiores desenvolvimentos, ver: A. Rodrigues (2006).
[29] Uma subsidiária não pode ser mensurada pelo MEP nas contas individuais quando existirem restrições severas e duradouras que prejudiquem significativamente a capacidade de transferência de fundos. Neste caso a participação é valorizada pelo método do custo.
[30] Cola-se aqui uma *vexata questio* para a contabilidade: "afinal para quem devem ser preparadas as contas de uma entidade?". A diferente resposta que se pode admitir para esta questão conduzir-nos-á a diferentes entendimentos sobre os procedimentos a adotar para a elaboração da informação financeira.

Já no que respeita às contas consolidadas, e apesar de no normativo contabilístico atualmente em vigor se considerar o MEP como método de consolidação, em nossa opinião, o MEP não é mais do que um método de valorização/mensuração, ainda que com especificidades face à sua utilização nas contas individuais. Essas especificidades justificam-se pela diferente lógica subjacente à elaboração da informação consolidada, conduzindo à eventual necessidade de se realizar todo um conjunto de ajustamentos de consolidação[31]. A preparação das contas consolidadas visa fornecer informação sobre um conjunto de entidades, que apesar de juridicamente autónomas funcionam como uma entidade económica una, justificando-se, por isso, a anulação das operações internas e dos resultados dessas operações, principalmente quando se trata do caso de subsidiárias que não integram as contas consolidadas porque foram excluídas da consolidação[32].

Questionamos, ainda assim, se na utilização do MEP para reconhecer os investimentos em associadas nas contas consolidadas, haverá uma justificação teórica adequada para defender a eliminação das operações internas, bem como os resultados gerados nessas operações. Com efeito, estas entidades são externas ao grupo, permitindo apenas que este exerça uma influência sobre as suas políticas financeiras e operacionais. Não pertencendo as associadas ao perímetro do grupo[33], poder-se-á falar em operações internas quando se realizam operações entre a investida/associada com a sua participante/investidora?

A nossa dúvida prende-se com mais uma *vexata questio* sobre qual é a teoria de consolidação que está subjacente à preparação e divulgação da informação consolidada[34]. As normas contabilísticas sobre consolidação de contas têm enveredado por uma via híbrida, optando nuns casos pela teoria da entidade e noutros pela teoria financeira mista.

---

[31] Nomeadamente a harmonização das políticas contabilísticas dentro do grupo.

[32] As situações de exclusão da consolidação encontram-se previstas no art. 8º do Decreto-Lei nº 158/2009, de 13 de julho.

[33] Pelo menos quando se entender que o grupo é apenas constituído pela empresa-mãe e as suas subsidiárias. Sobre o conceito de perímetro do grupo, ver: A. Rodrigues (2003 e 2006).

[34] Para uma análise mais desenvolvida desta temática ver: A. Rodrigues (2006).

Esta ausência de coerência no normativo contabilístico, e em função da maior ou menor aproximação a uma dessas duas teorias, pode ou não justificar a anulação dessas operações internas.

Recentrando-nos, agora a nossa discussão, na problemática do entendimento do MEP enquanto critério de mensuração *versus* método de consolidação, importa ainda acrescentar que as normas do IASB são elaboradas, essencialmente, para efeitos da preparação da informação consolidada. A filosofia subjacente ao modelo contabilístico atualmente dominante de raiz anglo-saxónica prende-se com a obrigatoriedade de elaborar informação consolidada, pois em muitos países nem se obriga à apresentação das demonstrações financeiras individuais. Parece-nos, assim, existir no atual enquadramento normativo em Portugal uma confusão significativa entre o MEP como critério de mensuração, e o MEP enquanto método de consolidação. Como afirmámos anteriormente, o MEP não aparece concretamente na EC como um critério de mensuração. Todavia, no caso português e à semelhança de muitos outros países em que as contas individuais continuam a ser de elaboração e publicação obrigatória, aparecendo as contas consolidadas como complementares e não substitutas das contas individuais, a consideração do MEP como método de mensuração não foi adequadamente desenhado. Em princípio, o MEP pensado como critério de mensuração nas contas individuais visava tão só corrigir o valor contabilístico das participações, de modo a que esse valor integrasse o desempenho que essas entidades atingiam, e que se devia, pelo menos parcialmente, à influência/controlo da associada/subsidiária, contribuindo para a melhoria da qualidade da informação contabilística. O primado da substância sob a forma assim o impunha, de modo a tornar indiferente as diversas políticas de crescimento adotadas (crescimento externo *versus* crescimento interno) por uma entidade.

Apesar de tudo o que referimos anteriormente, o legislador contabilístico nacional optou por uma dupla consideração do MEP: como critério de mensuração/valorimetria nas contas individuais dos investimentos em subsidiárias e associadas; e, simultaneamente, como um método de consolidação nas contas consolidadas para o caso das associadas e das subsidiárias no caso de estas últimas não terem condições de ser integradas na consolidação pelo MCI.

Esta dupla opção contribuiu, desde sempre, para a difícil compreensão do método e para a confusão na aplicação prática do MEP. Tal como hoje é entendido nas normas contabilísticas e na prática, o MEP não representa nem uma verdadeira base de mensuração, nem mesmo um verdadeiro método de consolidação. Todavia, quando recorremos à *ratio* teórica subjacente à definição do MEP, em nossa opinião, este deve ser entendido, em ambos os casos, como uma verdadeira base de mensuração. No caso de o MEP ser aplicado no âmbito das contas consolidadas a sua adoção implicará os ajustamentos de consolidação necessários para que essa informação seja na sua essência a informação económico-financeira de uma entidade económica distinta das partes que a constituem.

3.4. Procedimentos contabilísticos subjacentes ao MEP

As normas nacionais, bem como as normas internacionais, têm vindo a adotar procedimentos contabilísticos que cabem nas diferentes variantes teóricas do MEP[35], o que desde sempre tornou a sua aplicação pouco homogénea e coerente. Estas opções normativas, independentemente de poderem ser utilizadas nas contas individuais ou consolidadas, acabam por adotar os procedimentos constantes das normas internacionais, as quais contêm orientações essencialmente dirigidas para as contas consolidadas e não para as contas individuais. Importa relembrar que as normas internacionais são, essencialmente, pensadas para a elaboração das contas consolidadas, pois são essas que devem ser divulgadas aos investidores, na generalidade dos países que estiveram na origem da criação do IASB (ex-IASC).

No que respeita aos procedimentos contabilísticos subjacentes ao MEP, há várias questões que assumem natureza complexa e algumas de utilidade duvidosa. São elas: transição do método do custo para

---

[35] Ver sobre estas perspetivas: T. King e V. Lembke (1994).

o MEP; existência ou não de *goodwill* ou de *badwill*[36] nas operações de aquisição dos investimentos em subsidiárias e associadas; e, por último, a problemática da anulação das operações internas subjacentes à aplicação do MEP.

3.4.1. Na transição do método do custo para o MEP

A problemática dos procedimentos contabilísticos a adotar na transição do método do custo para o MEP tem conduzido a algumas interpretações que, em nossa opinião, violam *a ratio* subjacente à adoção do referido método, aparecendo soluções divergentes na doutrina[37] e na prática contabilística no que respeita à necessidade, ou não, de realizar eventuais ajustamentos de transição.

Entendemos, pois, que as orientações contabilísticas a este respeito não são suficientemente objetivas e pacíficas. Com efeito nas notas de enquadramento do SNC, o normalizador refere "aquando da primeira aplicação do MEP, nas contas individuais, devem ser atribuídas às partes de capital as quantias correspondentes à fração dos capitais próprios que elas representavam no início do período, por contrapartida da conta 5711 - Ajustamentos em ativos financeiros – Relacionados com o método da equivalência patrimonial – Ajustamentos de transição".

Poder-se-á falar de verdadeiros ajustamentos de transição quando no mesmo período contabilístico, e não se alterando a qualificação dessa participação, se aplica o método do custo e o MEP? Ajustamentos de transição não serão apenas admissíveis quando exista um desfasamento temporal entre o momento de aquisição da participação e o momento em que se tem condições para a aplicação do MEP, ou seja quando se obtém o controlo ou a influência significativa? Não encontramos justificação teórica suficiente para aquele procedimento contabilístico. Em nossa opinião, este ajustamento apenas deve ser realizado quando existir um desfasamento entre o período de aquisição

---

[36] Designado, anteriormente, no normativo internacional por *goodwill* negativo. Hoje, tanto nas IFRS como no SNC, não assume designação específica.
[37] Ver a título de exemplo: J. Rodrigues (2009); A. Martins (2011) e R. Almeida *et al.* (2010), entre outros.

da participação e o período em que a entidade cumpre as condições legais-contabilísticas para adotar o MEP[38].

Se a entidade adquire uma qualquer participação numa subsidiária ou numa associada através de uma única transação, imediatamente se reconhece essa participação pelo custo no momento da aquisição, e no mesmo período contabilístico, se ajusta a quantia inscrita nos investimentos pelos resultados imputados da associada ou subsidiária, pós-aquisição. Se o MEP for aplicado a partir do mesmo período em que foi adquirida a participação, não vimos razões para quaisquer ajustamentos de transição. Não há uma verdadeira transição, pois o MEP é aplicado no mesmo período temporal em que ocorreu a operação de aquisição.

Para defender esta nossa opinião recorremos à própria definição do MEP, onde expressamente se refere que o investimento adquirido é reconhecido, inicialmente, pelo preço da transação (incluindo os custos diretos suportados com essa operação), que é ajustado subsequentemente para refletir a participação do investidor no resultado e em outros resultados abrangentes da entidade adquirida (subsidiária/associada) (§§ 4, 10 e 58 da NCRF 13 e § 4, 6 da NCRF 15). Logo, não se prevê na definição do MEP que o custo de aquisição tenha que ser ajustado, no momento da aquisição, pela percentagem que representa nos capitais próprios da adquirida.

Entendemos que este ajustamento de transição a reconhecer na conta "5711 – Ajustamentos em ativos financeiros – Relacionados com o método da equivalência patrimonial – Ajustamentos de transição" só se justifica se a entidade não tiver condições para aplicar o MEP no próprio ano de aquisição, porque a operação não conduziu a uma participação qualificada (subsidiária ou associada). Se essa impossibilidade não se verificar, não há lugar a qualquer ajustamento de transição, mas apenas ao reconhecimento da participação pelo custo de aquisição no momento da compra.

---

[38] Em nossa opinião o POC tratava mais adequadamente esta questão, incluindo uma norma transitória que identificava as situações geradoras dos ajustamentos de transição.

O § 31, *in fine*, da NCRF 20 – Rédito, confirma esta nossa convicção, pois refere que "quando os dividendos de títulos de capital próprio sejam declarados a partir de lucros líquidos de pré aquisição, esses dividendos são deduzidos do custo dos títulos. Se for difícil tal imputação, exceto numa base arbitrária, os dividendos são reconhecidos como rédito a menos que os mesmos representem claramente uma recuperação de parte do custo dos títulos de capital próprio".

De modo diverso pensam outros investigadores, que defendem esse ajustamento[39] mesmo quando não existe qualquer desfasamento temporal, de tal modo que pretendem que a participação seja inicialmente reconhecida ao custo, imediatamente corrigido de modo a corresponder ao valor proporcional dos capitais próprios da subsidiária ou associada. Assim, no momento da passagem do método do custo ao MEP, reconhecem esse ajustamento independentemente de existir ou não desfasamento temporal. Em nossa opinião, as notas de enquadramento das contas contribuem fortemente para esta interpretação. Todavia, o conceito de MEP não o exige nem mesmo não o admite. O preço pago pelas partes de capital adquirida já teve, necessariamente, em conta a situação patrimonial da entidade adquirida na data de aquisição. Não existe, em nosso entendimento, *ratio* suficientemente válida do ponto de vista teórico, para que no momento subsequente à data de aquisição o valor escriturado da participação adquirida se identifique com o valor que proporcionalmente lhe corresponde no capital próprio da adquirida[40]. Para tal, importa rever, mais uma vez, a definição do legislador contabilístico a propósito do entendimento do MEP "é um método de contabilização pelo qual o investimento ou interesse é inicialmente reconhecido pelo custo e posteriormente ajustado em função das alterações verificadas, após

---

[39] Ver A. Martins (2011: 599); R. Almeida *et al* (2010: 295 e ss.) e J. Rodrigues (2009: 614 e ss.).

[40] Outra é a posição de outros autores. Veja-se a este propósito J. Rodrigues (2009: 614) que afirma: "O principal argumento para o uso deste método é que o investimento evidenciado nas demonstrações financeiras da investidora está de acordo com a quota-parte da investidora nos capitais próprios da investida.".

a aquisição, na quota-parte do investidor (...) nos ativos líquidos da investida".

Na definição de MEP adotada pelo normalizador contabilístico, este claramente nos remete para ajustamentos pós-aquisição e nunca para ajustamentos à data de aquisição, quando se trata de mensurar os investimentos em subsidiárias e associadas.

De seguida, analisaremos uma das mais complexas questões que se prendem com as operações de aquisição das partes de capital em subsidiárias e associadas e a adoção do MEP, no sentido de avaliarmos se poderá ou não existir *goodwill* (positivo ou negativo) nessas operações e de que modo este critério de mensuração conduz ao seu reconhecimento.

3.4.2. O MEP e a (in)existência do *goodwill* (positivo ou negativo)

O § 47 da NCRF 13 apela ao cálculo da parte proporcional da adquirente no justo valor dos ativos líquidos da adquirida (da subsidiária ou da associada), remetendo-nos para a NCRF 14, de modo a comparar esse valor com o custo de aquisição da participação para determinar se a operação de aquisição gerou *goodwill* (positivo ou negativo). A existência de *goodwill* verifica-se quando o custo de aquisição for superior à parte proporcional do investidor no justo valor dos ativos, passivos e passivos contingentes identificados e identificáveis da subsidiária. Essa diferença constitui um agregado que nas contas individuais é incluído na quantia escriturada do investimento, mas que é reconhecido autonomamente como *goodwill* aquando da elaboração das demonstrações financeiras consolidadas. Já qualquer excesso da parte do investidor no justo valor líquido dos ativos, passivos e passivos contingentes identificáveis na subsidiária acima do custo de aquisição do investimento, será reconhecido nas contas consolidadas como rendimento no período em que esse investimento **é reconhecido nas contas consolidadas**. Nas contas individuais esse mesmo valor seja positivo ou negativo está implícito na conta de investimentos financeiros.

Para o caso das associadas é nosso entendimento que não se poderá falar de um verdadeiro *goodwill/badwill* na operação de aquisição de uma participação, pois esta apenas assegura influência significativa e não controlo, sendo que não se trata de uma concentração de atividades empresariais, mas de um mero investimento financeiro.

Grande parte da doutrina contabilística segue a linha de raciocínio, adotada no atual normativo contabilístico[41], ao afirmar que se existir uma discrepância entre o valor da compra (custo de aquisição da participação) e a parte proporcional do justo valor do património correspondente à participação adquirida, a operação de aquisição gerou um *goodwill* que permanece implícito na conta de investimentos financeiros em empresas filiais e associadas quando reconhecidos nas contas individuais. Todavia, essa comparação entre o preço de aquisição da participação e o justo valor proporcional dos ativos e passivos da adquirida, de modo a identificar o *goodwill/badwill*, só faz sentido, em nossa opinião, para o caso das subsidiárias aquando da elaboração das contas consolidadas, não se justificando tal procedimento nas contas individuais. No caso de aquisição de participações sociais, que correspondam a investimentos em associadas, trata-se apenas de reconhecer o custo de aquisição das participações corrigido nos termos dos §§ 4, 10 e 58 da NCRF 13 e § 4, 6 da NCRF 15 e não releva para essa valorização/mensuração o valor proporcional do justo valor do património dessa participação, conforme tivemos oportunidade de analisar anteriormente no ponto 3.4.1.

Mais uma vez, a opção por um tratamento indiferenciado para uma associada e para uma subsidiária nas contas individuais da participante, conduzindo à presença de *goodwill* em ambas as situações, merece a nossa discordância. Entendemos que um investimento numa associada não é verdadeiramente uma concentração de atividades empresariais (CAE) e, por esse facto, desconfiamos da opção normativa da possibilidade de existência de *goodwill* ou de *badwill* quando se efetiva um investimento numa associada onde a investidora apenas detém influência significativa e não controlo. Em nossa opinião, apenas se justifica a determinação de *goodwill* em operações de concen-

---

[41] R. Almeida *et al.* (2010); A. Borges *et al.* (2010); A. Martins (2011); J. Jesus e S. Jesus (2011); e muitos outros autores que se têm debruçado sobre estas temáticas.

tração empresarial e não em outros investimentos financeiros. No § 9, 4 da NCRF 14 claramente se afirma que uma CAE envolve entidades ou atividades empresariais sob controlo comum, o que não é necessariamente o caso de uma relação investidora/associada, onde apenas se presume influência significativa.

O *goodwill* representa parte do preço pago antecipadamente pela entidade adquirente em resposta a particulares condições à data de aquisição e que conduziu essa entidade a adquirir a participação por um determinado valor, independentemente de ser maior ou menor que o valor que proporcionalmente lhe corresponde nos justos valores dos seus ativos líquidos (capitais próprios) da participada[42]. Há outros elementos que estão subjacentes ao pagamento desse prémio na aquisição que não se reconduzem ao valor do seu património líquido. Este agregado só vem efetivamente a ser reconhecido autonomamente nas contas consolidadas para as operações de aquisições de partes de capital, pois é nesse tipo de informação que o grupo se assume como uma entidade económica una, ainda que tendo subjacente uma maior ou menor número de entidades juridicamente independentes.

Em nossa opinião, não há porque reconhecer autonomamente *goodwill* ou *badwill* gerado na operação de aquisição de participações sociais nas contas individuais, mesmo que estas sejam aquisições representativas de uma posição de controlo, pois essa diferença seja positiva ou negativa, fica implícita no valor escriturado na conta *41X1*[43] – *Investimentos Financeiros – Investimentos em subsidiárias*.

O reconhecimento desse agregado só ocorrerá na elaboração das contas consolidadas, e apenas para o caso das subsidiárias, pois apenas para este tipo de investimentos se justifica a existência de *goodwill* ou *badwill*, conforme tivemos oportunidade de referir anteriormente. Apenas neste tipo de investimento este é substituído pelos ativos líquidos da subsidiária que passarão a ser incorporados nas

---

[42] Sobre as condições que podem estar subjacentes à operação de aquisição e que condicionam o preço de aquisição da participação ver nosso trabalho: A. Rodrigues (2003).
[43] O *X* pode assumir o valor 1, 2 ou 3 conforme se trate de subsidiárias, associadas e entidades conjuntamente controladas, respetivamente.

contas consolidadas do grupo, conduzindo ao reconhecimento desse agregado. Todavia, o § **47 da NCRF 13** apela ao reconhecimento do *goodwill*, se o custo de aquisição for superior à parte do investidor no justo valor dos ativos, passivos e passivos contingentes identificáveis da associada. Não entendemos como pode a norma admitir o reconhecimento do *goodwill* numa situação em que não há controlo, já que a detentora neste caso não tem condições para assegurar que os benefícios económicos futuros gerados pelos ativos líquidos da entidade adquirida (associada) lhe sejam afetos. O *goodwill* como sobre preço pago com a expectativa dos benefícios económicos futuros de ativos que não sejam capazes ser individualmente identificados e separadamente reconhecidos resultantes da junção das entidades envolvidas na concentração. Consequentemente, no nosso entendimento, estas circunstâncias não se verificam no caso do investimento em associadas. Neste tipo de investimento a situação é diversa, pois a operação na sua essência económica não é uma CAE, mas tão só um investimento financeiro que assume uma particular relevância na entidade adquirente. A investidora apenas terá direito a exercer uma influência significativa sobre as políticas financeiras e operacionais da entidade e não detém qualquer controlo sobre os seus recursos, não lhe sendo admissível gerir os mesmos em nome de um interesse comum do conjunto, que constitui o grupo. Assim sendo, como pode a sociedade adquirente (investidora) assegurar os benefícios económicos futuros dos ativos da entidade adquirida (associada), sendo certo que no §§ 33 da NCRF 14 se afirma que "o *goodwill* (...) representa um pagamento feito pela adquirente em antecipação de benefícios económicos futuros de ativos que não sejam capazes de ser individualmente identificados e separadamente reconhecidos". O § 32 da NCRF 14 refere que uma entidade deve reconhecer como ativo, à data de aquisição, o *goodwill* adquirido numa CAE. Não entendemos, portanto, como o mesmo legislador remete para a NCRF 14 no caso de investimentos em associadas. Em nome de uma racionalidade que se impõe, importa não identificar *goodwill* num investimento numa associada, confundindo o mesmo com uma CAE. Estas evidências normativas permitem-nos concluir pelo que os procedimentos contabilísticos nas contas individuais e nas contas consolidadas devem ser distintos para as subsidiárias e para as associadas.

Depois deste longo excurso importa de seguida questionar a lógica da anulação das operações internas quando se aplica o MEP na elaboração da informação financeira, seja esta de natureza individual ou consolidada.

3.4.3. O MEP e a anulação de operações internas

Outra questão pouca pacífica no normativo contabilístico, na doutrina e na prática contabilística, respeita aos procedimentos relativos às operações internas quando se adota o MEP.

Em termos de teoria contabilística, as operações internas só se concretizam no âmbito de um grupo e assumem relevância no âmbito das contas consolidadas. Dentro da lógica das relações entre entidades jurídicas autónomas não se pode, e não se deve, considerar operações internas. Nas relações entre a sociedade adquirente e a subsidiária ou a associada, as operações consideram-se realizadas em cada uma das entidades e não devem, no plano das contas individuais, serem anuladas, pois são realizadas entre entidades juridicamente distintas. A autonomia só é preterida no âmbito das relações de grupo, em que a entidade económica grupo assume a primazia face à multiplicidade de entidades jurídicas que compõem o grupo. Assim sendo, as operações internas só devem ganhar relevância na consolidação de contas.

Ainda que hoje esteja previsto no atual enquadramento contabilístico um conjunto de procedimentos para a aplicação do MEP como critério de mensuração para o reconhecimento dos investimentos em subsidiária e associadas nas contas individuais, entendemos que a lógica subjacente ao normativo se revela mais adequada ao entendimento do MEP enquanto método de consolidação, e logo associado à elaboração da informação consolidada, e muito menos ao entendimento do MEP como critério de mensuração para efeitos de elaboração da informação individual[44].

---

[44] Contrariamente ao anterior normativo, o POC, de acordo com o qual se partia das contas individuais para as contas consolidadas, porquanto estas últimas faziam-se com

A anulação das operações internas, conforme §§ 14 e 15 da NCRF 15, no reconhecimento dos investimentos financeiros em subsidiárias e associadas pelo MEP nas contas individuais é, em nossa opinião, um *no sensu*. Pode até invocar-se que este modo de aplicar o MEP implicará uma nova interpretação do princípio da realização, quando se trata da obrigatoriedade da sua aplicação em contas individuais, pois os resultados das operações efetivamente realizadas em cada uma das entidades serão anulados para efeitos da mensuração da participação pelo MEP.

Refere-se no § 46 da NCRF 13, sendo depois reproduzido nas notas de enquadramento do SNC[45] que, na utilização do MEP nas contas individuais de uma empresa-mãe que elabore contas consolidadas, os prevê que os procedimentos anteriores devam ainda ser complementados com:

- A eliminação, por inteiro, dos saldos e transações intragrupo, incluindo rendimentos e ganhos, gastos e perdas e dividendos;
- A eliminação total dos resultados provenientes de transações intragrupo que sejam reconhecidos nos ativos, tais como inventários e ativos fixos;
- O reconhecimento de perdas por imparidade tendo como indício as perdas intragrupo, que exijam reconhecimento nas "demonstrações financeiras consolidadas";
- A eliminação da parte do investidor nos resultados da associada, resultantes das transações, quer ascendentes quer descendentes, entre o investidor e a associada.

Entendemos que não se justifica a anulação das operações intragrupo quando o MEP se aplica como um critério de mensuração nas

---

base no padrão das contas individuais. Atualmente, com as IAS/IFRS e o SNC parte-se de normas preparadas para a elaboração das contas consolidadas e procede-se depois a sucessivas alterações e enquadramentos para servirem de base à preparação e divulgação das contas individuais.

[45] Nota de enquadramento da conta 41 – Investimentos financeiros (...).

contas individuais[46], pois neste caso o que importa é que o investimento seja mensurado atendendo ao desempenho da adquirida e ao seu reflexo nas contas individuais da adquirente, no pressuposto que se trata de duas entidades jurídica e economicamente independentes. Se discordamos da eliminação das operações intragrupo, a nossa discordância aprofunda-se quando se exige a eliminação dos saldos intragrupo. Este tipo de operações contabilísticas não faz sentido no contexto das contas individuais, sendo apenas justificável nas contas consolidadas[47], e quando se trata de participações em subsidiárias excluídas da consolidação, pois só neste caso existe controlo, e não no caso das participações em associadas, conforme tivemos oportunidade de referir anteriormente.

Em nossa opinião, a divisibilidade ou a decomponibilidade de um ativo, e neste caso concreto do investimento financeiro é contabilisticamente irrelevante, para efeitos de contas individuais, contrariamente ao que acontece nas contas consolidadas, em função de uma característica particular que liga as duas entidades – a existência de influência significativa ou mesmo controlo. Para efeitos de contas individuais, não se pressupõe uma entidade económica enquanto agregadora de uma pluralidade de entidades jurídicas. Logo, esses procedimentos não fazem sentido nas contas individuais, e deviam apenas ser reservados para o reconhecimento pelo MEP dos investimentos em subsidiárias excluídas da consolidação[48], e apenas em contexto de consolidação de contas. Porquê eliminar por inteiro, os saldos e transações intragrupo, incluindo rendimentos e ganhos, gastos e perdas e dividendos nas contas da sociedade adquirente, quando efetivamente no plano individual essas operações se devem considerar realizadas,

---

[46] A doutrina divide-se no que a este assunto respeita. A. Borges *et al.* (2010) entende, como nós, que estas anulações não fazem sentido. Todavia, J. Jesus e S. Jesus (2011) parecem concordar, pelo menos parcialmente, com esses procedimentos.

[47] A. Borges *et al.* (2010: p. 732) também perfilham uma opinião muito crítica a propósito destes ajustamentos.

[48] Em termos mais simples diz-se que uma subsidiária é excluída da consolidação quando não tem condições para ser incorporada nas contas consolidadas pelo MCI. Para maiores desenvolvimentos ver: A. Rodrigues (2006).

face ao objetivo que preside à elaboração da informação, ou seja, dar uma imagem verdadeira e apropriada da situação financeira, suas alterações e do desempenho da entidade concretamente considerada.

No registo das participações em associadas pelo MEP nas contas consolidadas, e porque não se prevê a sua integração no balanço e na demonstração dos resultados da empresa consolidante da parte que proporcionalmente lhe corresponder nos elementos respetivos dos balanços e das demonstrações dos resultados das empresas consolidadas[49], estas operações de anulação parece-nos, também, não se justificar, pois não há duplicação de registos contabilísticos[50]. Em nossa opinião, essa não admissibilidade pode ser justificada pela atual conceção de grupo vigente no normativo contabilístico, bem como pelas teorias subjacentes à elaboração das contas consolidadas, e logo sobre pelas necessidades de informação que hoje as contas consolidadas visam satisfazer. Para a entidade individualmente considerada e para o grupo essas operações são realizadas e logo os resultados dessas operações também estão realizados para cada uma das entidades de *per si*. Onde os resultados se poderão considerar não realizados é no espaço económico do grupo, pois aí o conjunto das entidades face ao exterior é a referência e já não cada uma das entidades individualmente considerada. Todavia, ainda assim, e porque as entidades associadas não fazem parte do grupo, desconfiamos da valia desses procedimentos contabilísticos para atingir informação contabilística de qualidade que supra as necessidades dos seus destinatários.

Importa, de seguida, atender a uma outra questão referida no § 46 da NCRF 13, que prevê que na utilização do MEP nas contas individuais de uma empresa-mãe que elabore contas consolidadas devem ser anuladas as operações internas e os resultados gerados nessas operações. Assim sendo, a anulação das operações e dos resultados só se encontram previstas quando a entidade elaborar contas consolidadas.

---

[49] Contrariamente ao que acontece no caso dos empreendimentos conjuntos, integrados nas contas consolidadas pelo método de consolidação proporcional.
[50] Entendemos o grupo como o conjunto constituído pela empresa-mãe e subsidiárias, já que as associadas não fazem parte do grupo.

Será que, lendo o preceito normativo *a contrario*, se deve inferir que não é necessário eliminar as operações internas e os resultados das transações entre a investidora e associada quando não exista obrigatoriedade de elaborar informação consolidada? Cabe perguntar qual é a lógica implícita neste preceito ou a sua verdadeira *ratio*. A letra do preceito indica-nos que se a entidade não elaborar contas consolidadas, não deve proceder a essas eliminações nas suas contas individuais. Assim sendo, pode concluir-se que também não necessita de eliminar os resultados das transações entre a investidora e associada (e vice-versa)? Não conseguimos entender a *ratio* subjacente a tão estranha orientação normativa.

Há situações em que os grupos, pelo menos os de menor dimensão, são dispensados da elaboração da informação consolidada, e podem deter várias participações em subsidiárias e em associadas. Nesse caso, e como a entidade adquirente tem que reconhecer esses investimentos nas contas individuais pelo MEP, que agora terá diferentes procedimentos relativamente aos casos em que a entidade tem participações da mesma natureza, mas pelo simples facto de não cumprir as condições impostas para a obrigatoriedade de consolidar, é assim conduzida a aplicar outros procedimentos para registar os seus investimentos financeiros em subsidiárias e associadas nas suas contas individuais. Seria mesma esta a vontade do legislador contabilístico[51]? Não conseguimos compreender o objetivo que o normalizador pretendeu atingir com esta orientação, pois impõe um diferente tratamento contabilístico para operações que na essência são exatamente iguais. Essa diversidade é apenas justificada pelo facto de a sociedade-adquirente ter ou não a obrigatoriedade de elaborar informação consolidada[52]. Em

---

[51] O diferente reconhecimento das participações em entidades subsidiárias e associadas pelo MEP nas contas individuais depender da adquirente (empresa-mãe ou investidora) estar ou não sujeito à apresentação das demonstrações financeiras consolidadas, em nossa opinião, não tem justificação teórica adequada, pois as contas individuais e contas consolidadas têm objetivos diversos e deve respeitar-se a diferente lógica subjacente à sua preparação.
[52] O modo de entender as contas individuais torna-se hoje muito complexa, com a admissibilidade destes procedimentos contabilísticos num quadro jurídico-societário e fiscal, em

nossa opinião, a questão devia ser colocada de modo diverso, sendo que essas operações de eliminação só se justificam quando a entidade aplica o MEP nas contas consolidadas, enquanto método de consolidação para as subsidiárias excluídas da consolidação pelo MCI, e não na sua aplicação como critério de mensuração nas contas individuais da empresa-mãe para os investimentos em subsidiárias e associadas.

Este modo de entender o MEP acarreta sérias dificuldades na sua aplicação no tempo e a necessidade de recorrer a estimativas, pois dificilmente uma entidade que apenas tem sobre uma outra influência significativa poderá ter acesso a um detalhe de operações como aqueles que se exigem para a anulação das operações e dos seus resultados, conforme se prevê no SNC para a adoção do MEP.

Depois de analisar as soluções contabilísticas adotadas pelo legislador contabilístico nacional no que respeita à aplicação do MEP nas contas individuais para o reconhecimento dos investimentos em subsidiárias e associadas, e, também, os principais problemas da adoção deste método nas contas consolidadas, importa agora avaliar as opções do legislador fiscal a respeito da consideração ou não do MEP para efeitos de cálculo de imposto sobre o rendimento.

4. O MEP no Direito Fiscal

É comummente aceite que a determinação do lucro tributável assenta numa relação de dependência parcial relativamente à Contabilidade[53]. O lucro tributável é constituído pela soma algébrica do resultado líquido do período, determinado com base na contabilidade (lucro contabilístico) que, por sua vez, é o referido no nº 2 do art.

---

que as contas individuais continuam a ser de publicação obrigatória, e servem de suporte à distribuição dos lucros e ao apuramento do imposto a pagar. Serão estas opções possíveis de ser justificadas pelas diferentes exigências na divulgação da informação em países com diferentes tradições contabilísticas: países continentais *versus* países anglo-saxónicos? Neste último grupo de países, as entidades apenas divulgam as suas contas consolidadas, não existindo qualquer obrigação de divulgar informação individual para as entidades que se organizam na forma de grupos.

[53] Há uma grande unanimidade na doutrina a este respeito. *Vide* M. Pereira (1988); J. Sanches (1995) e T. Tavares (1999).

3º do Código do Imposto sobre o Rendimento das Pessoas coletivas (CIRC), modificado pelas variações patrimoniais positivas e negativas verificadas no mesmo período e não refletidas naquele resultado e, eventualmente, corrigido pela lei fiscal. O IRC é, por natureza, um imposto de base contabilística, tal como é expressamente admitido pelo legislador nos arts. 3º e 17º do CIRC. Na realidade, o nº 3 do art. 17º do CIRC determina que a Contabilidade deverá estar organizada de acordo com a normalização contabilística, estabelecendo o art. 98º do mesmo diploma as regras a cumprir para que a Contabilidade possa ser considerada organizada para efeitos desse apuramento.

Na recente adaptação do CIRC aos novos normativos contabilísticos (normas IASB-UE e SNC) houve uma clara opção pela manutenção do modelo de dependência parcial do Direito Fiscal relativamente à Contabilidade, o qual determina, quando não estejam estabelecidas regras fiscais próprias, o acolhimento do tratamento contabilístico decorrente dos novos referenciais contabilísticos[54]. A lei fiscal pode desviar-se das regras contabilísticas, ainda que em termos excecionais, quando a contabilidade não acautela adequadamente o interesse fiscal. A contabilidade e o direito fiscal têm interesses distintos, mas ainda assim o «casamento» entre estas duas áreas dogmáticas é evidente, sendo que o legislador fiscal utiliza frequentemente termos e conceitos de natureza puramente contabilística. Sempre que a obtenção de receitas públicas é posta em causa, o legislador fiscal pode não acompanhar, total ou parcialmente, as orientações contabilísticas. Assim, a lei fiscal consente e impõe pontuais alterações às disposições do legislador contabilístico, ainda que pressupondo sempre uma prévia regra fiscal legitimadora, através de lei ou decreto-lei autorizado.

Deste modo, e relativamente ao tratamento fiscal decorrente da aplicação do MEP, podemos afirmar que não assistimos a qualquer alteração em resultado da adoção dos novos modelos contabilísticos. Os efeitos da aplicação do MEP em termos contabilísticos não concorrem para o apuramento do lucro tributável. Essa resposta é clara-

---

[54] Orientação constante do preâmbulo do Decreto-Lei nº 159/2009, de 13 de julho, diploma que veio adaptar o CIRC aos novos referenciais contabilísticos (Normas IASB-UE e SNC).

mente assumida pelo legislador fiscal no nº 8 do art.18º do CIRC, onde este estabelece que: "[o]s rendimentos e gastos, assim como quaisquer outras variações patrimoniais, relevados na contabilidade em consequência da utilização do MEP não concorrem para a determinação do lucro tributável, devendo os rendimentos provenientes dos lucros distribuídos ser imputados ao período de tributação em que se adquire o direito aos mesmos".

A questão fiscal está completamente esclarecida no que respeita aos impactos resultantes da utilização do MEP. O legislador optou de modo escorreito e simples por não lhe conceder qualquer relevo fiscal, numa clara preferência pelo princípio da realização.

Depois de analisarmos a aplicação do MEP aos investimentos em subsidiárias e associadas do ponto de vista contabilístico e as opções do legislador fiscal no que a este respeita, vamos, no ponto seguinte, centrar-nos no regime societário da conservação de capital, e analisar os eventuais impactos que a adoção desse *iter* mensurativo terá na limitação da distribuição de bens aos sócios. Ancora-se a nossa análise no disposto no art. 32º do Código das Sociedades Comerciais (CSC).

5. O MEP no Direito Societário[55]

Importa precisar que, entre as funções que cabem à Contabilidade desempenhar, destaca-se a sua função performativa no que respeita à distribuição de resultados/dividendos ou outros bens aos sócios/acionistas[56], a qual complementa as tradicionais funções de informação e de base para a determinação da tributação em imposto sobre o rendimento das pessoas coletivas.

Dadas as repercussões que a adoção do padrão valorativo MEP tem na elaboração das contas individuais, a sua aplicação pode condicionar a distribuição de bens sociais aos sócios. Logo, o legislador societário tem necessariamente uma palavra a dizer, por dois principais motivos. Por um lado, o resultante do impacto que a aplicação deste método pode ter em termos dos resultados líquidos do período (art. 294º do

---

[55] Seguimos de perto um nosso trabalho anterior. Ver A. Rodrigues (2011).
[56] Ver, também, o nº 1 do art. 31º do CSC.

CSC). Por outro, e atendendo às outras alterações que o mesmo provoca em outras rubricas dos capitais próprios, pode ter efeitos significativos na distribuição de bens aos sócios, condicionando, também por essa via, os diferentes interesses societários (arts. 31º a 33º do CSC). Se o legislador societário entender afastar-se das opções do legislador contabilístico, terá que se pronunciar claramente sobre se os efeitos no apuramento das grandezas contabilísticas resultantes da adoção do MEP terão ou não, reflexos societários, dado o impacto que os eventuais incrementos decorrentes da sua aplicação podem provocar no montante dos bens a distribuir aos sócios. Assim, vem o legislador societário condicionar, de um modo geral, a distribuição de bens aos sócios no art. 32º do CSC, com a epígrafe «Limite da distribuição de bens aos sócios». Logo no nº 1 deste preceito estatui que: "[s]em prejuízo do preceituado quanto à redução do capital, não podem ser distribuídos aos sócios bens da sociedade quando o capital próprio desta, incluindo o resultado líquido do exercício, tal como resulta das contas elaboradas e aprovadas nos termos legais, seja inferior à soma do capital social e das reservas que a lei ou o contrato não permitem distribuir aos sócios ou se tornasse inferior a esta soma em consequência da distribuição".

No nº 2 deste preceito[57] dispõe que «[o]s incrementos decorrentes da aplicação do justo valor através de componentes do capital próprio, incluindo os da sua aplicação através do resultado líquido do exercício[58], apenas relevam para poderem ser distribuídos aos sócios bens da sociedade, a que se refere o número anterior, quando os elementos ou direitos que lhes deram origem sejam alienados, exercidos, extintos, liquidados ou, também quando se verifique o seu uso, no caso de ativos fixos tangíveis e intangíveis».

---

[57] Este número foi acrescentado no art. 32º do CSC em resultado da mudança do modelo contabilístico. Redação dada pelo Decreto-Lei nº 185/2009, de 12 de agosto.
[58] O legislador societário não veio a substituir a expressão "resultado líquido do exercício" por "resultado líquido do período" tal como foi adotado pelo normalizador contabilístico do SNC.

Importa interpretar as disposições prescritas neste último preceito: será que o legislador societário tentou apenas afastar, para efeitos de distribuição de bens aos sócios, todos ou alguns dos incrementos decorrentes da aplicação do justo valor, olvidando-se de outras estimativas de rendimentos que não se reconduzem à base de mensuração do justo valor? Ou terá o legislador societário querido ir mais longe, afastando outros ajustamentos contabilísticos para efeitos da determinação dos bens a distribuir aos sócios, nomeadamente os resultantes da aplicação do MEP? Terá o legislador olvidado o acréscimo de resultados da investidora, resultantes dos lucros imputados em associadas e subsidiárias, bem como outras variações em capitais próprios resultantes da aplicação do MEP?

A questão central é, pois, a de saber se os ajustamentos decorrentes do MEP são subsumíveis à *facti species* compreendido no art. 32º nº 2 do CSC. O legislador não desconhecia, ou não podia desconhecer, os efeitos da aplicação do MEP no resultado líquido do período da investidora, pois esta realidade estava devidamente contemplada em outras áreas do sistema jurídico, mais concretamente no Direito Contabilístico e no Direito Fiscal. E, assim sendo, há que atender ao ordenamento jurídico *in totum*. Importará, então, questionar se o legislador societário afastou ou não do nº 2 do art. 32º do CSC os ajustamentos resultantes do MEP?

O entendimento deste preceito é para nós, antes de mais, uma questão de hermenêutica e de metodologia jurídica. A ponderação do elemento literal com o elemento teleológico ou racional dessa norma, pela interrogação da *ratio legis* do nº 2 do artº 32º do CSC impõe-se na presente análise. Será admissível uma *interpretação extensiva* do preceito? Esta justifica-se quando o intérprete conclui que a lei, na sua letra, diz menos do que aquilo que quis dizer, no seu espírito, havendo, em consequência, necessidade hermenêutica de estender a letra da lei de modo a adequá-la ao espírito mais amplo. Será este o tipo de interpretação que se deve adotar no caso do nº 2 do art. 32º do CSC?

Para continuar a interpretação jurídica deste preceito, importa atender, que existem limites à extensão da letra da lei na interpretação extensiva. Assim, a interpretação a adotar ainda terá que ter algum conforto na letra da lei, cf. art. 9º do CCiv.. Todavia, *in casu*, pensamos que não podemos, ou não devemos, fazer uma interpretação extensiva do preceito. Assim, e porque o conceito de justo valor é para nós suficientemente diverso do conceito de MEP, pois a lógica subjacente a cada uma dessas bases mensurativas é diferente para o legislador contabilístico, entendemos que não se pode, e não se deve, fazer uma equiparação entre estes dois conceitos, ou seja, os ajustamentos resultantes do MEP não cabem minimamente na letra do nº 2 do art. 32º do CSC. Em nossa opinião, o conceito de justo valor não pode, e não deve, abarcar as estimativas que são estranhas à sua essência. Não existe uma lacuna na lei societária sobre a possibilidade de os lucros imputados de uma investida (subsidiária e/ou associada) concorrerem para a distribuição de lucros/bens que uma empresa-mãe/investidora venha a concretizar, mas tão só uma opção legislativa claramente assumida pelo legislador societário. O legislador contabilístico quis afastar as participações em subsidiárias e associadas da mensuração ao justo valor, por isso, não há como defender que o MEP é equivalente ao justo valor. O justo valor atende, por excelência, a valores de mercado, enquanto o MEP é um critério *sui generis* que atende ao desempenho da entidade num determinado período através da consideração dos lucros atribuídos como parte da mensuração dessa participação. Um outro argumento que nos conforta nesta posição, baseia-se no facto de não se poder invocar o desconhecimento ou a novidade da situação, pois o legislador societário não desconhecia essas diferentes realidades, que há muito vinham a ter relevância na ordem jurídica em geral. Veja-se, a título de exemplo, as disposições do legislador fiscal nºs 8 e 9 do art. 18º do CIRC.

Analisar o contexto em que o nº 2 do art. 32º do CSC teve origem permite, também, reforçar a nossa posição, por recurso a uma interpretação atualista. Foi sugestão do legislador contabilístico[59] a criação desta disposição societária (teve acolhimento no DL nº 185/2009, de 12 de agosto), com vista a criar limitações à distribuição de resultados derivados de incrementos gerados pela aplicação do justo valor; e só

---

[59] Ver a este propósito C. Grenha *et al.* (2009: 52 e ss.).

destes, pois nada mais refere a respeito de qualquer outro critério de valorimetria. A disposição visou a proteção do capital das sociedades, constituindo uma salvaguarda da eventual descapitalização, em obediência ao princípio da conservação do capital, em nome da aplicação do critério de mensuração do *fair value*, numa clara proteção dos credores da entidade. Antes da adoção deste preceito societário já o MEP era amplamente aplicado. Não há, por isso, razões lógicas, para chamar à colação este preceito, para situações que este não visa resolver.

Há, todavia, opiniões divergentes na doutrina[60]. Outros autores entendem que a aplicação do MEP relativamente à mensuração das participações financeiras em sociedades subsidiárias e associadas conduz a um incremento dos resultados da sociedade participante que é enquadrável na proibição contida no artigo 32º nº 2 do CSC, razão pela qual os resultados imputados à "sociedade-mãe/investidora" por força da aplicação do MEP não podem relevar, em termos do direito societário português, para efeitos de distribuição desse valor aos sócios. Esta posição é perfilhada entre nós por Cunha Guimarães (2009) e Luís Miranda da Rocha (2011).

A nossa opinião é bem diversa. Entendemos que o legislador foi suficientemente claro neste preceito (nº 2 do art. 32º do CSC), ao afastar para efeitos de distribuição aos sócios todos os acréscimos resultantes da adoção do justo valor e só esses, pois se pretendesse abranger quaisquer outros ajustamentos, nomeadamente os resultan-

---

[60] J. Rodrigues (2009: 617) partilha a nossa opinião no que respeita ao facto de o legislador societário não ter considerado no nº 2 do art. 32º do CSC os ajustamentos resultantes da adoção do MEP. É, no entanto, bastante crítico sobre a hipótese desses lucros imputáveis virem a ser distribuídos, já que em sua opinião estes não estão realizados. Assim, e recorrendo às suas próprias palavras refere o autor: "A quota-parte da investidora no lucro das investidas, reconhecida pelo MEP, representa um lucro contabilístico que não está realizado financeiramente. Infelizmente, não foram adaptadas as disposições do CSC relativamente aos lucros não distribuíveis, de forma a excluir dos lucros distribuíveis aqueles que resultam da aplicação do MEP". E adianta ainda: "Assim, na sua proposta de aplicação de resultados, a investidora não poderá contar com estes lucros para efeitos da distribuição aos seus acionistas.".

tes da aplicação do MEP, tê-lo-ia claramente referido no preceito em análise. Logo, em nosso entender, a existir alguma limitação à distribuição para além das previstas no nº 2 do art. 32º, esta tem que atender ao disposto no nº 1 do art. 32º e não ao seu nº 2 deste preceito, já que neste último nada se estipula acerca do MEP. O nº 1 deste diploma é uma norma de alcance geral e os ajustamentos resultantes da aplicação do MEP ou quaisquer outros, que tenham reflexos no capital próprio, não podem ser distribuídos quando violem este preceito de natureza geral. É a única norma limitadora que encontramos no CSC para este efeito. A argumentação de que os lucros imputados não correspondem a lucros realizados não é requisito suficiente para impedir essa distribuição por toda a lógica subjacente à contabilização pelo MEP. O intérprete só pode e deve, para resolver a questão da limitação da distribuição dos resultados/bens em análise, recorrer às orientações gerais desse nº 1 do art. 32º do CSC.

Para os investimentos financeiros a que não se aplica o MEP, está claramente definido no § 30 da NCRF 20 - Rédito que "os dividendos devem ser reconhecidos quando for estabelecido o direito do acionista receber o pagamento". Consequentemente deve atender-se que a NCRF 20 não se aplica aos dividendos provenientes de investimentos que sejam contabilizados pelo MEP, aplicando-se neste caso as disposições constantes da NCRF 13. De facto, a orientação prevista pelo legislador contabilístico para os investimentos em subsidiárias e associados é distinta, pois considera rendimento no período em que o resultado é gerado na investida, independentemente do momento em que venha a ocorrer a distribuição desse resultado. Entendemos que esse tratamento diferenciado encontra arrimo no entendimento dos diferentes objetivos subjacentes aos investimentos em causa.

Para facilitar o entendimento da questão, em termos contabilísticos, recorre-se a um exemplo prático muito simples, que prevê uma distribuição de lucros da investidora, sendo que nesse valor se encontram compreendidos lucros imputáveis de investidas. Assim:

• Em N o resultado da investidora é de 5.000 u.m. onde se incluem 1.000 u.m. de lucros imputáveis da sua subsidiária X;

- Esses lucros imputáveis de X, 1.000 u.m., são considerados rendimentos da investidora em N;
- Lucros efetivamente distribuídos pela subsidiária/associada X à investidora, em Março de N+1: 600 u. m. (constitui, no momento da distribuição, uma mera transferência financeira/monetária, pois o rendimento foi gerado no período imediatamente anterior);
- A diferença dos lucros imputáveis em relação aos lucros efetivamente distribuídos por X, no valor de 400 u. m. vão, em N+1, afetar negativamente os resultados transitados da investidora, pois esse valor não distribuído vai ser debitado em resultados transitados (conta 56), por contrapartida de uma conta de capitais próprios da investidora: 5712 – Lucros não atribuídos.
- Assim, se a investidora decide distribuir, num determinado período, resultados que incluem, em parte, lucros imputáveis de uma investida X, no ano seguinte vê a sua capacidade de distribuir bens aos sócios afetada, pois os seus resultados transitados foram reduzidos pelo facto de a investida não ter distribuído todos os lucros que poderia à investidora. Logo, os lucros distribuídos serão inferiores aos lucros imputados.

Em nossa opinião, a eventual distribuição de lucros não afeta, e não coloca em causa, o princípio da conservação do capital, quando se verifica o pressuposto da continuidade nas entidades em causa. Porquanto, no ano subsequente à imputação dos lucros, essa situação vem a ser corrigida por efeitos da diferença entre lucros imputáveis e lucros distribuídos pela investida à investidora, através do reconhecimento dos lucros não distribuídos. Nesta questão apenas uma nota merece realce: estes procedimentos contabilísticos podem conduzir a uma transferência de riqueza entre acionistas se existir uma alteração na composição dessa entidade de N para N+1. Se assim for, pode existir uma transferência em desfavor dos novos acionistas, que vêm a capacidade de distribuir bens da sociedade reduzida num dado período contabilístico por se ter distribuído em excesso face aos lucros que efetivamente foram distribuídos pela participada no(s) período(s) anterior(es)[61]. Todavia, e ainda assim, pode argumentar-se que os novos acionistas irão traduzir no preço de aquisição dessas novas participações a menor capacidade de distribuir da entidade, e logo a menor expetativa de virem a ser ressarcidos pelos bens distribuíveis pela sociedade adquirida.

Importa, por fim, referir que os prejuízos da associada e da subsidiária também afetam os resultados a distribuir, pois reduzem os resultados líquidos da empresa-mãe ou da investidora e, por essa via, os resultados a distribuir relativamente a esse período.

6. Nótulas conclusivas

Mais de 20 anos depois do início da adoção do MEP em Portugal, a divergência nas práticas adotadas continua a ser a nota dominante. As interpretações diversas na doutrina e na prática contabilística devem-se, em nossa opinião, a várias razões, nomeadamente a opção do legislador contabilístico por uma dupla consideração do MEP, como método de mensuração/valorimetria nas contas individuais e como um método de consolidação nas contas consolidadas. Todavia, foi clara a opção do normalizador pelo MEP para mensuração dos investimentos financeiros em subsidiários e associadas em detrimento de outros modelos de mensuração mais frequentemente adotados, como é o caso do justo valor. Este último atende, por excelência, a valores de mercado, enquanto o MEP se assume como um critério *sui generis*, que atende ao desempenho da entidade em um determinado período através da consideração dos lucros imputados, bem como de outras variações do capital próprio não provocadas por resultados mas que, em última linha, pertencerão aos detentores de capital enquanto valores residuais da entidade, depois de liquidarem todos os passivos. Também o 1º segmento do § 57 da NCRF 13 contribui para a confusão na aplicação do MEP. A inexistência de um adequado esclarecimento do **quando** e do **como** se efetua a transição do método do custo para o MEP (2ª parte do § 57 da NCRF 13) contribui para gerar essas divergências. O tra-

---

[61] Posição diferente é defendida por J. Rodrigues (2009); Santos e Machado (2005) e J. Jesus e S. Jesus (2011).

tamento indiferenciado dos procedimentos contabilísticos para uma associada e para uma subsidiária, conduzindo à existência de *goodwill* (positivo ou negativo) em ambas as situações, quando, em nossa opinião, um investimento numa associada não é verdadeiramente uma CAE e, por esse facto, desconfiamos da opção normativa do reconhecimento do *goodwill* ou do *badwill* quando se efetiva um investimento numa associada onde a investidora apenas detém influência significativa e não controlo. No § 9, 4 da NCRF 14 claramente se afirma que uma CAE envolve entidades ou atividades empresariais sob controlo comum, o que não é necessariamente o caso de uma relação investidora/associada, onde apenas se presume influência significativa.

O modo de cálculo dos resultados da associada/subsidiária, após a aquisição, nas contas individuais também transporta os germes da discórdia. Incluem ajustamentos, apenas na parte do investidor, para acolher, por exemplo, a depreciação dos ativos depreciáveis baseada nos seus justos valores à data da aquisição, ou para ter em conta perdas por imparidade reconhecidas pela associada em itens tais como o *goodwill* ou os ativos fixos tangíveis. Assim, prevê o nosso normativo contabilístico que os resultados que forem imputados ao investidor devem ser ajustados pela parte desses mesmos resultados que foram gerados através de operações internas e que ainda não se encontram realizados. Parece existir nestes preceitos normativos uma clara confusão com procedimentos contabilísticos que **só** podem ser justificáveis no contexto da consolidação de contas.

A **questão fiscal** está completamente esclarecida no que respeita à não consideração dos ajustamentos do MEP, pois o legislador optou por não lhe conceder qualquer relevo fiscal, cf. se prevê no nº 8 do art. 18º do CIRC.

A **questão societária** continua em aberto. As posições doutrinárias de extensão da letra do preceito do nº 2 do art. 32º do CSC para acolher os ajustamentos decorrentes do MEP continuam a ter adeptos, ainda que, em nossa opinião, essas interpretações sejam completamente estranhas ao pensamento do legislador contabilístico e, salvo disposição diversa, ao pensamento do legislador societário. A ideia de que os acréscimos (variações positivas) do justo valor através de componentes de capitais próprios incluem os ajustamentos decorrentes da aplicação do MEP, não tem, em nossa opinião, acolhimento na letra da lei societária nem mesmo na lei contabilística. Em nossa opinião, esta interpretação não colhe o menor arrimo na letra da lei societária (nº 2 do art. 32º do CSC), já que o legislador societário apenas dispõe sobre os acréscimos resultantes do critério de mensuração do justo valor e não sobre os ajustamentos do MEP. Entendemos não ser boa prática interpretativa fazer uma equiparação entre o conceito de justo valor e o MEP. As disposições gerais do legislador contabilístico, a respeito destas temáticas, **impedem-no**!

Em nossa opinião, a letra da lei não permite a leitura que alguma doutrina continua apostada em fazer. Todavia, várias questões precisam de resposta urgente nesta área. Sumariamos algumas delas: os lucros imputáveis à empresa-mãe/investidora podem ser distribuídos por essas entidades aos seus acionistas no ano subsequente à imputação e antes mesmo da decisão de competência da assembleia-geral de distribuição de resultados da subsidiária/associada? Se não vier a verificar-se a distribuição dos lucros à sociedade-mãe/investidora por decisão da subsidiária/associada, que opta por constituir, por exemplo, reservas livres, quando é que esse incremento poderá vir a ser distribuído aos sócios da empresa-mãe/investidora? Quando deve esse incremento ser considerado realizado para efeitos de distribuição de bens aos sócios? Quando a entidade utiliza o MEP, em nossa opinião, os resultados imputados concorrem para o lucro distribuível do exercício em que foram gerados. Todavia, se não vierem a ser efetivamente distribuídos, total ou parcialmente, essa importância (diferença entre lucro imputável e lucro distribuído) vai alterar os capitais próprios através dos Resultados Transitados, podendo acabar por afetar os bens sociais a distribuir nos anos seguintes, pois os Resultados Transitados podem, se positivos, vir a ser distribuídos por decisão da assembleia geral, e sempre que não ponham em causa o disposto no nº 1 do art. 32º do CSC. Assim pode beneficiar-se uns acionistas (os acionistas da entidade no ano da geração dos lucros imputáveis) e os futuros acionistas, que venham a ser acionistas no ano em que, por decisão da Assembleia Geral, esses resultados transitados, agora menores por efeito da distribuição, venham a ser distribuídos.

BIBLIOGRAFIA

ALMEIDA, Rui M. P. et al (2010), *SNC – Casos Práticos e Exercícios Resolvidos*, Lisboa, ATF, Vol. 1.

ANTUNES, José A. Engrácia (1993), *Os Grupos de Sociedades*, Coimbra, Livraria Almedina.

BORGES, António; RODRIGUES, Azevedo e RODRIGUES, Rogério (2010), *Elementos de Contabilidade Geral*, 25ª Ed, Lisboa, Áreas Editora.

BULGARELLI, Waldirio (1997), *Concentração de Empresas e Direito Antitruste*, 3.Ed., São Paulo: Atlas.

CARREIRA, Medina (1992), *Concentração de Empresas e Grupos de Sociedades – Aspectos Históricos Económicos e Jurídicos*, Porto, «Documentos dos IESF nº 3», Edições Asa.

CEA GARCÍA, J. L. (1992), "Algunas Anotaciones Sobre la Imagen Fiel y Sobre el Concepto de Cuentas Consolidadas de los Grupos de Sociedades", *Revista de Contabilidad y Tributación del Centro de Estudios Financieros*, nº 108, Marzo, p.: 23–40.

CONDOR LÓPEZ, V. (1988), *Cuentas Consolidadas – Aspectos Fundamentales en su Elaboración*, Madrid, Instituto de Contabilidad y Auditoria de Cuentas (ICAC).

DODGE, Roy (1996), *Group Financial Statements*, London, 1st Ed., International Thomson Business Press.

GOMES, João e PIRES, Jorge (2010), SNC – Sistema de Normalização Contabilística – Teoria e Prática, Porto, Vida Económica.

GRENHA, Carlos et al. (2009), *Anotações ao Sistema de Normalização Contabilística*, Lisboa, Ed. CTOC.

GUIMARÃES, J. F. da Cunha (2009), "O 'Justo Valor' no SNC e o art. 32º do CSC", *Contabilidade & Empresas*, nº 1, 2ª Série, Janeiro/Fevereiro de 2010, p. 14–20 e na *Revista Electrónica INFOCONTAB*, nº 47, Novembro, p. 1-7.

IUDÍCIBUS, S.; MARTINS, E.; GELBCKE, E. e SANTOS, A. (2010), *Manual de Contabilidade das Sociedades por Ações*. 10ª Ed. São Paulo, Atlas.

JESUS, J. Rodrigues de e JESUS, S. Rodrigues de (2011), "Alguns Aspectos da Aplicação do Método de Equivalência Patrimonial", *Revista Revisores e Auditores*, nº 54, julho/setembro, p.: 16-21.

KING, Thomas E. e LEMBKE, Valdean C. (1994), "An Examination of Financial Reporting Alternatives for Associated Enterprises" *in* SCHWARTZ, Bill N. (Ed.), *Advances in Accounting*, Vol. 12, London, JAI Press Inc., p.: 1-30.

ROCHA, L. Miranda da (2011), "A Distribuição de Resultados no Sistema de Normalização Contabilística: a Relação com o Direito das Sociedades", http://www.fep.up.pt/docentes/lrocha/A%20distribui%C3%A7% C3%A3o%20de%20resultados%20no%20contexto%20do%20SNC.pdf, acedido a 1 de março de 2012.

MARTINS, António (2011), "O Método da Equivalência Patrimonial e a Dupla Tributação Económica dos Dividendos: Análise de Alguns Aspectos Contabilísticos e Fiscais" *in* Otero, Paulo; Araújo, Fernando e Gama, João Taborda (2011), *Estudos em Memória do Prof. Doutor J. L. Saldanha Sanches*, Vol. IV, Coimbra, Coimbra Editora, p. 593-611.

MONTMORILLON, Bernard de (1986), *Les Groupes Industriels – Analyse Structurelle et Stratégique*, Paris, «Gestion», Ed. Economica.

PEREIRA, M. H. de Freitas (1988), "A Periodização do Lucro Tributável", *Cadernos de Ciência e Técnica Fiscal*, Janeiro-Março.

PINTO, José Alberto Pinheiro (1996), "Contabilização de Investimentos Financeiros pelo Método da Equivalência Patrimonial", *Revista de Contabilidade e Comércio*, Vol. LIII, nº 211, Setembro, p.: 301–318.

PINTO, José Alberto Pinheiro (1993), "O Método da Equivalência Patrimonial na Valorimetria das Participações de Capital nas Contas Individuais das Empresas", *Revista de Contabilidade e Comércio*, Vol. L, nº 197, Março, p.: 61–76.

ROBLEDA CABEZAS, H., (1988), *Valoración de Inversiones en Subtenedoras: El Método de la Puesta en Equivalencia*, Tesis Doctoral, Universidad Autónoma de Madrid.

RODRIGUES, Ana Maria Gomes (2011), Justo Valor: uma Perspectiva Crítica e Multidisciplinar, Miscelâneas do IDET, Faculdade de Direito da Universidade de Coimbra, nº 7, Editora Almedina.

RODRIGUES, Ana Maria Gomes (2006), *O Goodwill e as contas consolidadas*, Coimbra, Coimbra Editora.

RODRIGUES, Ana Maria Gomes (2003), *O Goodwill e as contas consolidadas – uma análise dos grupos não financeiros portugueses*, Tese de Doutoramento, Faculdade de Economia da Universidade de Coimbra.

RODRIGUES, João (2009), *Sistema de Normalização Contabilística Explicado*, Porto, Porto Editora.

SANCHES, J. L. Saldanha (1995), "A quantificação da obrigação tributária, deveres de cooperação, autoavaliação e avaliação administrativa", *Cadernos de Ciência e Técnica Fiscal*, nº 173.

SANTOS, Ariovaldo e MACHADO, I. Miranda (2005), "Investimentos avaliados pelo método da equivalência patrimonial – erro na contabilização de dividendos quando existem lucros não realizados", *Revista de Contabilidade & Finanças*, Vol. 16, nº 39, Setembro./Dezembro.

SUDARSANAM, Sudi (1995), *MThe Essence of Mergers and Acquisitions*, London, Prentice Hall International (UK) Limited.

TAVARES, Tomás C. Castro (1999), "Da relação de Dependência Parcial entre a Contabilidade e o Direito Fiscal na Determinação do Rendimento Tributável das Pessoas Colectivas: Algumas Reflexões ao nível dos Custos", *Cadernos de Ciência e Técnica Fiscal*, nº 396, Outubro-Dezembro.

YOSHINO, Michael Y. e RANGAN, U. Srinivasa (1996), *Las Alianzas Estratégicas – Un Enfoque Empresarial a la Globalización*, Barcelona, Editorial Ariel, S.A..

Manipulação de contas ou marketing das percepções?

Lúcia Lima Rodrigues
Professora da Escola de Economia e Gestão da Universidade do Minho

RESUMO: Este capítulo aborda o fenómeno da manipulação de contas considerando que a contabilidade não é neutra nem objectiva e que se constrói socialmente, sendo por isso a informação relatada resultado de relações de poder que se estabelecem na sociedade. Começa-se por analisar os factores relacionados com a normalização contabilística e com o meio empresarial que podem induzir a manipulação de contas. De seguida faz-se uma apreciação dos resultados dos poucos estudos empíricos relacionados com a adopção das normas internacionais de contabilidade e conclui-se que a introdução de normas consideradas de mais qualidade não está a reduzir a manipulação de contas. Por fim, tenta-se desdramatizar o fenómeno da manipulação de contas, considerando que apesar de todas as conotações negativas que tem, deve ser entendido como um fenómeno de manipulação das percepções, idêntico ao que é efectuado em outras áreas das ciências empresariais como é o caso do marketing. Considerando que a contabilidade não é neutra nem objectiva, a manipulação de contas deve ser contudo condenada quando levar a percepções falsas da entidade que relata (situação que na maior parte das vezes já não cairá no fenómeno da manipulação, como entendido neste capítulo, mas estará relacionada com situações de fraude).

Palavras-chave: Manipulação de contas; normalização contabilística; IFRS; ambiente empresarial, marketing.

1. Introdução

A manipulação de contas é um assunto de grande interesse ao nível académico e da normalização contabilística. Os escândalos que se verificaram a nível mundial, como os da Enron e da Parmalat, nos quais estiveram envolvidas prestigiadas empresas de auditoria, vieram despertar o interesse pela investigação desta matéria não só ao nível dos académicos mas também dos normalizadores da informação contabilística (Mendes & Rodrigues, 2006).

A manipulação contabilística tende a ser abordada do ponto de vista da racionalidade económica. Neste capítulo o fenómeno da manipulação de resultados também será abordado considerando a contabilidade como um constructo social. Os estudos que consideram a contabilidade como uma prática social e institucional buscam explorar como a contabilidade é influenciada e influencia o ambiente social (Burchell *et al.*, 1994; Hopwood, 1990, 2005; Miller, 1994; Morgan & Willmott, 1993; Potter, 2005). Preocupamo-nos em perceber como a contabilidade está entrelaçada com o seu contexto ambiental e institucional (Bhimani, 1994; Miller, 1991, 1994, Miller & O'Leary, 1987, 1989, 1993; Potter, 2005), movendo-nos "para além dos limites da organização", para examinar a prática social e institucional da contabilidade (Miller, 1994, p. 20).

Antes de avançarmos importa referir que não se falará de fraude nem de situações de ilegalidade. A análise aqui presume um contexto de legalidade. Trata-se basicamente de perceber como eventuais falhas na normalização contabilística ou, mais vulgarmente, de como o julgamento profissional permitido nas normas de contabilidade é aproveitado pelos preparadores das contas para as "maquilharem", fazendo com que transmitam uma imagem que lhes é mais favorável (mas que pode afastar-se da "imagem verdadeira e apropriada" que se presume que as contas dão das empresas).

Neste capítulo começa-se por abordar na secção seguinte os principais tipos de manipulação às contas. Em seguida, é salientado que apesar do esforço que tem sido realizado pelos organismos de normalização contabilística, nacionais e internacionais, na elaboração de um conjunto de normas que permitam diminuir a manipulação nas contas, a Contabilidade é uma ciência social e, por isso, torna-se difícil conceber que o normativo contabilístico seja capaz de regulamentar a contabilização de todas as operações de forma completamente objectiva e sem necessidade de recorrer ao juízo de valor do gestor ou do Técnico Oficial de Contas (TOC) (Rodríguez, 2001). Dada a ampla variedade de empresas, diferentes sectores de actividade e tipos de operações económicas e financeiras existentes as normas têm de permitir um certo grau de discricionariedade em prol da imagem verdadeira e apropriada, não obstante os preparadores das contas possam erradamente aproveitar para manipular a informação.

Na secção quatro analisam-se os factores relacionados com o ambiente empresarial que levam à manipulação das contas. As contas preparam-se num determinado contexto social, económico e político e acabam por absorver as condições particulares em que são preparadas. Assim, nesta secção analisam-se os factores ambientais que podem levar as empresas a manipular as contas.

Na secção cinco faz-se uma revisão aos poucos estudos, que foram publicados até ao momento, relativos ao grau de manipulação das contas num contexto em que passamos das normas nacionais para as normas internacionais. As normas do International Accounting Standards Board (IASB) são consideradas de melhor qualidade que as normas nacionais por este organismo internacional ter vindo a reduzir o número de opções possíveis nos diferentes tratamentos contabilísticos e por ter regulamentado todas as matérias contabilísticas. Assim, importa verificar se os estudos empíricos que se estão a levar a cabo comprovam a qualidade destas normas pela redução na manipulação nas contas. Verificamos que a maior parte dos estudos não mostram melhorias e na secção seguinte especula-se de até que ponto o facto das normas internacionais estarem a ser introduzidas num contexto de profunda crise financeira não estará também a afectar os resultados destes estudos.

Por fim, na secção sete, faz-se uma discussão crítica sobre a manipulação das contas. Apesar deste fenómeno poder ser considerado como causador de má afectação de recursos por provocar informação enviesada, discute-se a incapacidade da contabilidade poder ser considerada como objectiva e neutral, a informação contabilística relatada resulta de relações de poder. Não há informação contabilística "exacta", mas sim informação contabilística aproximadamente correcta.[1] Neste sentido, o relato financeiro é cada vez mais considerado um instrumento de marketing, que tenta manipular as percepções dos *stakeholders* sobre a empresa. Discute-se até que ponto o alisamento de resultados (uma forma de manipulação às contas) pode ser considerado negativo se permite aos utilizadores externos prever os números do rendimento futuro, havendo estudos que proporcionam evidência que indica que os números alisados são vistos favoravelmente pelos mercados (quer detentores de acções, quer futuros investidores) e as empresas com resultados alisados são consideradas como sendo menos arriscadas. Neste sentido, a manipulação de contas deve ser analisada dentro dum código de ética (porque não se está a presumir aqui contextos de ilegalidade) idêntico ao que deverá ser usado no marketing quando se tenta manipular a nossa percepção sobre a qualidade dos produtos. Ou seja, deverá ser condenada qualquer manipulação que vise prejudicar terceiros ou provocar percepções erradas sobre a imagem das empresas que levem à tomada de decisão errada.

2. Tipos de manipulação de contas

A manipulação das contas é normalmente definida como a capacidade para alterar o balanço e os resultados das empresas. A manipulação de contas pode ter diferentes tipologias. Stolowy & Breton (2004) apresentam uma estrutura conceptual que divide este fenómeno contabilístico em gestão de resultados e contabilidade criativa.

A gestão de resultados é normalmente definida como a manipulação artificial dos resultados através de julgamentos profissionais para atingir um valor previamente estabelecido de "resultados esperados". Há várias motivações para a gestão de resultados: encorajar os investidores a comprar as acções da empresa, encorajar os credores

---

[1] Usando uma máxima chinesa a contabilidade não precisa de ser "exactamente errada", só precisa de ser "aproximadamente correcta".

a emprestar dinheiro à empresa, fazer crescer o valor de mercado da empresa ou reduzir a factura fiscal.

O alisamento de resultados é uma forma de gestão de resultados que tem como claro objectivo reduzir a variabilidade dos resultados, com o objectivo de criar a ideia de persistência dos resultados e do valor da empresa.

A gestão de resultados inclui ainda a chamada "big bath accounting". Esta expressão significa em linguagem corrente "dar um banho às contas", o que significa incluir todos os custos que for possível (por exemplo, aumentando as provisões e imparidades) ou diferir rendimentos quando se pensa que já não consegue atingir os resultados que se pretendem. Desta forma, aumenta-se a probabilidade de se vir a obter os resultados pretendidos no exercício seguinte. Healy (1985, p. 86) diz que esta expressão resulta na redução de resultados correntes pelo diferimento de rendimentos ou pelo acréscimo de custos.

A contabilidade criativa é uma expressão basicamente usada por profissionais da área e jornalistas da área dos mercados. A expressão tem sido usada com diferentes significados o que traz alguma confusão a esta área. Mas tende a ter uma abordagem mais ampla que a gestão de resultados. Foca em todas as manipulações, quer sejam relacionadas com a demonstração dos resultados, quer com o balanço.

3. A manipulação das contas resultantes das características inerentes à normalização contabilística

Algumas características inerentes às normas contabilísticas podem facilitar a manipulação do resultado. Gadea e Gastón (1999) identificaram um conjunto de características que podem facilitar a manipulação do resultado:

- a discricionariedade na aplicação de determinados princípios contabilísticos. Como exemplo, o caso do princípio da materialidade que, ao basear-se na significância dos factos ocorridos, depende da percepção dos responsáveis pela elaboração das demonstrações financeiras. Os limiares da materialidade não estão bem definidos, o que pode fazer com que a mesma operação para um preparador da informação contabilística deva ser levada a resultados e para outro ao Balanço. Da mesma forma, também o princípio da prudência pode ser seguido de forma bastante variável consoante o grau de aversão ao risco de quem está a preparar as estimativas contabilísticas: para um indivíduo determinada situação pode ser vista como constituindo um risco importante ao qual deve ser aplicado o referido princípio, para outro, a mesma situação, pode constituir um risco menor que não deve ser relevado nas demonstrações financeiras; a necessidade de se realizarem certas estimativas por parte da empresa (como é o caso da determinação da vida útil ou das provisões), pode incorporar alguma subjectividade, abrindo caminho à manipulação.

– As diversas opções existentes nas normas no tratamento de determinadas matérias contabilísticas: acontecerá a manipulação se os preparadores da informação contabilística puderem optar entre diferentes critérios contabilísticos, seleccionar procedimentos contabilísticos alternativos, não com o objectivo de expressar uma imagem verdadeira e apropriada da realidade empresarial, que constitui o objectivo dos organismos normalizadores ao introduzi-los, mas com a intenção de transmitir a imagem que se deseja para a empresa (Mendes & Rodrigues, 2007).

– a existência de vazios normativos é também aproveitada para fazer manipulação às contas, visto que ao não existir normalização que indique qual o tratamento contabilístico de um dado facto patrimonial, a empresa possui maior discricionariedade para decidir o respectivo tratamento em conformidade com os interesses por ela visados. Como exemplo, pode citar-se o caso dos derivados, cujo tratamento contabilístico só foi normalizado após diversos escândalos que levaram muitas empresas à falência. Ao não serem normalizados, os derivados foram durante muito tempo considerados "fora do balanço", o que significa que os ganhos e as perdas não eram avaliados à medida que se iam desenvolvendo, havendo apenas registo quando os contratos terminavam, momento em que muitas vezes era tarde demais porque o valor das perdas era de tal forma elevado que atirava as empresas para a falência (o exemplo mais emblemático é o colapso do Banco Barings, um dos mais antigos bancos comerciais britânicos, que aconteceu em fevereiro de 1995, em resultado de perdas maciças (mais de £ 800 milhões) resultantes de especulação com derivados levadas a cabo pelo seu *trader* de Singapura, Nick Leeson, veja-se a este respeito Stonham, 1996).

4. Factores relacionados com o ambiente empresarial

Se a normalização contabilística pode deixar espaço à manipulação contabilística, esta só ocorrerá se determinados factores relacionados com o ambiente empresarial a estimularem. As características das empresas, e os contratos que celebram, levam a que a manipulação das contas possa ocorrer. Várias hipóteses têm sido testadas na literatura académica deste tema que serão abordadas a seguir.

Visibilidade política – Custos políticos

A visibilidade pode ser avaliada de várias formas mas a dimensão da empresa é a característica das empresas mais usada para reflectir a sensibilidade política da empresa e os custos que daí resultam. As empresas com elevada visibilidade política preferem alternativas contabilísticas que reduzam os resultados publicados, a fim de minimizar a atenção e actuações adversas por parte dos poderes públicos (Lee & Hsieh, 1985). Veja-se o caso de uma empresa como a EDP – Electricidade de Portugal, S.A. Como está sujeita ao controlo de um regulador público a quem compete autorizar as tabelas de preços praticadas pela empresa, se tiver resultados muito altos passará a merecer atenção particular da comunicação social por serem considerados excessivos e resultarem de um monopólio. Os consumidores acabarão por achar que pagam preços muito altos pela energia e o regulador, vai, provavelmente, olhar com muito maior atenção a futuras propostas de aumento de preços apresentadas pela empresa (Moreira, 2005). Assim, haverá tendência para que a EDP não apresente resultados visivelmente crescentes. A criação da Fundação EDP com objectivos de responsabilidade social visa dois objectivos: por um lado melhora a imagem e reputação da empresa (porque mostra preocupar-se com a sustentabilidade ambiental); por outro lado, é um mecanismo de transferência de rendimentos excessivos, que permite reduzir a atenção e actuações adversas por parte dos poderes políticos.

A visibilidade política pode também levar a um comportamento de alisamento de resultados: flutuações significativas dos resultados em sentido crescente podem ser percebidas como um sinal de práticas monopolistas e oscilações significativas em sentido decrescente podem assinalar uma situação de crise, podendo ambos os casos incitar os poderes públicos a agir. Assim, no caso de empresas sujeitas a possíveis intervenções dos poderes públicos a conduta mais racional parece ser a estabilização dos resultados, minimizando-se, por esta via, a possibilidade de uma intervenção adversa (Mendes e Rodrigues, 2007).

Outros autores (ver, por exemplo, Godfrey e Jones, 1999) argumentam que gestores politicamente visíveis são incitados a alisar resultados já que no caso de empresas com sindicatos fortes os resultados elevados incentivam os sindicatos a pedir aumentos de salários.

Como exemplos de estudos que assumiram e corroboraram a hipótese de existir mais incentivo para que as grandes empresas alisem os seus resultados apontam-se apenas como exemplos os de, Craig e Walsh (1989), Michelson *et al.* (1995) e Iñiguez e Poveda (2004). Assim, assume-se que sempre que existir propensão para que grandes flutuações nos resultados atraiam escrutínio público, há uma tendência para que esse escrutínio seja eliminado pela via do alisamento de resultados.

Contratos de remuneração dos gestores

Para incitar o gestor a agir em conformidade com os interesses dos detentores de capital, os accionistas podem definir contratos de remuneração que aliciem o gestor a maximizar o valor da empresa, reduzindo desta forma os custos de agência. Estes contratos podem indexar uma parte da sua remuneração, directa ou indirectamente, aos resultados contabilísticos da empresa. Neste caso, o gestor pode manipular a informação contabilística divulgada aos accionistas a fim de maximizar a sua riqueza. Diversos estudos em contabilidade têm validado empiricamente a hipótese de que os gestores de empresas onde a remuneração é indexada aos resultados tendem a escolher métodos contabilísticos que maximizem o resultado publicado (ver, por exemplo, Abdel-Khalik, 1985 e Hunt, 1985). Se os contratos tiveram um limite máximo e um limite mínimo o comportamento do gestor será o de alisamento dos resultados de forma a garantir que os resultados se situam entre esses limites (Moses, 1987). Se por acaso não consegue atingir o limite mínimo, o que vai fazer é o designado na literatura como o "big bath accounting": ou seja, irá aproveitar para considerar nesses anos todos os custos e gastos possíveis, e/ou diferir todos os rendimentos que puder por forma a assegurar que no próximo ano haverá resultados nos limites que proporcionam um bónus. Stolowy e Breton (2004) dizem que este comportamento pode também ser observado quando um novo CEO é nomeado. Neste caso, o novo CEO tenderá a baixar os resultados nesse ano, imputando os maus resultados ao CEO anterior, para no ano a seguir poder apresentar resultados bastante positivos. Este comportamento é também observável sempre que muda o ministro das finanças e o governo: os novos membros do governo anunciam que o défice será maior que o previsto porque havia despesas escondidas, "limpando as contas", aproveitando assim para no próximo ano obter resultados mais positivos.

Contratos de endividamento
Outra motivação estudada dentro da teoria positiva da contabilidade (Watts & Zimmerman, 1978) é a relacionada com contratos de endividamento. A literatura evidencia que as empresas cujos contratos de endividamento possuem cláusulas restritivas definidas por referência aos números contabilísticos preferem métodos contabilísticos que aumentem os resultados publicados (Mendes & Rodrigues, 2007). Assim, se uma empresa está prestes a ter resultados negativos, e isso agrava as condições do seu endividamento, a tendência é para antecipar ganhos que só seriam de outro modo registados em exercícios seguintes.

A análise de determinados casos permite detectar situações que sustentam que os gestores fazem uma análise custo-benefício previamente a adoptarem soluções contabilísticas que aumentam o resultado da empresa, só tomando tal decisão quando os potenciais proveitos superam os custos. Sweeney (1994), por exemplo, identifica casos em que o incumprimento poderia ter sido evitado se as empresas alterassem o critério valorimétrico das existências de LIFO para FIFO, mas não o fizeram devido aos substanciais custos fiscais em que teriam incorrido (Moreira, 2005).

Estrutura de Propriedade da Empresa

O desenvolvimento e crescimento das empresas têm contribuído para que cada vez mais exista uma separação clara entre os detentores de capital (principal) e o gestor (agente) (Mendes & Rodrigues, 2007). Hunt (1986) defende a necessidade de se atender ao capital e seu controlo para explicar as escolhas contabilísticas de uma empresa. Assim, em empresas com propriedade concentrada (cujo controlo é assegurado pelos detentores de capital) é esperado que os gestores visem maximizar o valor económico da empresa, uma vez que são os proprietários que exercem a função de gestão.

Já nas empresas controladas pela gestão, os gestores escolhem mais frequentemente métodos contabilísticos que aumentem a sua própria utilidade e riqueza, havendo alguns autores (*e.g.*, Niehaus, 1989) que avançam com a hipótese de que as empresas controladas pela gestão escolhem mais frequentemente métodos contabilísticos que aumentem os resultados publicados do que as empresas cujo controlo é assegurado pelos detentores de capital.

Outros autores argumentam, que as empresas controladas pela gestão apresentam possivelmente uma variabilidade mais fraca dos seus resultados do que as empresas em que o controlo está a cargo dos proprietários (Mendes e Rodrigues, 2006), o que pode resultar da remuneração dos gestores se enquadrar entre um limite máximo e um limite mínimo.

Vários estudos consideram que nas empresas controladas pelos proprietários não há necessidade de recorrer à manipulação de resultados como estratégia para preservar o emprego, porque os proprietários, como gestores, possuem o controlo da empresa (e.g. Carlson

& Bathala, 1997). Contudo, a manipulação pode ocorrer por outros motivos como, por exemplo, para aceder mais facilmente ao crédito ou para reduzir os impostos.

Redução de pagamento de impostos

Em empresas não cotadas, geralmente de propriedade concentrada, pode haver tendência para a manipulação de resultados com objectivos fiscais. Eilifsen *et al.* (1999) mostraram que, se os rendimentos tributáveis estiverem ligados ao resultado contabilístico, haverá uma salvaguarda automática contra a manipulação dos resultados no âmbito do enquadramento conceptual usado. Contudo Marques *et al.* (2011) concluem que em Portugal, país em que há uma grande ligação entre o resultado contabilístico e o resultado fiscal, a introdução do pagamento especial por conta (obrigatoriedade de pagar antecipadamente um montante de imposto sobre o valor previsto das vendas e prestações de serviços) levou à manipulação no sentido de minimizar a factura fiscal. As empresas que se situavam entre o valor mínimo e máximo apresentaram níveis de *accruals* discricionários superiores às que se situavam acima dos limites impostos pela nova legislação, com vista a pagarem o menor valor possível. As empresas com maiores taxas de imposto tentaram reduzir os resultados para valores próximos de zero e apresentaram mais propensão para manipular os resultados do que as outras empresas.

A hipótese da pressão de mercado

Os gestores sabem, que o mercado de capitais penaliza, por via da redução do preço das acções, as empresas que apresentam resultados negativos ou variações negativas desses resultados. De facto, os resultados negativos tornam a empresa mais arriscada, o que pode ter um impacto negativo no respectivo custo do capital. Por isso, tais penalizações são um incentivo a que os gestores das empresas cotadas adoptem políticas contabilísticas que evitem o relato de uma perda ou de uma variação negativa dos resultados (Moreira, 2005). Assim, empresas cotadas tendem a não apresentar resultados negativos.

A hipótese da sinalização

Esta hipótese não leva directamente à manipulação das contas mas à manipulação das percepções que o mercado ou os diferentes "stakeholders" têm sobre uma determinada empresa. Se um gestor achar que o mercado está a subavaliar a sua empresa, pode ser levado a disponibilizar ao mercado informação detalhada e voluntária para que possa ser percebida a boa qualidade da empresa. No entanto, este tipo de divulgação voluntária de informação pode ter associado custos muito elevados para a empresa, dado que os concorrentes podem tirar vantagem da informação disponibilizada. O gestor necessita, por isso, de disponibilizar informação financeira (voluntária) sobre a qualidade da empresa, que terá que ser considerada credível, mas que não leve a custos de propriedade (ou seja, que não leve a que os concorrentes tirem vantagens da informação disponibilizada) (Moreira, 2005).

5. Manipulação de resultados e normas internacionais de contabilidade

Portugal e muitos países passaram a adoptar a partir de 2005 as normas internacionais de contabilidade (IFRS). Em 2002, um Regulamento da União Europeia (No. 1606) veio exigir que todas as empresas cotadas adoptassem as IFRS na elaboração das suas contas consolidadas. Embora a título voluntário, Portugal revogou o seu Plano Oficial de Contabilidade e as Directrizes Contabilísticas em vigor[2], e a Comissão de Normalização Contabilística emitiu o Sistema de Normalização Contabilística (SNC), que é baseado nas Normas do IASB, podendo ser designadas como normas internacionais adaptadas a Portugal. O objectivo foi promover a comparabilidade da informação financeira dentro do país e dentro da União Europeia e aumentar a qualidade do relato financeiro.

---

[2] O Plano Oficial de Contabilidade foi introduzido em Portugal em 1977 e alterado em 1989 e 1991, por efeito da entrada de Portugal na União Europeia que obrigou a transpor a 4ª Directiva comunitária relativa às contas individuais (1989) e a 7ª Directiva comunitária relativa às contas consolidadas (1991).

Uma questão que se coloca de imediato é a de se saber até que ponto o novo normativo contabilístico que estamos a usar irá proporcionar mais ou menos manipulação de contas. A tese de que irá reduzir a possibilidade de manipulação das contas baseia-se no facto das normas do IASB serem consideradas de maior qualidade, conterem menos opções e menos vazios normativos, daqui decorrendo um menor campo de manipulação. Mas por outro lado, o modelo de normalização do IASB é um modelo baseado em princípios, completamente diferente do estabelecido na anterior normalização existente no nosso país, representando uma alteração completa de filosofia que coloca uma responsabilidade maior nos julgamentos dos profissionais de contabilidade. Esta possibilidade de se efectuar julgamentos profissionais que podem ser subjectivos e depender de profissional para profissional, leva a que muitos acreditem que a manipulação pode estar mais facilitada. Assim, apesar de haver a ideia de que as IFRS são normas de mais qualidade do que grande parte dos normativos locais, por permitirem menos opções e serem mais completas, a verdade é que a natureza social da contabilidade e a possibilidade de se emitirem julgamentos profissionais, faz com que a manipulação nas contas possa não diminuir.

A esta data ainda não há estudos empíricos publicados sobre a realidade portuguesa usando dados preparados de acordo com o SNC ou mesmo preparados de acordo com as IFRS. Acredita-se que estudos baseados nas IFRS estejam a aparecer, já relativamente ao SNC, as primeiras contas preparadas com base no novo normativo apareceram no ano passado, o que significa que teremos ainda de esperar alguns anos. Contudo, a nível internacional já existem alguns estudos nesta matéria.

Os estudos existentes ainda não são totalmente conclusivos. Por exemplo, Jeanjean e Stolowy (2008) concluíram que o alisamento de resultados não diminuiu na Austrália, UK e França e que no caso Francês até aumentou. Concluem ainda que regras contabilísticas iguais não criaram uma linguagem contabilística comum e que os sistemas de incentivos à gestão e os factores institucionais nacionais têm muita importância na formatação do relato financeiro. Sugerem que o IASB, a *Securities Exchange Commission* (SEC) e a União Europeia devotem agora os seus esforços a harmonizar incentivos e factores institucionais mais do que a harmonizar normas contabilísticas.

Usando uma amostra de empresas não financeiras cotadas em 11 mercados de capitais europeus, Callao & Jarne (2010) concluem que a gestão de resultados se intensificou desde a adopção das IFRS na Europa. As variáveis que explicam a discricionariedade contabilística são as mesmas antes e após IFRS: tamanho da empresa, endividamento, protecção do investidor e *enforcement* legal. Estes resultados sugerem que as variações na gestão de resultados podem ser devidas a algum espaço para manipulação que existe nas normas internacionais quando comparado com as normas nacionais.

Aubert & Grudnitski (2011), usando uma amostra de 13 países concluem que não encontravam evidência estatística para a asserção que a informação elaborada de acordo com as IFRS fosse mais relevante do que a produzida de acordo com as normas locais. Contudo, num outro estudo, os mesmos autores (Aubert & Grudnitski, 2012) concluem, usando uma amostra baseada em 20 países europeus, que houve um declínio na manipulação dos resultados com a adopção das IFRS, o que sugere que a adopção de um regime de relato financeiro uniforme pode ter contribuído para tornar claro o uso de actividades temporárias de manipulação dos resultados.

6. Manipulação de contas e ambiente empresarial de profunda crise na Europa

Como discutido, a manipulação das contas decorre também de factores relacionados com ambiente empresarial. Se como se observou antes, há uma tendência habitual nas empresas cotadas para adoptar políticas contabilísticas que levem ao aumento dos resultados e dos capitais próprios, em ambiente de crise como a que atravessamos essa tendência acentuar-se-á com vista a melhorar a imagem das empresas. A contabilidade porque se constrói na sociedade acaba por absorver os problemas dessa mesma sociedade. Compreender o fenómeno da manipulação passa por perceber como a contabilidade interage com a sociedade, com o seu ambiente e o seu contexto institucional, passa por perceber a contabilidade "para além dos limites da organização", por examinar a prática social e institucional da contabilidade (Miller, 1994, p. 20). Cada vez mais se reconhece que os modelos de escolha racional apenas proporcionam explicações parciais de porque é que as organizações adoptam certas práticas.

Uma questão que tem de se colocar desde já é a de sabermos se os resultados preliminares que estão a ser observados relativamente à manutenção do grau de manipulação das contas em contexto IFRS, se não poderão ser explicados pelo facto de num contexto de crise como o que vivemos haver uma maior tendência para manipular os resultados. Assim, apesar do normativo poder ser teoricamente "mais fechado" à manipulação das contas, pode estar a haver mais pressão ambiental para aumentar os resultados devido à crise financeira global que atinge particularmente a Europa.

7. Discussão: manipulação de contas ou das percepções sobre as contas?

Na versão clássica da economia liberal é assumido que a informação contabilística leva a melhor decisões, a decisões melhor informadas, o que produz a uma melhor afectação de recursos. Como uma alocação eficiente de recursos é o grande objectivo de qualquer sistema económico, se a tomada de decisão for feita com base em informação enviesada, acredita-se que isso leva a uma afectação sub-óptima dos recursos e, por isso, ao seu desperdício. Na visão neo-liberal da contabilidade, acredita-se que a contabilidade é objectiva e que é possível determinar o "valor exacto" das contas, fala-se muitas vezes no "verdadeiro" valor dos custos e no "verdadeiro" valor dos resultados. Por outro lado, a apresentação do relato financeiro na forma de factos e números expressos em termos monetários levou à percepção das contas como neutrais e objectivas. Contudo, será que a Contabilidade é uma ciência exacta ou uma ciência social? A noção de que a contabilidade é neutra e objectiva e que é usada para fazer a alocação de recursos de forma eficiente nos mercados é cada vez mais criticada (ver, por exemplo, Miller & O'Leary, 1987), cada vez mais a contabilidade é vista como parte de relações de poder dentro da empresa.

Podemos achar que a manipulação das contas é lamentável por acharmos que pode levar a prejuízos de terceiros na tomada de decisão e à afectação sub-óptima de recursos. Contudo, quando comparamos com outras actividades que se verificam a nível das outras áreas das ciências empresariais, teremos de perguntar porque é que as contas não seriam manipuladas (Stolowy & Breton, 2004)? Pensemos no marketing, outra área das ciências empresariais, onde a manipulação da nossa percepção sobre os produtos e serviços parece ser a regra e onde se acredita que é fácil influenciar as pessoas, que também são participantes no mercado. Porque é que achamos que as pessoas podem ser tão facilmente influenciadas quando compram produtos mas não podem ser influenciadas quando compram acções das empresas (Stolowy & Breton, 2004)? Embora os consumidores possam estar conscientes destas práticas, não estão provavelmente completamente conscientes do até que ponto estas tácticas podem ser manipulativas. Um dos sectores que mais tem usado a manipulação é o do tabaco. Durante décadas o marketing manipulou a procura do tabaco e escondeu os riscos associados à saúde.

A manipulação das contas (no sentido que é dado neste capítulo, que exclui a fraude), como a manipulação que o marketing faz sobre a nossa percepção dos produtos, visa de uma forma geral, melhorar a imagem que temos da empresa. A questão que se coloca é até que ponto esta percepção mais positiva assume contornos éticos, e aqui a questão que se coloca na contabilidade é idêntica à que existe no marketing. Tal como acontece no marketing, a contabilidade transmite imagens. Se a comunicação de informação na contabilidade e no marketing dependem de imagens (incluindo imagens de marcas, imagens corporativas, imagens de produtos, e imagens da identidade) então terão de ser desenvolvidas ferramentas éticas destinadas a fornecer orientações para este tipo de comunicação (Schroeder & Borgerson, 2005). O marketing atua como um sistema representacional que produz o sentido fora do âmbito do produto ou serviço em promoção, da mesma forma a contabilidade também pretende representar a entidade contabilística. Ambas têm de se reger por princípios éticos de forma a evitar prejuízos de terceiros.

Assim, a manipulação de contas pode considerar-se como um instrumento de manipulação das percepções, que nem sempre deve ser considerado como negativo. Embora o alisamento de resultados possa ser olhado como gestão oportunista, há autores que consideram que pode não ser assim tão terrível como se pode pensar à primeira vista dado que por exemplo, permite aos utilizadores externos prever os números do rendimento futuro. Wang & Williams (1994) demonstraram que contrariamente ao ponto de vista geral de que o alisamento de resultados é "batota" e enganador, a verdade é que melhora o valor informativo dos resultados relatados. O seu estudo proporciona evidência que indica que os números alisados são vistos favoravelmente pelos mercados (quer detentores de acções, quer futuros investidores) e as empresas com resultados alisados são consideradas como sendo menos arriscadas. Também Hand (1989) observou que os gestores podem alisar resultados para alinhar com as expectativas do mercado e aumentar a persistência dos resultados. No mesmo sentido, Barth *et al.* (1995) e Gebhardt *et al.* (2001) concluem que a variabilidade dos resultados tem um efeito adverso no valor das acções das empresas. Os accionistas beneficiam do facto dos gestores manipularem os resultados relatados com o objectivo de os "alisar" dado que este procedimento pode decrescer a aparente volatilidade dos resultados e aumentar o valor das acções. Outras decisões dos gestores, como por exemplo evitar o incumprimento nos acordos dos empréstimos podem também beneficiar os accionistas.

Daqui decorre que a "contabilidade criativa" baseada em razões de auto-interesse dos gestores é mais objecto de crítica e desaprovação do que a que é motivada para promover os interesses da empresa. Tal como a manipulação das percepções efectuada pelo marketing em relação aos produtos, a manipulação de contas em contabilidade deverá estar sujeita a um código de ética.

REFERÊNCIAS

ABDEL-KHALIK, R. (1985), "The effect of LIFO-switching and fi rm ownership on executives' pay", *Journal of Accounting Research*, Vol. 23, Nº 2 pp. 427-447.

AUBERT, F. & GRUDNITSKI, G. (2011). "The Impact and Importance of Mandatory Adoption of International Financial Reporting Standards in Europe", *Journal of International Financial Management & Accounting*, Vol. 22, Nº 1, pp. 1-26.

AUBERT, F. & GRUDNITSKI, G. (2012), "Analysts' estimates: What they could be telling us about the impact of IFRS on earnings manipulation in Europe", *Review of Accounting and Finance*, Vol. 11, Nº 1, pp. 53-72.

BARTH, M.E., LANDSMAN, W.R. & J.M. WAHLEN (1995), "Fair value accounting: effects on banks' earnings volatility, regulatory capital, and value of contractual cash flows," *Journal of Banking and Finance*, Vol. 19, Nºˢ 3/4, pp. 577-605.

BHIMANI, A. (1994), "Accounting enlightenment in the age of reason", *The European Accounting Review*, Vol. 3, Nº. 3, pp. 399-442.

BURCHELL, S., CLUBB, C., & HOPWOOD, A. G. (1994), Accounting in its social context: towards a history of value added in the United Kingdom. In R. H. Parker, & B. S. Yamey (Eds.), *Accounting history some British contributions* (pp. 539-589). Oxford: Clarendon Press.

CARLSON S. J. & BATHALA, C. T. (1997), "Ownership differences and firms' income smoothing behavior", *Journal of Business Finance and Accounting*, Vol. 24, Nº 2, pp. 179-196.

CRAIG, R. & WALSH, P. (1989), "Adjustments for 'extraordinary items' in smoothing reported profits of listed Australian companies: Some empirical evidence", *Journal of Business Finance and Accounting*, Vol. 16, Nº 2, pp. 229-245.

EILIFSEN, A., K.H. KNIVSFLÅ & F. SÆTTEM (1999), "Earnings manipulation: cost of capital versus tax". *European Accounting Review* Vol. 8, Nº 3, pp. 481-491.

GADEA, J. L. & GASTÓN, S.C. (1999), Contabilidad creativa, Civitas Ediciones, S.L., Madrid.Hopwood, A. G. (1990), "Accounting and Organisation Change", *Accounting, Auditing & Accountability Journal*, Vol. 3, Nº 1, pp. 7-17.

GEBHARDT, W. R., LEE, C. M. & B. SWAMINATHAN (2001, "Toward an implied cost of capital," *Journal of Accounting Research*, Vol. 39, Nº 1, pp. 135-176.

GODFREY, J. M. e JONES, K.L. (1999), "Political cost infl uences on income smoothing via extraordinary item classification", *Accounting and Finance*, Vol. 39, Nº 3, pp. 229-254.

HAND, J. (1989), "Did firms undertake debt-equity swaps for an accounting paper profit or true financial gain?" *The Accounting Review*, Vol. 64, pp. 587-623.

HEALY, P. M. (1985), "The effect of bonus schemes on accounting decisions", *Journal of Accounting and Economics*, Vol. 7, pp. 85-107.

HOPWOOD, A. G. (2005), "After 30 years", *Accounting, Organizations and Society*, Vol. 30, Nos 7/8, pp. 585-586.

HUNT, H. (1985), "Potential determinants of corporate inventory accounting decisions", *Journal of Accounting Research*, Vol. 23, Nº 2, pp. 448-467.

IÑIGUEZ, R. & Poveda, F. (2004), "Long-run abnormal returns and income smoothing in the spanish stock market", *European Accounting Review*, Vol. 13, Nº 1, pp. 105-30.

JEANJEAN, T. & STOLOWY, H. (2008), "Do accounting standards matter? An exploratory analysis of earnings management before and after IFRS adoption", *Journal of Accounting and Public Policy*, Vol. 27, Nº 6, pp. 480-494.

LEE, C. & HSIEH, D. (1985), "Choice of inventory accounting methods: Comparative analyses of alternative hypotheses, *Journal of Accounting Research*, Vol. 23, Nº 2, pp. 468-484.

MARQUES, M., RODRIGUES L. L. & Craig, R. (2011), Earnings management induced by tax planning: The case of Portuguese private firms, *Journal of International Accounting, Auditing and Taxation*, Vol. 20, Nº 2, pp. 83-96.

MENDES, C. & RODRIGUES, L. L. (2006), "Estudo de práticas de *earnings management* nas empresas portuguesas cotadas em bolsa: Identificação de alisamento de resultados e seus factores explicativos", *Revista de Estudos Politécnicos, Polytechnical Studies Review*, Vol III, Nos 5/6, pp. 145-173.

MENDES, C. & RODRIGUES, L. L. (2007), "Determinantes da Manipulação Contabilística", *Revista de Estudos Politécnicos, Polytechnical Studies Review*, 2007, Vol IV, Nº 7, pp. 189-210.

MICHELSON, S. E., JORDAN-WAGNER, J. & WOOTTON, C. W. (1995), "A market based analysis of income smoothing", *Journal of Business Finance and Accounting*, Vol. 22, Nº 8, pp. 1179-1193.

MILLER, P. (1991), "Accounting innovation beyond the enterprise: problematizing investment decisions and programming economic growth", *Accounting, Organizations and Society*, Vol. 16, Nº 8, pp. 733-762.

MILLER, P. (1994), Accounting as a social and institutional practice: an introduction. In A. G. Hopwood & P. Miller (Eds.) *Accounting as social and institutional practice*, pp. 1-39, Cambridge: University Press.

MILLER, P., & O'LEARY, T. (1987), "Accounting and the construction of the governable person", *Accounting, Organizations and Society*, Vol. 12, Nº 3, pp. 235-265.

MILLER, P., & O LEARY, T. (1989), "Hierarchies and American ideals, 1900--1940", *Academy of Management Review*, Vol. 14, Nº 2, pp. 250-265.

MILLER, P., & O'LEARY, T. (1989), "Hierarchies and American ideals, 1900--1940", *Academy of Management Review*, Vol. 14, Nº 2, pp. 250-265.

MILLER, P., & O LEARY, T. (1993), "Accounting expertise and the politics of the product: economic citizenship and modes of corporate governance", *Accounting, Organizations and Society*, Vol. 18, Nº 2/3, pp. 187-206.

MOREIRA, J. A. C. (2005). *A Investigação positivista em Contabilidade: factos marcantes nas últimas quatro décadas*. Working Paper, CETE/FEP.

MORGAN, G., & WILLMOTT, H. (1993), "The new accounting research: on making accounting more visible", *Accounting, Auditing & Accountability Journal*, Vol. 6, Nº 1, pp. 3-36.

MOSES, O. D. (1987), "Income smoothing and incentives: Empirical tests using accounting changes", *The Accounting Review*, Vol. 62, Nº 2, pp. 358-377.

NIEHAUS, G. R. (1989), "Ownership structure and inventory method choice", *The Accounting Review*, Vol. 64, Nº 2, pp. 269-284.

POTTER, B. N. (2005), "Accounting as a social and institutional practice: perspectives to enrich our understanding of accounting change", *Abacus*, Vol. 41, Nº 3, pp. 265-289.

RODRÍGUEZ, M. C. (2001), *Análisis de la fiabilidad de la información contable: La contabilidad creativa*, Prentice Hall, Madrid.

SCHROEDER, J. E. & BORGERSON, J. L. (2005), "An ethics of representation for international marketing communication", *International Marketing Review*, Vol. 22, Nº 5, pp. 578-600.

STOLOWY, H. & BRETON, G. (2004), "Accounts Manipulation: A Literature Review and Proposed Conceptual Framework", *Review of Accounting and Finance*, Vol. 3, Nº 1, pp. 5-92.

STONHAM, P. (1996), "Whatever happened at barings? Part two: Unauthorised trading and the failure of controls", *European Management Journal*, Vol. 14, Nº 3, pp. 269-278.

SWEENEY, A. (1994), "Debt-covenant violations and managers' accounting responses", *Journal of Accounting and Economics*, Vol. 17, Nº 3, pp. 281-308

WANG, Z. & T. H. WILLIAMS (1994), "Accounting income smoothing and stockholder wealth," *Journal of Applied Business Research*, Vol. 10, Nº 3, pp. 96-104.

WATTS, R. L. & ZIMMERMAN, J. L. (1978), "Towards a positive theory of the determination of accounting standards", *The Accounting Review*, Vol. 53, Nº 1, pp. 112-134.

A interpretação jurídica da lei contabilística[1]

Tomás Cantista Tavares
Doutor em Direito Fiscal pela Faculdade de Direito da Universidade de Lisboa.
Advogado especialista em Direito Fiscal

a) Introdução

1. A contabilidade (Sistema de Normalização Contabilística) é uma lei (ou um conjunto de leis). Foi aprovada por Decretos-Leis (Dec. Lei nº 158/2009, de 13/7), Portarias (Portaria 1011/2009, de 9/9 e Portaria 986/2009, de 7/9) e Avisos (Aviso nº 15652/2009, de 7/9, Aviso 15654/2009, de 7/9 e Aviso 15655/2009, de 7/9). Possui a força jurídica dos diplomas legais – obrigatoriedade, generalidade e coercividade (sanções por incumprimento).[2] Tutela relevantes interesses públicos, sentidos pela coletividade como dignos de tutela jurídica, não só na garantia da qualidade e uniformidade da informação (dados com relevância para os credores, accionistas e gestão), mas também porque a contabilidade funciona hoje como o *"starting point"* de outras realidades jurídicas tuteladas pelo Direito (Fiscal, Bancário e Comercial).

---

[1] Este texto é o resumo escrito da conferência proferida no Congresso "SNC e Juízos de Valor", que se realizou em Coimbra, no dia 16 de Março de 2012.
[2] BAPTISTA MACHADO (1985: p. 91).

A lei não se basta com a imposição da obrigatoriedade da contabilidade (art. 123º, nº 1, do CIRC e art. 3º do Dec. Lei nº 158/2009); não se contenta, outrossim, com uma contabilidade de auto vinculação. Vai mais além. Institui um vasto conjunto de regras e princípios legais, organizado num corpo legislativo unitário e congruente de fonte estadual.

O Sistema de Normalização Contabilística é essa lei estadual, à qual se aplica o conhecido acervo jurídico relativo à interpretação das normas. A lei contabilística interpreta-se como qualquer outra lei, por mais técnica ou intrincada que seja. Nada há aqui de original ou complexo. Muitas outras leis regulam outras tantas relações altamente complexas, através de extensos diplomas, igualmente muito técnicos e com linguagem intrincada.

A evidência desta asserção não impede, mas antes postula, que se avance na hermenêutica da lei contabilística; na identificação de princípios interpretativos específicos, em respeito e concretização das regras da teoria geral de interpretação das leis. É este o propósito das páginas seguintes.

2. As características do Sistema de Normalização Contabilística tornam difícil a identificação dos princípios interpretativos gerais que a norteiam.

   a) O Sistema de Normalização Contabilístico é um "código" extenso, composto por diversas partes (Estrutura Conceptual, Demonstrações Financeiras, Normas Contabilísticas de Relato Financeiro), que não estão organizadas segundo a ortodoxia legal;
   b) Utiliza-se uma linguagem muito técnica, onde superabundam conceitos e raciocínios dificilmente perceptíveis, sobretudo para os juristas;
   c) A estrutura do "código" é deveras inusual: não se divide por artigos, mas por parágrafos; não se emprega uma linguagem jurídica, mas económica; beneficia-se o exemplo e o método descritivo, em detrimento da arrumação analítica dos preceitos jurídicos;
   d) Há uma variedade de fontes e de inspirações para o texto legislativo do Sistema de Normalização Contabilística: os complexos

ordenamentos dos IAS/IFRS definidos pelo IASB (*International Accounting Standards Board*[3]) e os IAS/IFRS adoptados pela União Europeia[4];

e) O Sistema de Normalização Contabilística é paradoxal: aspira na criação de regras simples e peremptórias – fundamentais para o uso massivo por um vasto conjunto de utilizadores (que não são muito técnicos nem podem perder tempo excessivo na ponderação e estudo da exacta solução); mas regula, também, realidades muito complexas – naturalmente com soluções herméticas, intrincadas e de difícil compreensão;

f) A contabilidade vive numa tensão inelutável entre a regra e o princípio: entre, por um lado, a exaustiva regulação de toda a realidade, e daí a vastidão e minúcia das Normas Contabilísticas de Relato Financeiro e, por outro lado, a assunção de que a realidade, porque dinâmica, é sempre mais vasta do que a infinidade de normas que a aspirem a regular – e daí a deriva legal para os princípios gerais da contabilidade (terminando na abstracção do "true end fair value") e regras intermédias de orientação[5].

g) Mais ainda: a dinâmica da realidade – e impossibilidade da sua apreensão em regras fechadas e precisas – faz com que a contabilidade viva, de forma desejada e salutar, com inúmeros direitos de opção contabilísticos, estimativas e com vastíssimos juízos indeterminados, cujo preenchimento compete, em última linha, ao bom critério do empresário – o responsável pela regularidade e veracidade da contabilidade;[6]

h) E, por fim, o Sistema de Normalização Contabilístico constitui o ponto de equilíbrio de múltiplos interesses (e interessados), por vezes em tensão e antinomia, que dificultam a percepção da teleologia de certas soluções – e que dificulta a sua correta interpretação.

---

[3] www.iasb.org.uk.
[4] Para mais desenvolvimentos *vide* TAVARES (2010, p. 433 e ss.).
[5] SANCHES (2006, p. 212 e 213).
[6] AGUIAR (2011, p. 238).

b) Regras jurídicas de interpretação da contabilidade

3. Os óbices expostos desanimam, aparentemente, qualquer tentativa científica de criação e sistematização de regras jurídicas de interpretação da contabilidade. Quem inicia o estudo e análise do Sistema de Normalização Contabilística fica com a sensação de estar perante um texto sem coerência unitária que oferece respostas casuísticas a uma infinidade de casos.

Sem menosprezar as considerações expostas, é possível elencar, no entanto, vários axiomas pragmáticos de interpretação jurídica do Sistema de Normalização Contabilística. É isso o que se fará de seguida.

PRIMEIRA: **As Normas Contabilísticas de Relato Financeiro (NCRF) são leis especiais face à Estrutura Conceptual (que funciona como lei geral)**
A contabilização da realidade deve partir da interpretação exaustiva da regra especial – Norma Contabilística de Relato Financeiro que a regula – a qual, por regra, contém a solução inequívoca para o problema suscitado. E, com isso, encerra-se o itinerário interpretativo, sem necessidade de avocar outras regras e princípios interpretativos. O carácter inequívoco da lei especial dispensa a análise e escrutínio da lei geral.[7]

SEGUNDA: **Havendo dúvidas na interpretação da lei especial, deve seguir-se a solução mais consentânea com a lei geral (Estrutura Conceptual)**
Se o aplicador, na análise de uma concreta Norma Contabilística de Relato Financeiro, ficar com dúvidas insanáveis – em termos qualitativos[8] ou quantitativos[9] – tem de as suprir (e superar) com o apoio da lei geral (Estrutura Conceptual). Nestes casos, deve adoptar-se o sentido da lei especial que seja mais consentâneo com a lei geral. Assim, por

---

[7] BAPTISTA MACHADO (1985, p. 95).
[8] Por exemplo, se deve registar ou não o activo, se deve seguir ou não o método do custo, se deve efectuar ou não uma imparidade.
[9] Por exemplo, qual deve ser o valor ponderado da imparidade no caso concreto.

exemplo, o princípio da prudência (parágrafo 37 de Estrutura Conceptual) auxilia a definição e determinação das imparidades a realizar pela empresa (NCRF 12).

TERCEIRA: Se o texto contabilístico (Norma Contabilística de Relato Financeiro) não dissipa as dúvidas acerca da solução exacta para o caso concreto, aceita-se a interpretação teleológica (razão de ser daquela regra, através também da análise dos princípios contabilísticos definidos na Estrutura Conceptual)
Para a boa análise do texto legislativo deve sempre atender-se ao fim visado pelo legislador ao elaborar determinada norma jurídica[10]; *in casu*, aos diversos parágrafos da Norma Contabilística de Relato Financeiro. Esta ferramenta clássica da interpretação das leis possui elevada relevância ao nível da hermenêutica contabilística.

QUARTA: Em caso de conflito de teleologias, o interesse informativo (contabilístico) prevalece sobre o interesse prospectivo (fiscal, comercial, bancário)
A contabilidade agrega a tutela variadíssimos interesses: informativos (informação sobre a situação patrimonial, económica e financeira da entidade com interesse para todos os *players* que se relacionem com a empresa[11]) e performativos: entre outros, como o ponto de partida para se aferir o lucro distribuível [fulcral para o Direito Comercial], o lucro fiscal [relevantíssimo para o Direito Fiscal] e pressuposto condicionante de operações societárias (aumento e redução de capital, compra de acções próprias, cobertura de perdas, transformação...).[12]
Se, na interpretação teleológica, não for possível harmonizar tais interesses, porque se encontram em conflito insuperável – no sentido de que *ratio* informativa pende para uma solução diversa da *ratio* per-

---

[10] ANDRADE (1963, p. 141).
[11] CORDEIRO (2007, p. 369)
[12] STAMPELLI (2006, p. 1251).

formativa – deve optar-se pela solução dada pela tutela informativa da contabilidade.[13]

QUINTA: como regra geral, não se pode aceitar uma solução aparentemente dada pela Norma Contabilística de Relato Financeiro, mas sem o mínimo de correspondência na Estrutura Conceptual
Com a interpretação da Norma Contabilística de Relato Financeiro tem de chegar a um resultado que seja aceitável sob o ponto de vista dos Princípios Contabilísticos e das regras gerais descritos na Estrutura Conceptual. Se porventura isso não suceder, uma de duas:

a) Ou se fez uma incorrecta interpretação da norma contabilística de relato financeiro – e deve procurar-se outro sentido para mesma que respeite os princípios da Estrutura Conceptual;

b) Ou, se tal não for possível (e lidamos com casos totalmente excepcionais), essa regra não deve ser aplicada ao caso concreto. Através de uma interpretação abrogante, deve criar-se uma regra *ad hoc* que respeite os princípios contabilísticos – em obediência do mega princípio da imagem fiel e verdadeira.[14]

SEXTA: como regra geral, não se pode aceitar uma solução aparentemente dada pela Estrutura Conceptual, mas sem o mínimo de correspondência na Norma Contabilística de Relato Financeiro
Esta regra complementa a anterior. Existe, por regra, uma coerência e unidade entre a regra concreta e o princípio inspirador. Só se pode avançar para o cenário excepcional de criação de uma regra *ad hoc* (não escrita nas Normas Contabilísticas de Relato Financeiro) depois de se concluir – após aturada análise de interpretação – que a regra concreta não se coaduna com o princípio geral, qualquer que seja o ponto de análise.

---

[13] Cfr. Parágrafos 9 a 12 da Estrutura Conceptual (especialmente o parágrafo 10).
[14] BAPTISTA MACHADO (1985, p. 186).

SÉTIMA: os conceitos contabilísticos utilizados noutros ramos jurídicos (bancário; comercial; fiscal...) são interpretados com o sentido proposto pelo Sistema de Normalização Contabilístico, excepto se esses sistemas distorcerem expressamente tais conceitos

Como se viu, qualquer parte do direito empresarial (comercial, económico, fiscal, bancário...) utiliza, em maior ou menor linha, os dados fornecidos pela contabilidade: ou porque se apropria (no todo ou em parte) dos conceitos, valores e resultados das demonstrações financeiras do Sistema de Normalização Contabilística; ou porque emprega conceitos, raciocínios e dados contabilísticos nas suas específicas fontes legais. É o que sucede, por exemplo, no CIRC, com a utilização de conceitos e raciocínios tipicamente contabilísticos (imparidade, amortização, período de vida útil, inventário, etc.).[15]

Ora, quando tal suceder, a interpretação desses específicos preceitos (doutros ramos de direito que empreguem dados da contabilidade) rege-se por dois princípios:

a) Serão interpretados segundo o conteúdo indicado pela contabilidade, salvo se diferentemente se dispuser, de forma expressa, nesse ramo de direito. Assim, por exemplo, o conceito de justo valor utilizado no CIRC tem o significado e sentido indicado pelo Sistema de Normalização Contabilística, excepto se o CIRC dispuser em sentido diverso.[16]

b) Essa hipotética distorção ou alteração do comando contabilístico só produz efeitos naquele específico ramo jurídico. Nunca se estende à contabilidade, nem sequer de forma indirecta ou subliminar. O Sistema de Normalização Contabilístico não é interpretado segundo os cânones do CIRC. A lei fiscal ou bancária não dá ordens à contabilidade; nunca indica como determinada realidade deve ser contabilizada. É o fim, e ainda bem, da chamada dependência inversa.[17]

---

[15] Para mais desenvolvimentos, *vide* TAVARES (2010, p. 168 e ss.).
[16] *Vide* TAVARES (2011, p. 1245).
[17] Para mais desenvolvimentos, vide AGUIAR (2011, p. 418 e 419).

OITAVA: As inelutáveis estimativas e juízos indeterminados consentidos pela contabilidade são preenchidos por juízos contabilísticos de adequação à realidade, sem interferência dos interesses dos demais ramos de direito

A lei contabilística, por mais extensa e detalhada que seja, nunca consegue abranger toda a dinâmica empresarial. É impossível definir exaustivamente todas as soluções contabilísticas, através de preceitos fechados e peremptórios, que não deixariam qualquer margem de abertura na tradução contabilística da realidade. A contabilidade convive salutarmente com estimativas [NCRF 4], juízos quantitativos e direitos de opção legalmente vinculados (mensuração dos activos fixos tangíveis após o reconhecimento através do método do custo ou da revalorização [NCRF 7, parágrafo 29]).

O decisor contabilístico tem de preencher estes conceitos abertos apenas de acordo com os ditames da contabilidade (adequação da realidade casuística com os princípios contabilísticos), sem preocupações de conformação ou adequação com os interesses das demais ciências jurídicas empresariais que se apropriam dessa realidade contabilística.

NONA: As lacunas do Sistema de Normalização Contabilística são preenchidas através das IAS/IFRS aprovadas pela União Europeia e subsidiariamente com as IAS/IFRS aprovadas pelo IASB

É o que se indica peremptoriamente no ponto 1.4 do Anexo ao Dec. Lei nº 158/09.

DÉCIMA: as regras segunda a nona são as excepções. A interpretação da contabilidade basta-se em regra com o Primeiro corolário indicado

O conteúdo da contabilidade é, por regra, enunciativo e inequívoco – e não se levantam problemas interpretativos relevantes. Os comandos segundo a nono não são convocados. Nestes casos, as soluções são simples; a regra contabilística é clara e facilmente perceptivel; aliás, a tutela dos interesses em jogo (especialmente a igualdade da informação) e a utilização massiva da contabilidade impõem baixos custos administrativos e de cumprimento.

Os juristas só são excepcionalmente convocados para se imiscuírem na interpretação patológica e conflitual dos preceitos contabilísticos. E ainda bem, para eles próprios (e também para os contabilistas)!

BIBLIOGRAFIA

Aguiar, Nina, Tributacion Y Contabilidad. Una Perspectiva Histórica Y de Derecho Comparado, Coleccion Juridica, 2011.

Andrade, Manuel, Ensaio sobre a Teoria da Interpretação das Leis, 2ª edição, 1963.

Cordeiro, António Menezes, *Manual de Direito Comercial*, 2ª edição, Almedina, 2007.

Machado, Baptista, *Introdução ao Direito e ao Discurso Legitimador*, Almedina, Coimbra, 1985.

Sanches, J. L. Saldanha, "Os IAS/IFRS como fonte de direito ou o efeito Monsieur Jordain", *Estudos de Homenagem ao Professor Doutor António Sousa Franco*, Coimbra, 2006.

Stampelli, Giovanni, "Le reserve a fair value: profili di disciplina e riflessi sulla configurazione e la natura del patrimónimo net", *Rivista della Società*, Anno 51, Marzo- Giunnio, Milano, 2006.

Tavares, Tomás Cantista, "Justo Valor e Tributação de mais valias de acções cotadas: a propósito da interpretação do art. 18º, nº 9, al. a) do CIRC", *Estudos de homenagem a JL Saldanha Sanches*, Volume IV, 2011.

Tavares, Tomás Cantista, *IRC e Contabilidade – Da realização ao Justo Valor*, Almedina, 2010.

A lei fiscal e os juízos contabilísticos discricionários[1]

Nina Aguiar
Professora adjunta da Escola Superior de Tecnologia e Gestão do Instituto Politécnico de Bragança.
Investigadora do Centro de Investigação Jurídico-Económica (CIJE)
– Faculdade de Direito, Universidade do Porto

Resumo: As leis de imposto sobre o lucro empresarial, em geral, não regulam diretamente o cálculo da base tributável mas remetem para o direito contabilístico comercial para esse efeito. Além disso, estabelecem também as contas anuais aprovadas no âmbito do direito comercial como a base para o cálculo do lucro tributável. Neste último aspeto, as contas anuais comerciais servem como prova da veracidade dos juízos contabilísticos discricionários realizados pelo contribuinte, tornando--se preclusivas para o cálculo do lucro tributável. Muitas normas contabilísticas do direito comercial incorporam um amplo grau de discricionariedade, a qual está relacionada com a natureza da mensuração financeira e é considerada indispensável para se obter uma imagem verdadeira do património empresarial. No entanto, a discricionariedade das normas contabilísticas é adversa ao princípio constitucional da igualdade do direito fiscal, na medida em que permite ao contribuinte, através da utilização da margem de discricionariedade contida nas normas contabilísticas, manipular o lucro fiscal. Além disso, existindo a possibilidade de uma manipulação do lucro fiscal através da aplicação discricionária das normas contabilísticas, torna-

---

[1] As opiniões expressas neste trabalho pertencem à autora e não exprimem necessariamente a opinião das instituições a que a autora se encontra afiliada ou de qualquer dos seus membros.

-se elevada a possibilidade de estas serem aplicadas pelo contribuinte de forma a minimizar a carga fiscal, em detrimento da imagem verdadeira das contas. A fim de obviar a este tipo de atuação, sem abdicar de uma conexão formal entre o lucro fiscal e as contas anuais, e do cálculo do lucro tributável segundo as normas contabilísticas comerciais, o direito fiscal estabelece normas que limitam a discricionariedade das normas contabilísticas. Estas normas fiscais devem ser vistas como complementares das normas contabilísticas correspondentes. Além disso, as normas fiscais atuam dentro da regra de conexão formal, só sendo admissíveis fiscalmente valorações cuja veracidade se encontre provada através da contabilidade. Entretanto, na aplicação em concreto das normas fiscais contidas no Código do IRC português, suscitam-se muitas dúvidas referentes ao modo como as normas fiscais aí contidas se articulam com a regra da conexão formal.

Palavras chave: Normas contabilísticas; discricionariedade; lucro tributável; normas fiscais.

ABSTRACT: Corporate taxes, in general, will not rule directly on how to compute the tax base, but refer to the commercial accounting regulations for that purpose. Besides, corporate tax laws usually prescribe that commercial annual accounts provide the basis to compute the taxable profit. Concerning the latter point, commercial accounts are taken as body of proof as to the truth julnese of discretionary judgments, which become preclusive for the computation of the taxable profit. Many accounting rules are broadly discretionary, which is consequence of the very nature of financial measurement and is seen as necessary to achieve true and fair view. In the meantime, the discretionary character of accounting rules is seen as adverse to the constitutional principle of tax equity, as it allows the taxpayer to decide on his tax base, by manipulating discretionary choices. Moreover, if the tax profit can be manipulated through the application of discretionary accounting rules, the possibility becomes high that these rules are used in a manner that minimizes the taxable profit, in detriment of true and fair view. In order to prevent this type of conduct, without giving up a binding linking between the taxable profit and the annual accounts and commercial accounting rules, that guarantees that tax is levied on real income, the tax law incorporates provisions aimed at limiting the accounting rules discretion. These tax provisions are to be seen as complementary to accounting rules. Furthermore, these tax special norms operate inside the formal connection or dependence rule, meaning that only tax valuations supported by the annual accounts are acceptable. In the meantime, in which concerns the Portuguese IRC Code, the concrete application of these tax special norms raises many doubts regarding the way in which these tax provisions affect the dependence rule.

1. Introdução – A discricionariedade das normas contabilísticas
a. O conceito de discricionariedade associado a normas jurídicas
A discricionariedade é uma característica estrutural das normas contabilísticas[2], amplamente referida pela literatura[3]. Numa primeira noção geral, pode definir-se esta característica da discricionariedade como a virtualidade da norma para legitimar uma pluralidade de soluções, no que respeita ao tratamento contabilístico de um mesmo facto financeiro[4]. Do ponto de vista do direito fiscal, quando o cálculo do lucro tributável se apoie nas normas contabilísticas, a flexibilidade destas normas terá como consequência que, para um mesmo sujeito passivo, possam considerar-se como verdadeiros diferentes valores[5], correspondendo cada um deles a uma expressão possível da capacidade contributiva, o que implicará, por seu turno, a possibilidade de existirem vários valores alternativos para a base tributável do mesmo sujeito passivo, em relação a um mesmo facto tributário – o lucro de um determinado exercício fiscal.

Nesta maleabilidade do lucro contabilístico que serve de base ao imposto sobre sociedades reside um dos principais problemas da utilização das normas contabilísticas (através de remissão normativa) por parte da lei do imposto[6]. Com efeito, a assinalada flexibilidade das normas contabilísticas, por mais adequada que seja para a determinação do rendimento e do património empresariais para efeitos da mensuração financeira e do direito contabilístico comercial, é vista tradicionalmente como incompatível com uma série de exigências do direito

---

[2] O caráter discricionário das normas contabilísticas foi reconhecido na célebre sentença do Supremo Tribunal dos Estados Unidos *Thor Power Tool Co. v. CIR, 58L Ed. 2d 785 (1979)*, em que se afirma: "Financial accounting, in short, is hospitable to estimates, probabilities and reasonable certainties; (...). This is as it should be. Reasonable estimates may be useful, even essential, in giving shareholders and creditors an accurate picture on a firm's overall financial health".

[3] Mazza (1974, p. 996); Viganò (1974, p. 737); Zizzo (2000, p. 167); Polidoro (2011, p. 75); Fortunado (2011, p. 417).

[4] Falsittà (1985, p. 20).

[5] Tipke e Lang (2005, p. 662).

[6] Viganò, (1974, p. 737).

fiscal, nomeadamente o princípio da igualdade tributária segundo a capacidade contributiva,[7] e da legalidade tributaria, na sua aceção de necessidade de certeza e objetividade na tributação[8].

A doutrina emprega diversos termos para designar esta característica de flexibilidade ou imprecisão das normas contabilísticas comerciais. Um termo utilizado com recorrência é o de "discricionariedade das normas contabilísticas". Assim, por exemplo Falsittà[9], ao referir-se à regulação contabilística estabelecida pela "IV Diretiva"[10], chama a atenção para a existência de um amplo grau de discricionariedade tanto "qualitativa como quantitativa" deixada por estas normas ao redator das contas da empresa. Segundo o autor, o fenómeno da *discricionariedade* "existe sempre que a descrição dos comportamentos juridicamente devidos é efetuada pela norma de modo incompleto e o completamento do modelo normativo se realiza mediante um processo de *heterointegração* exigido ao órgão destinatário do preceito e consistente em uma atividade de julgamento por parte deste último, que realiza valorações e opções que não estão encerradas dentro do esquema normativo que é necessário completar". A *discricionariedade* seria, portanto, segundo o autor citado, uma das possibilidades de que se serve o legislador na formação das normas, que se traduz em "conferir um poder normativo aos destinatários do poder discricionário"[11]. O tema da discricionariedade das normas tem sido estudado, como se sabe, sobretudo no âmbito do direito administrativo,[12] onde se define como "o poder reconhecido à autoridade administrativa, de realizar una escolha entre várias soluções possíveis. Neste sentido, o poder discricionário é o exato oposto do poder denominado vinculado, *i.e.*,

---

[7] TIPKE e LANG, (2005, p. 662).
[8] GONZÁLEZ e LEJEUNE (2000, p. 32).
[9] FALSITTÀ, (1985, p. 16). Também emprega o termo *discricionariedade* para referir a imprecisão das normas contabilísticas. TURRI (1975, p. 277).
[10] Quarta Diretiva do Conselho nº 78/660/CEE de 25 de Julho de 1978 baseada na letra g) do parágrafo 3 do artigo 54º do Tratado e relativa às contas anuais de determinadas formas de sociedade.
[11] FALSITTÀ., (1985, p. 17).
[12] BARONE (1989).

daquele poder que pode concretizar-se, verificados certos pressupostos, numa única decisão, sem que seja consentida à administração qualquer escolha entre soluções alternativas"[13]. Assim, o tratamento da questão da *discricionariedade* tem estado estreitamente associado com a atuação dos órgãos das entidades públicas, dotados de poderes de autoridade. Esta mesma perspetiva foi transportada para o campo do direito tributário, onde, apesar de em menor número, também se levaram a cabo alguns estudos sobre o tema. Nestes, a *discricionariedade* aparece quase sempre analisada a partir do ponto de vista da atuação da administração tributaria no âmbito dos seus poderes de autoridade pública[14].

Ao contrário, em relação às normas contabilísticas do direito comercial, do que se trata é de uma discricionariedade que é deixada ao administrador da empresa, na elaboração das contas desta, no âmbito de relações jurídicas de direito privado. Assim, torna-se necessário questionar se o termo discricionariedade, que tem sido predominantemente usado para descrever uma característica associada aos poderes de autoridade pública, é o adequado para denominar a característica resultante da imprecisão ou flexibilidade das normas contabilísticas, as quais são normas de direito privado.

Kelsen[15] trata o tema da discricionariedade das normas dentro do quadro mais genérico da indeterminação. O autor estabelece uma distinção entre duas categorias principais de "indeterminação" (*unbestimmtheit*) das normas: a intencional e a não intencional. A indeterminação intencional existe sempre que uma norma legal válida confere a certos sujeitos a faculdade de escolher entre várias soluções de aplicação da norma. Dá como exemplos desta forma de indeterminação a norma que atribui a um órgão da administração o poder de tomar as medidas necessárias para evitar a expansão de uma epidemia, ou a norma que reconhece ao juiz o poder de graduar uma pena. Fica claro

---

[13] BARONE, (1989) (tradução da autora).
[14] Neste sentido, *vid.* por exemplo, FERNANDEZ (1998); EGIDO (2002); CABRERA (1998); ou ALGUACIL (1999).
[15] KELSEN (1993, p. 349 *et seq.*).

que Kelsen utiliza o termo "discricionariedade" para designar a indeterminação intencional das normas[16]. No entanto, haverá também que sublinhar que nem todos os casos de imprecisão das normas contabilísticas se podem reconduzir ao conceito de discricionariedade proposto por Kelsen. Se em alguns casos a norma contabilística estabelece uma verdadeira discricionariedade no sentido kelsiano, *i. e.*, uma indeterminação intencional, como acontece, por exemplo, quando a norma estabelece vários métodos alternativos para a valoração de existências, já em muitos outros casos a imprecisão da norma contabilística aparece sob a forma de ambiguidade do termo linguístico utilizado, o que se configura como uma indeterminação não intencional. Por exemplo, o princípio da veracidade das contas significa que as magnitudes financeiras refletidas nas contas devem ser verdadeiras, o que equivale a dizer que não devem ser falsas. Na sua essência, o princípio significa uma proibição de refletir factos falsos nas contas empresariais. Mas o princípio não dá qualquer indicação sobre os limites da veracidade da valoração financeira. Deste ponto de vista, o princípio não confere ao administrador qualquer discricionariedade, apenas estabelece um conceito vago ou impreciso. Ponderados estes aspetos, sugere-se que se deve empregar o termo "indeterminação" para referir a imprecisão das normas contabilísticas, incluindo nesta expressão tanto os casos de verdadeira discricionariedade, no sentido kelsiano do termo, como os casos de simples imprecisão dos conceitos legais, os quais resultam, na maior parte das vezes, das próprias limitações da linguagem humana.

b. Tipos de indeterminação

A doutrina fiscal alemã reconhece nas normas contabilísticas duas categorias distintas de "indeterminação", as quais designa, uma delas como "direito de opção" e a outra como "margem de apreciação"[17]. Tomemos como exemplo as duas seguintes normas contabilísticas:

---

[16] Ver também, sobre a utilização do termo feita por Kelsen, ENDICOTT (2000, p. 60).
[17] KNOBBE-KEUK (1993, p. 22) e SCHNEELOCH (1990, p. 51).

i) "Na ausência de uma Norma ou Interpretação que se aplique especificamente a uma transação, outro acontecimento ou condição, o órgão de gestão ajuizará quanto ao desenvolvimento e aplicação de uma política contabilística que resulte em informação que seja: (...) b) Fiável, de tal modo que as demonstrações financeiras: (...) (iv) Sejam prudentes"[18].

ii) "Uma entidade deve escolher ou o modelo de custo ou o modelo de revalorização como sua política contabilística"[19].

Em ambos os casos estamos perante normas de valoração financeira. Segundo a primeira norma, o órgão de gestão deverá avaliar se uma determinada política contabilística é *prudente*. Neste caso, a "flexibilidade" da norma contabilística reconduz-se a uma categoria bem conhecida da teoria do direito, a de conceito jurídico indeterminado[20]. Este não significa que é impossível, em todo e qualquer caso, fixar se uma política contabilística é prudente ou imprudente, mas significa simplesmente que existe um conjunto de casos em que o conceito não se aplica claramente. Nestes casos, pelo facto de se tratar de uma avaliação subjetiva, duas pessoas que apliquem a norma a um determinado facto financeiro poderão chegar a duas conclusões diferentes. Obviamente, ambas serão válidas se estiverem devidamente fundamentadas, mas só uma será a avaliação correta. Porém, o que importa salientar em relação a este tipo de indeterminação, para o tema que nos ocupa, é que a tarefa do órgão de gestão se configura essencialmente como uma operação cognitiva, que procura encontrar a única solução acertada[21].

Já no segundo caso, pelo contrário, não existe qualquer indeterminação nos conceitos utilizados. O que a norma faz é estabelecer duas

---

[18] Norma Contabilística e de Relato Financeiro nº 4, Parágrafo 9, Despacho nº 588/2009/MEF do Secretário de Estado dos Assuntos Fiscais, de 14 de agosto de 2009.
[19] Norma Contabilística e de Relato Financeiro nº 6, Parágrafo 71, Despacho nº 588/2009/MEF do Secretário de Estado dos Assuntos Fiscais, de 14 de agosto de 2009.
[20] En el mismo sentido manifiesta TELLA (1996, p. 7).
[21] SCHNEELOCH, (1990, p. 51).

possibilidades distintas para a determinação do valor da amortização anual dos ativos amortizáveis. O processo de aplicação da norma por parte do órgão de gestão não se centra numa atividade de natureza cognitiva, mas numa atividade de decisão estratégica, uma vez que a norma confere ao seu destinatário a faculdade de escolher o método mais conveniente à gestão da empresa, segundo o seu próprio critério. Nesta segunda situação, estaríamos perante o tipo de discricionariedade que a doutrina alemã designa por "direitos de opção"[22].

Dentro da primeira forma de indeterminação referida anteriormente, a qual consiste na inclusão na norma de um conceito indeterminado, quando aplicada às normas contabilísticas, é possível ainda identificar duas situações distintas. Numa primeira, a tarefa do órgão de gestão consiste em determinar um valor para cuja determinação não se possuem elementos objetivos e seguros, pelo que se torna necessário realizar uma estimativa. Podemos dizer que neste caso, perante um conceito indeterminado – por exemplo, de "justo valor" – o órgão de gestão faz um juízo subjetivo de caráter quantitativo. Noutras situações, como determinar, perante um determinado facto financeiro, o que é uma valoração prudente, o órgão de gestão faz um juízo subjetivo de caráter qualitativo.

Assim, em resumo, a indeterminação das normas contabilísticas poderia assumir uma das seguintes três modalidades: i) conceitos indeterminados ("valor de uso", "justo valor", "duração da vida útil", etc.) cuja aplicação requer um juízo de caráter subjetivo quantitativo; ii) conceitos indeterminados ("prudência", "custos de alienação", "ativo detido essencialmente para a finalidade de ser negociado", "quantia imaterial", etc.) cuja aplicação requer um juízo de caráter subjetivo qualitativo; iii) opções discricionárias.

2. O direito fiscal perante as normas contabilísticas
a. O direito fiscal perante a indeterminação das normas contabilísticas
Tal como o direito comercial e a contabilidade financeira, o direito fiscal também tem como objetivo, no que diz respeito ao imposto sobre

---

[22] TIPKE e LANG (2005, p. 662).

o rendimento empresarial, determinar o lucro e o património das entidades empresariais. Teoricamente, o direito fiscal poderia, para esse efeito, estabelecer as suas próprias normas, *i.e.* regular de forma autónoma a mensuração do património das empresas. Aliás, esta situação existiu, embora nunca numa forma pura, em vários sistemas fiscais europeus[23]. Em Itália, a lei do imposto sobre o rendimento de 1958 incluía uma extensa regulação para a determinação do lucro tributável, que em muitos aspetos era não apenas divergente mas antagónica da regulação civil[24]. Só com a lei de imposto sobre o rendimento de 1973 viria a estabelecer-se uma remissão inequívoca para o direito contabilístico comercial[25]. A evolução no sistema fiscal espanhol foi similar. Embora já existisse, na lei do Imposto sobre Sociedades de 1978, uma remissão implícita para o direito comercial, um regulamento da mesma regulava de modo tão exaustivo o cálculo do lucro tributável que se sobrepunha à regulação comercial, então ainda incipiente[26]. Em França, a situação foi até recentemente de regulação exaustiva do cálculo do lucro tributável por parte do direito fiscal[27]. Na Alemanha, as primeiras leis de imposto sobre o rendimento também não continham ainda qualquer remissão para a contabilidade comercial[28].

No entanto, apesar do fenómeno descrito em certos sistemas fiscais, o direito fiscal nunca conteve uma regulação plenamente autónoma sobre a determinação do lucro, mas sempre se mostrou insuficiente para regular essa mensuração, tendo a lei fiscal, por esse motivo, sido sempre coadjuvada pela contabilidade comercial. Em alguns sistemas fiscais, em que a regulação contabilística no seio do direito comercial se encontrava mais desenvolvida, essa complementaridade realizou-se

---

[23] AGUIAR (2011, pp. 254-255).
[24] *Vide, v.g.*, FANTOZZI (1970, pp. 842 *et seq.*), em que o autor se refere à existência de distintos criterios para valoração de ativos nas leis fiscal e civil.
[25] FALSITTÀ (1977, pp. 218 *et seq.*); TABELLINI (1977, p. 359); GALEOTTI-FLORI (1974, p. 955); CICOGNANI (1979, p. 131); LIBONATI (1979, p. 56); ZIZZO, (2000, p. 165).
[26] Sobre o ponto *vd.* MORENO (2005, p. 40); e GARCÍA-OVIES (1992, pp. 83 *et seq.*).
[27] PASQUALINI (1992, p. 261).
[28] BARTH (1995, pp. 176-177).

mediante uma remissão para o direito contabilístico comercial[29]. Nos sistemas fiscais da Europa meridional, em que a regulação contabilística até meados do sec. XX era menos desenvolvida, a regulação fiscal foi complementada por um corpo de normas designadas "técnicas", quase sempre elaboradas pela própria administração fiscal, e que por sua vez se confundia com a regulação contabilística comercial.

Na atualidade, a remissão do direito fiscal para a regulação contabilística comercial, no âmbito da determinação do lucro tributável, constitui uma caraterística dos sistemas fiscais mais desenvolvidos, incluindo nestes todos os países membros da OCDE[30], e encontra-se em processo de rápido alargamento a muitos outros países. A remissão do direito fiscal para a regulação contabilística é, portanto, produto de uma evolução de quase um século e meio de existência dos impostos sobre os lucros, o que permite sugerir que se trata de uma característica estrutural destes impostos[31].

Esta dependência intrínseca entre o direito fiscal e a regulação contabilística assenta em razões de vária ordem, mas todas confluem no princípio da capacidade contributiva e na consequente necessidade de tributar o rendimento real das empresas[32].

Por um lado, a matéria contabilística exige uma regulação de grande complexidade e que está, por natureza, em constante evolução[33]. A regulação contabilística que é hoje predominante, talvez por influência da sua raiz anglo-saxónica, caracteriza-se ainda por um acentuado casuísmo, o qual se traduz numa considerável extensão do conjunto das normas que a compõem. As características indicadas são difíceis de compatibilizar com a natureza própria de uma lei de imposto, a qual é aprovada por um ato legislativo, deve ser clara e de aplicação

---

[29] Foi este o caso do direito alemão (SCHREIBER (2008, p. 42)).

[30] Numa perspetiva de direito comparado, podem ver-se os seguintes estudos: AULT e ARNOLD (2004); SCHÖN (2005); FREEDMAN (2004, pp. 71-99); ARNOLD (1981, pp. 476-488).

[31] AGUIAR, (2011, pp. 452-455).

[32] SANCHES (2007, p. 371); GRANDINETTI (2009, p. 31).

[33] CHIARAVIGLIO (1975, p. 262).

uniforme e está sujeita a alterações frequentes relacionadas com políticas orçamentais e económicas.

Por outro lado, devido à própria natureza da mensuração financeira, a regulação contabilística caracteriza-se ainda, como se viu no ponto anterior, por um elevado grau de indeterminação das suas normas. Esta indeterminação é difícil de compatibilizar com o princípio de igualdade tributária e com a necessidade de certeza ditada pelo princípio da legalidade tributária[34]. Por essa razão, sempre que o legislador fiscal, ao longo da história, optou por regular de forma autónoma o cálculo do lucro tributável, fê-lo procurando reduzir ao mínimo a indeterminação, o que conduziria à o obtenção de um lucro em larga medida presumido, por as normas fiscais para o seu cálculo, na sua maior parte, assentarem em presunções[35]. Um exemplo do tipo de normas a que nos referimos, entre muitos que poderiam ser dados, pode ver-se no atual regime das amortizações[36], em que as quotas de amortização são calculadas com base no período de vida útil *normal* fixado para grandes classes de bens.

O direito fiscal encontra-se assim num dilema entre, por um lado, a indeterminação própria das normas contabilísticas, a qual, sendo um instrumento do princípio da imagem verdadeira e fiel, constitui uma característica essencial para uma mensuração real do rendimento empresarial, e, por outro lado, a necessidade de certeza e objetividade do direito fiscal, características que, quando aplicadas à mensuração do rendimento empresarial, conduzem à determinação de um rendimento presumido, em maior em menor medida.

b. A conexão do direito fiscal com a contabilidade comercial

Os sistemas fiscais, de um modo geral e não apenas os sistemas mais próximos do nosso, ultrapassaram o dilema referido acima através de um mecanismo particular do imposto sobre os lucros que combina

---

[34] GONZÁLEZ e LEJEUNE, (2000, p. 32); TOMASIN (1980, p. 58); VIGANÒ, (1974, p. 740); FALSITTA, (1985, p. 16); TELLA, (1996, p. 5).
[35] VASCO (1983, pp. 819-831); e (1986, pp. 1269-1278).
[36] Aprovado pelo Decreto Regulamentar nº 25/2009, de 14 de setembro.

duas regras fundamentais. A primeira consiste numa remissão para o direito contabilístico[37] (ou para uma regulação contabilística de natureza privada, nos sistemas anglo-saxónicos[38]). Para chegar ao cálculo do lucro tributável, a lei de imposto renuncia a regular essa mensuração de forma direta, estabelecendo em vez dela uma remissão para o direito contabilístico[39], nos sistemas de direito civil, ou para a regulação contabilística de caráter privado, nos países anglo-saxónicos. Através desta remissão, a norma de direito fiscal, depois de ter definido em termos genéricos o objeto da tributação, chama outro setor do ordenamento jurídico – o direito contabilístico comercial – ou um conjunto de normas técnicas não jurídicas, a regular o cálculo da base tributável do imposto[40]. A *ratio* desta remissão normativa está, como já se referiu, no princípio da capacidade contributiva e no consequente subprincípio de tributação do lucro real[41]. O direito fiscal remete para o direito contabilístico, ou, nos sistemas anglo-saxónicos, para as normas contabilísticas técnicas de caráter privado, a mensuração do património e o cálculo do lucro empresariais porque aceita como pressuposto que tais normas são as mais adequadas para atingir esse resultado[42].

Ao estabelecer esta remissão, o direito fiscal incorpora as normas contabilísticas com toda a sua indeterminação, flexibilidade ou discricionariedade[43]. Nesta indeterminação das normas reside, inevitavelmente, uma margem para o contribuinte manipular o seu lucro e, consequentemente, a sua base tributável[44].

O segundo princípio, que completa o mecanismo acima referido, visa precisamente garantir que o contribuinte não utiliza a discricio-

---

[37] Ayala (2002, p. 80); Pezzer (1991, p. 15); Wassermeyer (1991, p. 30); na doutrina italiana pode citar-se Tesauro (1990, p. 57); Falsittà, (1985, p. 147).
[38] Berger (2010, p. 41).
[39] Tavares (2011, p. 178).
[40] Scheffler (2007, p. 16).
[41] Grandinetti, (2009, p. 28); Sanches, (2007, p. 371).
[42] Neste sentido, a sentença dos tribunais ingleses *Gallagher v. Jones* (1994), citada de Freedman (1995, p. 442).
[43] Grandinetti, (2009, p. 30).
[44] Viganò, (1974, p. 737).

nariedade das normas contabilísticas para influenciar o seu lucro com fins puramente fiscais, ou, por outras palavras, não utiliza abusivamente a indeterminação das normas contabilísticas. Este segundo princípio é o princípio da conexão formal[45], também designado pela doutrina como princípio de prejudicialidade-dependência[46] ou dependência formal[47] entre o procedimento de cálculo do lucro tributável e as contas anuais aprovadas no âmbito do direito comercial.

As entidades empresariais estão obrigadas, pelo direito comercial, a apresentar contas anuais. Trata-se, portanto, de uma obrigação jurídica *ex lege* que tem a sua fonte no direito comercial. O direito comercial estabelece esta obrigação com o objetivo de proteger um leque de interesses privados conexos com a entidade empresarial e mais especificamente com a prestação de contas[48]. Por exemplo, são interesses conexos com a prestação de contas o interesse dos administradores em verem reconhecido o seu desempenho através das contas anuais; o interesse dos sócios, na medida em que as contas anuais são a base de cálculo dos lucros distribuíveis; o interesse dos investidores e credores, uma vez que o limite legal à distribuição de lucros e a proibição de distribuição com base em capital, garantia geral dos credores, se concretiza através das contas anuais; e, por fim mas não menos importante, o interesse dos trabalhadores, pois a proibição de descapitalização abusiva das empresas tem como primeiro instrumento as contas anuais. Como vemos, portanto, as contas anuais servem uma pluralidade de interesses que se contrapõem entre si[49].

A proteção destes interesses é deixada fundamentalmente ao direito privado, embora se prevejam também alguns mecanismos de

---

[45] MORENO (1999, pp. 34 *et seq.*).
[46] FALSITTÀ, (1985, p. 5 *et seq*).
[47] TAVARES, (2011, p. 174).
[48] PINTO (2007, pp. 78 *et seq.*); CREZELIUS (2002, p. 324); HENNRICHS (2006, p. 392); LANG (1986, p. 237); REUTER (2007, p. 28); ONIDA (1974, p. 233); COLOMBO (1994, pp. 38-39); FERRARA e CORSI (1978, p. 564); PITA (1989, pp. 50 *et seq.*); D'IPPOLITO (1975, p. 869); SANCHES (1995, p. 242).
[49] GREGORIO (1960, p. 43).

direito público[50]. Assim, as contas são obrigatoriamente elaboradas por um técnico de contas e auditadas por um órgão de fiscalização, os quais se tornam responsáveis, juntamente com os administradores da empresa, por obrigações fiscais que por sua culpa tenham deixado de ser cumpridas[51]. Neste conceito de obrigações fiscais, incluem-se as dívidas nascidas num procedimento de correção da matéria tributável, a qual pode ter lugar em consequência de erros detetados na contabilidade. Por este motivo, este é um primeiro mecanismo que procura incentivar quer os responsáveis técnicos pela elaboração e auditoria das contas quer os administradores para um uso não abusivo da discricionariedade das normas contabilísticas. Após a certificação pelo órgão de fiscalização, as contas anuais são apresentadas à assembleia geral de sócios, a qual dispõe nesse momento de uma oportunidade para exercer o seu controlo e defender os seus interesses próprios. Finalmente, uma vez aprovadas pela assembleia geral, as contas são depositadas no registo comercial, onde outros interessados têm acesso às mesmas, incluindo credores e trabalhadores. No caso de empresas cotadas num mercado mobiliário oficial, as contas anuais são ainda sujeitas ao controlo de um ou mais órgãos de fiscalização ligados a este mercado[52].

O direito fiscal assume que, em geral, a soma de todos estes mecanismos de controlo é suficiente para incentivar uma atuação dos responsáveis pelas contas das empresas que utilize a indeterminação das normas contabilísticas de forma não abusiva. A conexão formal entre o procedimento de cálculo do lucro tributável e as contas anuais assenta então na assunção, por parte do direito fiscal, de que os juízos discricionários efetuados na contabilidade comercial ou financeira são

---

[50] *V.g.* o regime da responsabilidade por dívidas fiscais dos gestores de empresas, dos titulares dos órgãos de fiscalização, dos revisores oficiais de contas e dos técnicos de contas estabelecido no artigo 24º da Lei Geral Tributária.

[51] Artigo 24º da Lei Geral Tributária.

[52] *V.g.*, artigo 8º do Código dos Valores Mobiliários, republicado pelo Decreto-Lei nº 357--A/2007, de 31 de outubro, sobre a necessidade de auditoria, por auditores registados na Comissão de Mercado de Valores Mobiliários, sobre a informação financeira anual relevante para este mercado.

verdadeiros[53]. Assim, é possível definir a conexão formal entre a determinação do lucro tributável e as contas comerciais anuais como uma regra segundo a qual os juízos discricionários efetuados na contabilidade comercial ou financeira são preclusivos para o cálculo do lucro tributável[54], a não ser quando a lei fiscal disponha expressamente num sentido inverso[55].

O sistema de conexão entre imposto sobre os lucros e contabilidade comercial, assente nos dois princípios descritos, existe hoje, nos sistemas fiscais de todos os países da OCDE[56], tanto nos sistemas chamados de direito civil como nos sistemas de *common law*[57]. A diferença mais significativa entre os dois grupos, no que diz respeito à relação entre o imposto sobre os lucros e a contabilidade comercial, está, como já se referiu anteriormente, no facto de, nos primeiros, a regulação contabilística ser uma regulação jurídica[58] – o direito contabilístico[59] – enquanto no segundo grupo a regulação contabilística é uma regulação privada[60], produzida por organismos de direito privado, e a qual não tem, portanto, natureza jurídica. Esta diferença, porém, não tem qualquer efeito sobre o sistema de conexão formal ou dependência, sendo a relação entre a declaração de rendimentos e as contas anuais sindicável pelos tribunais em termos exatamente similares[61].

---

[53] GRANDINETTI, (2011, p. 28); TAVARES, (2011, p. 175).
[54] SCHEFFLER, (2007, p. 16).
[55] AGUIAR, (2011, p. 305-306).
[56] Organização para Cooperação e Desenvolvimento Económico.
[57] AGUIAR, (2011, p. 455). Sobre o sistema inglês, FREEDMAN (2004, pp. 71-72).
[58] COLOMBO, (1994, p. 68); SANCHES, (2000, pp. 50-51); SUCH (1994, p. 51); MORENO, (1999, p. 102).
[59] A existência do direito contabilístico é reconhecida, entre muitos outros, por SANCHES, (2000, p. 7); DE ANGELIS (2011); ROBLES (1960); GROSSFELD e LUTTERMANN (2005).
[60] Supra, nota 39.
[61] Os tribunais ingleses estabeleceram a relação de dependência entre o lucro tributável e as contas anuais comerciais em finais do séc. XIX, concretamente no caso *Highland Railway Co. Ltd. V. Balderston* (1889), citado de BURGESS (1972, p. 313).

c. As normas especiais do direito fiscal

O mecanismo descrito anteriormente, que combina uma remissão para a regulação contabilística comercial e uma conexão formal com as contas anuais aprovadas no âmbito do direito comercial, conexão esta que faz com que os juízos discricionários efetuados nestas contas sejam preclusivos para o cálculo do lucro tributável, assegura, tanto quanto é possível, a tributação de um lucro real[62]. No entanto, as leis de imposto sobre os lucros não se limitam a estas duas normas, mas contêm sempre, elas próprias, um conjunto de normas materialmente contabilísticas, *i.e.* normas de valoração, qualificação e imputação temporal de factos financeiros. O papel destas normas e a sua articulação com o duplo princípio descrito de remissão para a regulação contabilística comercial e de conexão formal com as contas anuais aprovadas tem sido bastante discutido, sobretudo pela doutrina alemã e italiana[63]. Se o direito fiscal renuncia a regular diretamente a mensuração do lucro empresarial e confia para esse fim noutro setor de regulação, ao mesmo tempo que impõe que o lucro aprovado para efeitos comerciais seja tomado como base da tributação, estas normas especiais[64] contidas na lei fiscal parecem estar em contradição e de certo modo anular esses dois princípios.

Uma parte da doutrina sustentou que estas normas especiais do direito fiscal não são mais do que concretizações dos princípios contabilísticos geralmente aceites e, nesta medida, não seria de ver qualquer contradição ou antinomia entre as normas especiais de direito fiscal e as normas contabilísticas comerciais[65]. Além de que a teoria foi

---

[62] SANCHES, (2007, p. 371); TAVARES, (2011, p. 175); GRANDINETTI, (2011, p. 28). No sentido de que o rendimento contabilístico representa o rendimento real, NABAIS (2001, p. 33).
[63] Na doutrina alemã, STOLLENWERK, (1987, p. 1053); TIPKE e LANG, (2005, p. 650). Na doutrina italiana, FANTOZZI e ALDERIGHI (1984, p. 118).
[64] Estas normas são consideradas *lex specialis* pela maior parte da doutrina (WEBER-GRELLET (2004); Schmidt e Schmidt (2004, p. 33); SCHNEELOCH, (1990, p. 51); FANTOZZI e ALDERIGHI, (1984, p. 118). Trata-se de normas especiais em relação às normas contabilísticas comerciais, as quais se aplicam com caráter de normas gerais por força da remissão normativa operada pela lei de imposto.
[65] FALSITTÀ, (1985, p. 173-174).

formulada para um momento em que as normas contabilísticas eram pouco mais do que um conjunto de princípios bastante vagos, tendo dificuldade em encaixar-se no sistema hoje vigente no direito europeu, formado por normas contabilísticas extremamente detalhadas e objetivas[66], a verdade é que, assumindo esta teoria como válida, a norma fiscal, ao "concretizar" a norma contabilística mais geral, reduziria sempre o leque de soluções que seriam possíveis de acordo com a norma contabilística[67]. Nesta medida, a norma fiscal é sempre antinómica em relação à norma contabilística[68], ainda que não seja frontalmente incompatível com os princípios contabilísticos[69]. É em face desta antinomia entre a norma fiscal e a norma contabilística para a qual a mesma lei fiscal remete e que foi aplicada no cálculo do lucro contabilístico, com o qual a mesma lei fiscal estabelece uma conexão formal, que se torna necessário analisar o modo como estas normas se devem articular.

Para compreender o modo como as normas valorativas especiais das leis do imposto sobre os lucros se articulam com o duplo princípio da remissão para a regulação contabilística e de conexão ou dependência formal, é útil começar por distinguir três categorias dentro das referidas normas especiais do imposto sobre os lucros. Já referimos que o direito fiscal pretende submeter a tributação um lucro real, em virtude do princípio da capacidade contributiva[70]. Uma primeira e mais abrangente categoria de normas de conteúdo contabilístico do imposto sobre os lucros é dirigida à mensuração do lucro real, embora com particularidades e desvios em relação às normas contabilísticas, que adiante detalharemos e procuraremos explicar. Uma segunda categoria de normas fiscais especiais é a das cláusulas anti-abuso específicas. Por exemplo, quando a lei fiscal determina a não-aceitação como custos dos juros pagos por dívidas que ultrapassem uma

---

[66] SANCHES, (2000, p. 24).
[67] SACNHES, (2007, 375).
[68] SANCHES, (2007, p. 375).
[69] AGUIAR, (2011, p. 402).
[70] NABAIS, (2001, p. 21); GRANDINETTI, (2011, p. 31.

determinada proporção em relação ao capital detido pelos credores, ou ainda quando determina que a administração fiscal pode corrigir de acordo com os preços de mercado os valores declarados de transações entre entidades associadas, estas normas configuram-se como cláusulas anti-abuso[71]. Estas cláusulas, admitidas ao abrigo do direito dos Estados a defenderem o seu direito à tributação, são normas excecionais em relação ao princípio da declaração que enforma todo o sistema fiscal. Não há dúvida de que estas normas, ao assentarem em presunções, têm por efeito introduzir na base tributável componentes de lucro presumido e, como tal, desligados da contabilidade comercial. Finalmente, um terceiro grupo de normas valorativas de direito fiscal, ao contrário das anteriores, tem como finalidade excluir da base tributável partes do lucro real, por razões extrafiscais. Por exemplo, quando a norma fiscal permite diferir no tempo a inclusão na matéria coletável das mais-valias reinvestidas ou destinadas a reinvestimento, o legislador permite retirar da base tributável uma fração do lucro efetivo, não porque se justifique uma divergência quanto à qualificação desses rendimentos como lucro ditada por algum princípio de direito fiscal, mas com o intuito extrafiscal de incentivar o reinvestimento dos capitais próprios gerados na empresa[72]. Estas normas devem, por conseguinte, ser caracterizadas como benefícios fiscais[73].

Em relação ao modo como estas três categorias de normas se articulam com os princípios de remissão para a regulação contabilística e de conexão formal, começaremos pela última, por ser de solução mais simples. Se o legislador entende estabelecer benefícios fiscais através da composição da base tributável do imposto, permitindo retirar do lucro proveitos reais ou deduzir gastos não efetivos, trata-se de uma decisão de política fiscal que não pode, em nenhum caso, ter qual-

---

[71] Mita (2011, p. 28).

[72] Roch (1983, p. 64), considera como uma das hipóteses normativas que podem qualificar-se como incentivos ao investimento nos impostos sobre o rendimento "la reinversión de incrementos patrimoniales (...) procedentes de la transmisión de activos fijos empresariales".

[73] Por exemplo, na doutrina alemã, Leucht (198, p. 2237); Schmitz (1986, p. 14); Söffing (1976, p. 313); em Itália, Zizzo, (2000, pp. 167 *et seq*).

quer repercussão sobre as contas comerciais. Além disso, a *ratio* do princípio de conexão formal, que consiste em assegurar que o lucro a tributar é um lucro real, não se aplica neste caso, já que a finalidade do benefício fiscal é alcançada precisamente através da dedução à base tributável de componentes sobre cuja qualificação como lucro real não existem dúvidas. Sendo assim, tais normas só podem ser aplicadas através de correções extra-contabilísticas, sem qualquer interferência sobre os correspondentes valores mostrados nas contas comerciais anuais e, além do mais, sem qualquer condicionamento relativo à inscrição de valores correspondentes nas contas anuais, o que significa que nestes casos deve haver uma rutura total com o princípio de conexão formal[74].

Quanto às cláusulas anti-abuso, não existe uma incompatibilidade com o objetivo de determinar o lucro real, uma vez que elas se aplicam em situações em que, precisamente, o legislador fiscal considera poder pôr fundamentadamente em causa a veracidade da declaração do contribuinte[75]. Há, sim, uma situação em que o proveito ou o gasto real não resultam da declaração do contribuinte, sendo esse facto o que justifica que o gasto ou o proveito sejam determinados com base numa presunção. Não há dúvida, contudo, de que estas normas constituem ruturas com o sistema de determinação do rendimento baseado na declaração do contribuinte devendo ser vistas, por essa razão, como excecionais. Em termos da sua relação com o princípio de conexão formal ou dependência, estas normas implicam apenas uma conexão formal "enfraquecida", em que apenas se exige que na contabilidade comercial se encontrem revelados os factos financeiros que servem de base à aplicação da presunção.

Quanto à primeira e mais genérica categoria de normas, há a apontar-lhe três características essenciais. Em primeiro lugar, entre

---

[74] DZIADKOWSKI (1989, p. 439). Esta, no entanto, não deve constituir impedimento para o legislador exigir a constituição de reservas legais em correspondência com este tipo de benefícios fiscais, já que uma norma que impõe uma reserva legal não pode ser vista como uma desvirtuação da imagem verdadeira e fiel.
[75] DE MITA, (2011, p. 96).

estas normas e as normas contabilísticas do direito comercial existe geralmente uma estreita articulação concetual e de nomenclatura, o que significa que estas normas fiscais não são formuladas à margem das normas contabilísticas. Exemplo disso é a recente adaptação do Código do IRC ao Sistema de Normação Contabilística[76]. É assim porque estas normas fiscais se destinam a ser aplicadas em complementaridade com as normas contabilísticas correspondentes. Em segundo lugar, estas normas fiscais não se encontram em colisão essencial com os princípios que informam o sistema normativo contabilístico[77]. Pelo contrário, elas derivam dos princípios contabilísticos vigentes[78]. Por fim, estas normas valorativas fiscais têm uma função específica que não é a de se substituírem às normas contabilísticas mas sim de estabelecer limites à discricionariedade deixada pelas normas contabilísticas, com o fim de diminuir as possibilidades de manipulação do valor do lucro por parte do contribuinte[79]. Entre estas normas fiscais e as normas contabilísticas correspondentes existe, pois, uma relação de complementaridade, na medida em que a norma fiscal só é aplicável no contexto da norma contabilística correspondente[80]. Estas normas fiscais podem proibir a dedução de certos gastos em função da sua natureza ou qualidade (*v.g.* artigo 23º CIRC), podem estabelecer limites máximos à dedução de outros gastos (*v.g.* artigo 31º, nº 1 CIRC), podem fixar, tanto para os componentes positivos como para os componentes negativos do lucro um critério de imputação temporal diferente do critério comercial (*v.g.* artigo 19º, nº 3), ou ainda estabelecer um critério de valoração distinto do estabelecido na normativa mercantil (artigo 18º, nº 8 CIRC)[81].

---

[76] Decreto-Lei nº 159/2009, de 13 de julho.
[77] SCHEFFLER, (2007, p. 32).
[78] KNOBBE-KEUK, (1993, pp. 28 *et seq*); BEISSE, (1993, p. 637).
[79] SANCHES, (2007, p. 374). Segundo SCHEFFLER, (2007, p. 32), as normas especiais fiscais têm a função, requerida pelo princípio de certeza do direito, de aumentar a objetividade das valorações financeiras para efeitos fiscais. No mesmo sentido, HENO (2006: p. 105).
[80] Neste ponto afastamo-nos de TAVARES,(2011, p. 182).
[81] No caso B.S.C. Footwear Ltd. (citado de FREEDMAN, 1987: p. 68) decidido pelos tribunais ingleses em 1971, em que o contribuinte havia utilizado como critério para valorar os seus

Importa agora sublinhar que, em todos estes casos, as normas fiscais devem aplicar-se dentro do princípio de conexão formal, o que significa que nem se substituem às normas contabilísticas nem desconectam o cálculo do lucro tributável do lucro contabilístico, embora conduzam a um resultado diferente. Suponha-se, por exemplo, que a norma contabilística permite contabilizar uma amortização de 1000, enquanto a norma fiscal permite contabilizar uma amortização máxima de 500. Para efeitos de cálculo do lucro tributável, a amortização não poderá exceder 500. Mas para que o contribuinte possa deduzir 500, é necessário que nas contas comerciais tenha sido deduzida uma amortização de, pelo menos, 500. Se, na contabilidade comercial, foi inscrita uma amortização de 300, não será possível deduzir fiscalmente um valor superior a este montante. Neste específico requisito reside a conexão formal. Do mesmo modo, se uma norma contabilística permitir contabilizar um ganho de 1000, enquanto a norma fiscal determina que o ganho no mesmo período seja de 2000, o contribuinte terá de incluir o segundo valor, como mínimo, no lucro tributável. Mas se nas contas comerciais o ganho mostrado for de 3000, o mesmo valor terá de ser incluído como ganho no lucro tributável, pois tal decorre do princípio de conexão formal. Nas duas situações a norma fiscal impõe uma certa conexão com as contas comerciais, ao mesmo tempo que deixa margem para uma divergência entre o lucro tributável e o resultado contabilístico. Nas duas situações, e apesar da divergência de valores a que se chega, o princípio de conexão formal desempenha plenamente

---

inventários o valor de reposição, o tribunal considerou que o método utilizado estava em conformidade com a prática contabilística, sendo portanto um método correto do ponto de vista da contabilidade comercial, mas considerou que tal método não era admissível segundo os "princípios do direito sobre a tributação do rendimento por ser um método que tornava possível ao contribuinte manipular o valor do seu lucro. Trata-se, pois, de um caso em que o direito fiscal (jurisprudencial) estabelece um método de valoração diferente do praticado na contabilidade comercial, com o objetivo de limitar a discricionariedade deixada ao contribuinte pelas normas contabilísticas.

a sua função de fazer assentar na contabilidade comercial a base da prova dos juízos contabilísticos discricionários[82].

3. O direito português
a. O princípio de conexão formal ou dependência
No direito português, o artigo 17º nº 3 estabelece uma remissão para a regulação "contabilística em vigor". Por sua vez, o artigo 17º, nº1 estabelece, em termos não inteiramente explícitos, uma regra de conexão formal entre o cálculo do lucro tributável e o lucro contabilístico. A fórmula usada nesta última disposição da lei portuguesa segue de muito perto quer a fórmula usada pela lei espanhola quer a do direito italiano. No entanto, tanto o direito espanhol como o direito italiano completam esta fórmula com uma segunda norma, onde se contém o "princípio da inscrição contabilística"[83].

No direito italiano, o artigo 109º, nº 3 do Texto Único dos Impostos sobre os Rendimentos determina que "os ganhos e outros proveitos de qualquer natureza e as variações positivas de existências concorrem para formar o lucro (tributável) mesmo que não tenham sido imputados à conta de resultados"[84]. Enquanto o nº 4 do mesmo preceito estipula que "os gastos e os restantes componentes negativos não são dedutíveis se e na medida em que não se encontrem imputados à conta de resultados relativa ao exercício competente"[85]. Por seu turno, no direito espanhol, o artigo 19º, nº 3 do Texto Refundido do Imposto sobre Sociedades[86] dispõe: "não serão fiscalmente dedutíveis os gastos que não hajam sido imputados contabilisticamente na conta de resultados ou numa conta de reservas quando assim se encontre esta-

---

[82] Alguma doutrina alemã denomina como "conexão formal limitada" ("eingeschränkte Massgeblichkeit") este mecanismo que permite uma divergência entre o lucro contabilístico e o lucro tributável dentro do princípio de conexão formal (SCHEFFLER, (2007, p. 21).
[83] Sobre o princípio da inscrição contabilística no direito espanhol vd., vg. MORENO (1997, pp. 199-213); CUENCA (1992).
[84] Tradução da autora.
[85] Tradução da autora.
[86] Real Decreto Legislativo 4/2004, de 5 de março.

belecido por uma norma legal ou regulamentar (...)"[87]. E "os ingressos e os gastos imputados contabilisticamente na conta de resultados (...) num período fiscal distinto daquele em que proceda a sua imputação temporal (segundo a lei fiscal[88]) imputar-se-ão ao período fiscal competente (...) [de acordo com a lei fiscal[89]]. Não obstante, tratando-se de gastos imputados contabilisticamente na conta de resultados num período fiscal posterior ao competente ou de ingressos imputados à conta de resultados num período fiscal anterior, a imputação temporal de uns e outros efetuar-se-á no período fiscal em que se tenha efetuado a imputação contabilística, sempre que de tal procedimento não resulte uma tributação inferior à que corresponderia por aplicação das normas de imputação temporal previstas [na lei fiscal]"[90].

Como se vê, as duas normas, do direito italiano e do direito espanhol, são muito semelhantes, o que é indicativo da sua relevância no sistema de conexão formal. São normas que conferem precisão a todo o sistema de articulação entre o lucro tributável e o lucro contabilístico. No direito português, falta uma norma correspondente. A jurisprudência tem vindo a suprir esta falha da lei do imposto, através do desenvolvimento de uma doutrina baseada no princípio da especialização dos exercícios[91]. É com base nesta jurisprudência que se pode afirmar hoje, com considerável certeza, que existe no sistema do imposto sobre os lucros um princípio de conexão formal entre o lucro tributável e o lucro contabilístico[92]. Portanto, no direito portu-

---

[87] Tradução da autora.
[88] Aditamento da autora.
[89] Aditamento da autora.
[90] Aditamento da autora.
[91] Ver acórdãos: TCAS de 21.2.01, Proc. nº 7016/02; STA de 21.11.2001, Proc. nº 26080; STA de 18.5.2005, Proc. nº 132/05; TCAS de 17.3.03, Proc. nº 162/03; TCAN de 26.10.06, Proc. nº 309/04. Sobre o tema, AGUIAR (2008: pp. 7-17).
[92] No direito alemão existiu uma situação semelhante. O princípio de conexão formal (*formelle Massgeblichkeit*) não foi legalmente consagrado até 1990. Até essa data, a exigência de uma conexão entre o lucro fiscal e o balanço comercial era uma prática imposta, a princípio, pela administração fiscal e mais tarde sancionada pelos tribunais. WASSERMEYER (1991, p. 33).

guês, os juízos discricionários realizados nas contas comerciais aprovadas são preclusivos para o cálculo do lucro tributável, exceto quando a própria lei fiscal, abrindo uma exceção, disponha de modo diferente.

b. O problema das normas valorativas fiscais no direito português
Como regra geral, as normas valorativas contidas na lei do imposto sobre as pessoas coletivas obedecem ao esquema acima descrito. As normas que incorporam benefícios fiscais[93] devem implicar uma rutura com o princípio de conexão formal o que significa que devem ser aplicadas: i) como correções extra-contabilísticas; ii) e sem qualquer condicionamento relacionado com a inclusão dos valores correspondentes no lucro contabilístico.

As restantes normas – tanto aquelas que estabelecem limites à discricionariedade das normas contabilísticas como as que assentam em presunções – devem ser articuladas com o princípio de conexão formal. Isto significa, em primeiro lugar, que tais normas não são casos de rutura como o princípio de dependência ou conexão formal. Tal não significa que a sua aplicação não possa implicar variações em relação ao lucro contabilístico. Os ajustamentos extra-contabilísticos, nestes casos, articulam-se com o princípio de conexão formal ou dependência. Em nenhum caso, o contribuinte é obrigado a conformar com as normas fiscais o cálculo do próprio lucro contabilístico[94].

Vejamos um exemplo: uma entidade X registou na contabilidade comercial, no ano N, um gasto de 3000. Este gasto está corretamente registado de acordo com as normas contabilísticas aplicáveis. Para o mesmo facto financeiro, a norma fiscal permite uma dedução de 4000. O valor estabelecido pela norma fiscal deve ser entendido como um limite máximo. Mas o gasto só é dedutível na medida em que se encon-

---

[93] Desta distinção, resulta ser de grande importância a noção de benefício fiscal. Segundo TIPKE e LANG, (2005, p. 175), benefício fiscal é uma norma que concede ao contribuinte uma vantagem em rutura com o princípio da capacidade contributiva.
[94] Neste aspeto divergimos de SANCHES, (2007, p. 374), ao sustentar o autor que algumas normas da lei do imposto sobre o rendimento das pessoas coletivas, por colmatarem lacunas existentes na regulação contabilística comercial, são também vinculativas "na área do Direito Comercial". Trata-se da mesma conceção proposta por FALSITTÀ, (1985, p. 174).

tre contabilizado (princípio de conexão formal ou dependência). Portanto, o gasto fiscalmente dedutível é de 3000.

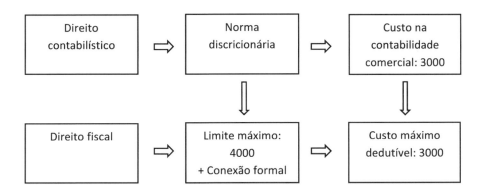

A aplicação em concreto destas regras pode, no entanto, revelar-se problemática em certos casos, em virtude da ambiguidade com que algumas dessas normas se encontram formuladas na lei de imposto. Para se compreender melhor a raiz destas dificuldades, comecemos por ver dois exemplos de normas especiais que estabelecem de modo claro o seu modo de articulação com a regra de dependência ou conexão formal:

1º Exemplo
Art. 18º, n. 8: "Os rendimentos e gastos, assim como quaisquer outras variações patrimoniais, relevados na contabilidade em consequência da utilização do método da equivalência patrimonial não concorrem para a determinação do lucro tributável, devendo os rendimentos provenientes dos lucros distribuídos ser imputados ao período de tributação em que se adquire o direito aos mesmos".

2º Exemplo
Art. 18º, n. 9: "Os ajustamentos decorrentes da aplicação do justo valor não concorrem para a formação do lucro tributável, sendo imputados como rendimentos ou gastos no período de tributação em que os elementos ou direitos que lhes deram origem sejam alienados, exercidos, extintos ou liquidados, exceto quando (...):"

As duas normas transcritas, comportando importantes discrepâncias em relação às normas contabilísticas correspondentes, estabelecem, de um modo claro, exceções ao princípio de conexão formal, através da expressão "não concorrem para a formação do lucro tributável". As alterações a fazer sobre o resultado contabilístico, resultantes da aplicação destas normas, efetuam-se através de "ajustamentos extra-contabilísticos", *i.e.*, sem qualquer efeito sobre as contas comerciais, como todas as restantes alterações. Mas neste caso, porque existe uma expressa derrogação da regra de dependência ou conexão formal, os gastos a deduzir fiscalmente não estão dependentes de o valor do gasto se encontrar coberto pelo valor inscrito na contabilidade comercial; e o valor dos rendimentos ou proveitos fiscais pode ser inferior, ou não ter sequer qualquer correspondência com o valor dos rendimentos correspondentes inscritos na contabilidade comercial.

Vejamos em seguida alguns exemplos de normas especiais contidas na lei de imposto que não definem de modo tão explícito a sua relação com o princípio da dependência ou conexão formal.

3º Exemplo

Art. 18º, n. 1: "Os rendimentos e os gastos, assim como as outras componentes positivas ou negativas do lucro tributável, são imputáveis ao período de tributação em que sejam obtidos ou suportados, independentemente do seu recebimento ou pagamento, de acordo com o regime de periodização económica".

A norma é coincidente com a norma contabilística e, portanto, se esta for corretamente aplicada, não se coloca qualquer problema. No entanto, se a entidade, na contabilidade comercial, imputou um gasto num exercício anterior ao competente, obviamente não poderá deduzi-lo fiscalmente no ano em que fez a imputação contabilística, devendo fazer uma correção extra-contabilística, de modo a adaptar o lucro tributável em conformidade com o critério de competência económica estabelecido no artigo 18º, nº1 CIRC. Mas o que acontecerá quando pretender deduzir esse gasto, para efeitos fiscais, no exercício competente? Nesse exercício – designemo-lo como exercício N – o gasto que o contribuinte pretenderia deduzir não tem correspondência no resultado contabilístico desse mesmo exercício, uma vez que já foi deduzido contabilisticamente num exercício anterior. Em princípio, uma vez que o gasto já foi considerado contabilisticamente, nada deveria obstar à sua dedução fiscal no exercício competente. É esta a solução quer da lei italiana quer da lei espanhola. Na lei portuguesa, porém, a questão não está expressamente prevista no texto da lei.

Esta questão pode considerar-se resolvida, contudo, pela jurisprudência dos tribunais fiscais portugueses. Numa decisão proferida em 2003[95], o STA reconheceu e aplicou o princípio da correção simétrica dos balanços[96], com base no princípio da justiça. No caso discutido, o contribuinte havia deduzido no exercício de 1992 encargos com férias que competiam, segundo o critério de competência económica estabelecido no artigo 18º, nº 1 CIRC, ao exercício de 1991. Assim, no exercício de 1991, o contribuinte declarara um lucro tributável superior ao que devia ser declarado e pagara imposto indevido. No ano de 1992, o contribuinte declarou um lucro inferior ao que devia declarar. A Administração Fiscal pretendeu corrigir apenas o lucro tributável de 1992, deixando inalterado o lucro tributável do ano anterior.

Numa interpretação estrita do princípio de dependência ou conexão formal, o lucro de 1991 não deveria realmente ser alterado, pois essa alteração teria como consequência que no exercício de 1991 o contribuinte estaria a deduzir gastos não refletidos nas contas comerciais do mesmo exercício. Mas a consequência da não alteração do lucro tributável referente a 1991 seria que o contribuinte seria tributado duas vezes pelo mesmo lucro, no valor correspondente àquele gasto cuja imputação se corrige. O tribunal entendeu, invocando o princípio da justiça, que, sem alterar o lucro tributável de 1991 – i.e,

---

[95] Acórdão do STA de 5.2.2003, proc. nº 01648/02, em http://www.dgsi.pt/.
[96] Importamos o termo utilizado na doutrina francesa (DAVID; LATOURNERIE; FOUQUET e PLAGNET (1988: p. 309).

sem efetuar uma correção simétrica – a administração fiscal não poderia alterar o lucro do exercício de 1992[97].

4º Exemplo
Art. 18º, n. 12: "Exceto quando estejam abrangidos pelo disposto no artigo 43º, os gastos relativos a benefícios de cessação de emprego, benefícios de reforma e outros benefícios pós emprego ou a longo prazo dos empregados que não sejam considerados rendimentos de trabalho dependente, nos termos da primeira parte do nº 3) da alínea b) do nº 3 do artigo 2º do Código do IRS, são imputáveis ao período de tributação em que as importâncias sejam pagas ou colocadas à disposição dos respetivos beneficiários".

Nesta norma, o legislador adota, excecionalmente, um critério de competência financeira, em discrepância com o critério de competência económica enunciado no nº 1 do mesmo preceito. Nessa medida, o critério não está em conformidade com a norma contabilística[98]. Por outro lado, a redação da norma é claramente distinta das anteriores, nada permitindo concluir com segurança que se está perante uma exceção ao princípio de conexão formal, ao contrário do que se observa nos exemplos anteriores. Neste caso concreto, a discrepância entre a norma contabilística e a norma fiscal deverá conduzir a uma antecipação da contabilização do gasto em relação ao momento da sua dedução fiscal. Assim, no ano ou anos em que o gasto é registado na contabilidade comercial, a dedução fiscal não será possível, o que será resolvido pela anulação do gasto para efeitos fiscais. O problema colocar-se-á, de novo, em relação ao ano em que o gasto deve ser deduzido fiscalmente, pois nessa altura o gasto não estará coberto por um gasto correspondente nas contas comerciais. Aparentemente, teria

---

[97] No mesmo sentido, os acórdãos do STA de 19.5.2010, Proc. nº 214/07 e de 25.6.2008, Proc. nº 291/08 (http://www.dgsi.pt/); e o Acórdão do TCAS de 21.6.2003, proc. nº 5616/01, em http://www.dgsi.pt/. Sobre este último, AGUIAR (2008: pp. 7-17).
[98] Norma Internacional de Contabilidade 19 – Benefícios dos Empregados (Regulamento (CE) nº 1126/2008 da Comissão de 3 de novembro de 2008, J.O.U.E. L320/1, de 29.11.1998.

aplicação nesta situação a mesma *ratio decidendi* que vimos aplicar-se a uma imputação errada de acordo com o nº 1, baseada no princípio da justiça. Assim, assumindo que a entidade contabiliza o gasto no ano de competência económica, não o podendo deduzir fiscalmente nesse mesmo período porque a norma fiscal não o consente, deverá a mesma poder deduzi-lo posteriormente, no ano de competência financeira, sem correspondência com o resultado contabilístico.

5º Exemplo
Art. 26º, n. 1: "Para efeitos da determinação do lucro tributável, os rendimentos e gastos dos inventários são os que resultam da aplicação de métodos que utilizem:
a) Custos de aquisição ou de produção;
b) Custos padrões apurados de acordo com técnicas contabilísticas adequadas;
c) Preços de venda deduzidos da margem normal de lucro;
d) Preços de venda dos produtos colhidos de ativos biológicos no momento da colheita, deduzidos dos custos estimados no ponto de venda, excluindo os de transporte e outros necessários para colocar os produtos no mercado;
e) Valorimetrias especiais para os inventários tidos por básicos ou normais.
(...)

Neste caso, a norma contabilística[99] é mais restritiva do que a norma fiscal, pois esta última admite mais métodos de apuramento do valor dos inventários, o que implica que algumas das soluções possíveis segundo a lei fiscal não podem ser aplicadas na contabilidade. Esta é uma das situações que mais problemas de interpretação têm suscitado noutros ordenamentos jurídicos, como por exemplo o alemão[100]. Neste último, a jurisprudência tem considerado que o princí-

---
[99] Norma Internacional de Contabilidade 2 – Inventários (Regulamento (CE) nº 1126/2008 da Comissão de 3 de novembro de 2008, J.O.U.E. L320/1, de 29.11.1998.
[100] BORDEWIN (1992, p. 291); SARRAZIN (1992, pp. 849-850).

pio de conexão formal faz com que a solução contabilística seja a única aceitável para efeitos fiscais[101].

4. Conclusão

As normas analisadas acima são apenas alguns exemplos de normas especiais valorativas do Código do IRC, cujo modo de articulação com a regra de conexão formal ou dependência entre o lucro fiscal e as contas anuais comerciais não é clarificada pelo legislador. Os exemplos escolhidos procuram mostrar a diversidade de matizes que podem ocorrer na articulação destas normas com a regra de conexão formal ou dependência. Excetuando os poucos casos em que o legislador utiliza uma fórmula como "não concorrem para o lucro tributável" ou outra análoga, as normas valorativas fiscais levantam delicados problemas de interpretação quanto à sua articulação com a regra de conexão formal. A falta de uma norma relativa ao requisito de inscrição contabilística, como a do artigo 109º, n.os 3 e 4 do Texto Único dos Impostos sobre o Rendimento italiano, ou do artigo 19º, nº 3 do Texto Refundido do Imposto sobre Sociedades espanhol, torna a interpretação da lei de imposto portuguesa particularmente problemática nesta matéria. De um modo geral, as normas especiais contidas na lei de imposto, embora se encontrem em antinomia com as normas contabilísticas comerciais, não significam qualquer rutura ou derrogação da regra de conexão formal, o que significa que devem ser aplicadas dentro do princípio de conexão formal. Assim, essas normas podem obrigar a uma correção, exclusivamente para efeitos fiscais, dos valores contabilísticos. Mas a simples existência de uma norma fiscal valorativa divergente da norma contabilística não autoriza o contribuinte a fazer uma valoração para efeitos fiscais, diretamente em aplicação da norma fiscal, desvinculada das valorações contabilísticas. Pelo contrário, as valorações contabilísticas, no que diz respeito aos juízos contabilísticos discricionários, condicionam sempre as valorações fiscais, ainda que divergentes, por constituírem a prova dos factos financeiros e da sua valoração.

[101] SARRAZIN, (1992, p. 849).

BIBLIOGRAFIA

AGUIAR, N., *Lucro tributável e contabilidade na jurisprudência dos tribunais tributários superiores*, Revista Fiscal, núm. 2, 2008.

AGUIAR, N., *Tributación y Contabilidad. Una Perspectiva Histórica y de Derecho Comparado*, Ruiz de Aloza, Granada, 2011.

ALGUACIL, M. P., *Discrecionalidad Técnica y Comprobación Tributaria de Valores: la Problemática de su Control Judicial*, Diálogo, Valencia, 1999.

ARNOLD, B. J., *Conformity between Financial Statements and Tax Accounting*, Canadian Tax Journal, 3, 1981.

AULT, H. J. E ARNOLD, B. J. (eds), *Comparative Income Taxation: A Structural Analysis*, 2ª ed., Kluwer Law International, 2004.

AYALA, J. L. P., *Algunas Sugerencias de Técnica Fiscal para la Reforma del Impuesto sobre Sociedades*, Revista del Instituto de Estudios Económicos, 1/2, 2002.

BARONE, G., *Discrezionalità, I) Diritto Amministrativo, in* Enciclopedia Giuridica, Vol. XI, Instituto della Enciclopedia Italiana, Roma, 1989.

BARTH, K., *Die Entwicklung des Deutschen Bilanzrecht*, Band II, 1, Steuerrecht, Estugarda-Degerloch, 1995.

BERGER, K. P., *The Creeping Codification of the New Lex Mercatoria*, 2ª ed., Kluwer Law International, 2010.

BORDEWIN, A., *Umgekehrte Massgeblichkeit bei Ausschliesslich Steurlichem Bilanzierungswahlrecht*, Der Betrieb, 6, 1992.

BURGESS, R., *Revenue Law and Accounting Practice*, British Tax Review, s.n., 1972.

CABRERA, C. G., *La Discrecionalidad de la Administración Tributaria: su Especial Incidencia en el Procedimiento de la Inspección*, McGraw-Hill, Madrid, 1998.

CICOGNANI, A., *Ammortamenti Anticipati e Apparente Incompatibilità fra gli Art. 52.1 e 74.2 del D.P.R. 29 Settembre 1973*, Rivista di Diritto Finaziario e Scienza delle Finanze, 597, 1979.

COLOMBO, G. E., *Il Bilancio d'Esercizio, in* COLOMBO e PORTALE, dirs., *Trattato delle Società per Azioni*, vol. 7, UTET, Turim, 1994.

CREZELIUS, G., § 5, *in* KIRCHHOF, P., *EStG Kompaktkommentar*, 2ª ed., Müller, Heidelberg, 2002.

CUENCA, M. P. A., *Modelo de Relación entre Contabilidad y Fiscalidad. El Principio de Inscripción Contable*, Carta Tributaria. Monografías, 156, 1992.

CHIARAVIGLIO, L., *Normativa Obbligatoria o Rinvio alla Tecnica circa il Contenuto del Bilancio*, Rivista dei Dottori Commercialisti, I, 1975.

D'IPPOLITO, T., *I Principi Contabili Razionali ed i Principi Contabili de Comune Accettazione*, Rivista dei Dottori Commercialisti, 1, 1975.

DAVID, C.; LATOURNERIE, M.-A.; FOUQUET, O. e PLAGNET, B., *Les Grands Arrêts de la Jurisprudence Fiscale*, Sirey, Paris 1988.

DE ANGELIS, L., *Elementi di Diritto Contabile. Disciplina Civilistica e Principi Contabili Internazionali*, 2ª ed., Giuffrè, Milão, 2011.

DZIADKOWSKI, D., *Wider die Aushölung der Grundsätze Ordnungsmässiger Buchführung durch Kodifizierung einer Totalen Umkehrmassgeblichkeit*, Der Betrieb, 9, 1989.

EGIDO, C. U., *La discrecionalidad en el Derecho Tributario, Hacia la Elaboración de una Teoría del Interés General*, Instituto de Estudios Fiscales, Madrid, 2002.

ENDICOTT, T. A., *Vagueness in Law*, OUP, Oxford, 2000.

FALSITTÀ, G., *Il Bilancio di Esercizio delle Imprese*, Giuffrè, Milão, 1985.

FALSITTÀ, G., *Il Problema delle Interrelazioni tra Normativa di Diritto Commerciale e di Diritto Tributario nella Disciplina del "Conto Profitti e Perdite" delle Società per Azioni*, Impresa, Ambiente e Pubblica Amministrazione, I, 1977.

FANTOZZI, A. e ALDERIGHI, M., *Il Bilancio e la Normativa Tributaria*, Rassegna Tributaria, 3 1984.

FANTOZZI, A., *Le Valutazioni dei Beni delle Società ai Fini del Bilancio e della Dichiarazione dei Redditi*, Diritto e Pratica Tributaria, vol. I, 1970.

FERNANDEZ, J. I. M., *La Discrecionalidad en el Derecho Tributario*, Lex Nova, Valladolid, 1998.

FERRARA, F. e CORSI, F., *Gli Imprenditori e le Società*, Giuffrè, Milão, 1978.

FORTUNADO, S., *Clausole Generali e Informazione Contabile fra Integrazione Giurisprudenziale e Integrazione Professionale*, in MERUZZI, G./TANTINI, G., *Le Clausole Generali nel Diritto Societário*, Cedam, Pádua, 2011.

FREEDMAN, J., *Aligning Taxable Profits and Accounting Profits*, e-Journal of Tax Research, 1, 2004.

FREEDMAN, J., *Aligning Taxable Profits and Accounting Profits: Accounting Standards, Legislators and Judges*, e-Journal of Tax Research, 1, 2004.

FREEDMAN, J., *Defining Taxable Profit in a Changing Accounting Environment*, British Tax Review, 5, 1995.

FREEDMAN, J., *Profit and Prophets – Law and Accountancy Practice on the Timing of Receipts – Recognition under the Earnings Basis (Schedule D, Cases, I & II), I Parte*, British Tax Review, 2, 1987.

GALEOTTI-FLORI, M. A., *Aspetti Fiscali della Politica di Bilancio*, Rivista dei Dottori Commercialisti, 6, 1974.

GARCÍA-OVIES, I., *Gastos Deducibles en el Impuesto sobre Sociedades*, Lex Nova, Valladolid, 1992.

GONZÁLEZ, E./LEJEUNE, E., *Derecho Tributario*, Tomo I, 2ª ed., Plaza Universitaria Ediciones, Salamanca, 2000.

GRANDINETTI, M., *La Determinazione della Base Imponibile delle Socità ai fini delle imposte sui redditi. Profili Interni, comparati e prospettive comunitarie*, Rubbettino Università, Soveria Manelli, 2009.

GREGORIO, A., *Corso di diritto commerciale*, 6ª ed., S.E.D.A, Milão, 1960.

GROSSFELD, B. E LUTTERMANN, C., *Bilanzrecht: Die Rechnungslegung in Jahresabschluss und Konzernabschluss nach Handelsrecht und Steuerrecht, Europarecht und IAS/IFRS*, 4ª ed., C.F. Müller, Heidelberga, 2005.

HENNRICHS, J., *Bilanz- und Steuerrechtliche Aspekte der sogennante Scheinauslandsgesellschafeten*, in BERGER, K. P. *Zivil und Wirtschaftsrechts im Europäischen und Globalen Kontext*, De Gruyter, Berlim, 2006.

HENO, R., *Jahresabschluss Nach Handelsrecht, Steuerrecht Und Internationalen Standards (IFRS)*, 5ª ed., Physica-Verlag, Heidelberga, 2006.

KELSEN, H., *Teoría Pura del Derecho*, 7ª ed., Porrúa, México D. C., 1993.

KNOBBE-KEUK, B., *Bilanz- und Unternehmenssteurrecht*, 9ª ed., Otto Schmidt, Colonia, 1993. SCHNEELOCH, D., *Die Grundsätze der Massgeblichkeit*, Deutsches Steuerrecht, 3, 1990.

LANG, J., *Grundsätze Ordnungsmässiger Buchführung*, in LEFFSON/RÜCKLE/GROSSFELD, eds., *Handwörterbuch Unbestimmter Rechtsbegriffe im Bilanzrecht des HGB*, Otto Schmidt, Colónia, 1986.

LEUCHT, A., *Die Umgekehrte Massgeblichkeit und ihre Geplante Gesetzliche Neufassung*, Der Betrieb, 45, 1989.

LIBONATI, B., *Bilancio delle Società. Estratto dall'Appendice del Novissimo Digesto Italiano*, UTET, Turim, 1979.

MAZZA, G., *Interrelazioni e Interferenze tra Bilancio d'Esercizio e Dichiarazione Fiscale*, Rivista dei Dottori Commercialisti, 6, 1974.

MITA, E., *Principi di diritto tributário*, 6ª ed., Giuffrè, 2011.

Moreno, A. B., *Normas Contables e Impuesto sobre Sociedades*, Thomson/Aranzadi, Cizur Menor, 2005.

Moreno, V. A. G., *Breve Análisis de la Exigencia de la Contabilización de los Gastos como Requisito de Deducibilidad*, Revista Española de Derecho Financiero, 94, 1997.

Moreno, V. A. G., *La base imponible del Impuesto sobre Sociedades*, Tecnos, Madrid, 1999.

Nabais, J. C., *O Quadro Constitucional da Tributação das Empresas*, AAFDL, Lisboa, 2001.

Onida, P., *Il Bilancio d'Esercizio nelle Imprese e la sua "Standardizzazione" e 'Certificazione'*, Rivista dei Dottori Commercialisti, 2, 1974.

Pasqualini, F., *Le Principe de l'Image Fidèle en Droit Comptable*, Litec, Paris, 1992.

Pezzer, H.-J., *Bilanzierungsprinzipien als Sachgerechte Massstäbe der Besteuerrung*, in Doralt, ed., *Probleme des Steuerbilanzrechts*, Otto Schmidt, Colónia, 1991.

Pinto, A. M., *A Prestação de Contas e o Financiamento das Sociedades Comerciais*, in Sanches, J. L. S e Gama, J. T., eds., *O Direito do Balanço e as Normas Internacionais de Relato Financeiro*, Coimbra Editora, Coimbra, 2007.

Pita, M. A., *Direito aos lucros*, Almedina, Coimbra, 1989.

Polidoro, M. F., *Analisi di Bilancio e Decisioni Strategiche*, 2ª ed., Maggioli, 2011.

Reuter, D., *Die Bewertung von Rückstellungen in der Handels- und Steuerbilanz nach dem Steuerentlastungsgesetz 1999/2000/2002*, Josef Eul, Colónia, 2007.

Robles, A. R., *Derecho Contable Mercantil: El Contenido Económico de la Contabilidad y su Eficacia Jurídica en el Derecho Mercantil Español*, Editorial de Derecho Financiero, Madrid, 1960.

Roch, M. T. S., *Incentivos a la Inversión y Justicia Tributaria*, 1ª ed., Civitas, Madrid, 1983.

Sanches, J. L. S., *A quantificação da obrigação tributária*, Cadernos de Ciência e Técnica Fiscal, 173, Centro de Estudos Fiscais, Lisboa, 1995.

Sanches, J. L. S., *Manual de Direito Fiscal*, 3ª ed., Coimbra Editora, Coimbra, 2007.

SANCHES, J. L. S., *Estudos de Direito Contabilístico e Fiscal*, Coimbra Editora, Coimbra, 2000.
SARRAZIN, V., *Umgekehrte Massgeblichkeit bei ausschliesslich steuerlichem Bilanzierungswahlrecht*, Der Betrieb, 17, 1992.
SCHEFFLER, W., *Besteuerung von Unternehmen*, II, 5ª ed., C. F. Müller, Heidelberga, 2007.
SCHMITZ, T., *Massgeblichkeitsprinzip und Steuervergünstigungen*, Der Betrieb, 1, 1986.
SCHÖN, W. (ed.), *Steuerliche Massgeblichkeit in Deutschland und Europa*, Otto Schmidt, Colónia, 2005.
SCHREIBER, U., *Besteuerung der Unternehmen: Eine Einführung in Steuerrecht und Steuerwirkung*, 2ª ed., Springer, Berlim/Heidelberga, 2008.
SÖFFING, G., *Erhöhung des Wertansatzes in der Handelsbilanz nach Inanspruchnaahme von Abschreibungsvergünstigungen*, Finanz-Rundschau, 13, 1976.
SUCH, J. M. G., *Introducción al Derecho contable*, Marcial Pons, Madrid, 1994.
TABELLINI, P., *L'Imposta dul Reddito delle Persone Giuridiche*, Giuffrè, Milão, 1977.
TAVARES, T. C., *IRC e Contabilidade, Da Realização ao Justo Valor*, Almedina, Coimbra, 2011.
TELLA, R. F., *La Relativa Libertad del Empresario para Determinar la Base Imponible del Impuesto sobre Sociedades: en Torno al Artículo 148 de la Ley del Impuesto sobre Sociedades*, Quincena Fiscal, 8, 1996.
TESAURO, F., *Istituzioni de diritto tributario*, I, UTET, Turim, 1990.
TIPKE, K. e LANG, J. (Eds.), *Steuerrecht*, 18ª ed., Otto Schmidt, Colónia, 2005.
TOMASIN, G., *Contrasti Veri e Apparenti fra Normativa Civilistica e Tributaria in Materia di Bilancio e i Princìpi Contabili*, Rassegna Tributaria, 9/10, 1980.
TURRI, T., *Necessità di un Rinvio alla Tecnica Circa il Contenuto del Bilancio*, Rivista dei Dottori Commercialisti, 1975.
VASCO, D. C., *Las Presunciones sobre Contabilidad en el Impuesto sobre Sociedades*, Revista de Derecho Financiero y Hacienda Pública, 166/167, 1983.
VASCO, D. C., *Una Nota sobre la Simplificación Tributaria*, Revista de Derecho Financiero y Hacienda Pública, 186, 1986.
VIGANÒ, E., *Reddito Economico di Impresa e Reddito Imponibile*, Rivista dei Dottori Commercialisti, 5, 1974.

WASSERMEYER, F., *Die Massgeblichkeit des Handelsbilanz für die Steuerbilanz und die Umkehr dieses Grundsatzes*, in DORALT, dir., *Probleme des Steuerbilanzrechts,* Otto Schmidt, Colónia, 1991.

WEBER-GRELLET, H., *Bilanzsteuerrecht,* 8ª ed., Alpmann Schmidt e Otto Schmidt, Colónia, 2004.

ZIZZO, G. *Il Reddito d'Impresa*, in FALSITTÀ, *Manuale di Diritto Tributario. Parte Speciale. Il Sistema delle Imposte in Italia,* Cedam, Pádua, 2000.

Auditoria e estimativas

Ana Catarina

1. Breve *overview* do conceito tradicional de auditoria

O conceito de auditoria tradicional estará sempre conectado a uma missão de controlo e revisão em áreas da actividade económica, tendo como principal objectivo a obtenção de dados necessários à tomada de decisões, planeamento e controlo, para proteger e qualificar a informação disponibilizada, nomeadamente num contexto de:

- Prestação de contas (*stakeholders*);
- Concentrações empresariais;
- Avaliação de patrimónios;
- Cotação em mercados financeiros.

As classes de auditoria vão variar em função do público-alvo, consoante:

- Finalidade a atingir;
- Áreas da actividade empresarial onde existe intervenção;
- Meios utilizados.

Apresentamos em seguida um breve resumo das principais classes de auditoria:

Auditoria Financeira

A auditoria financeira terá como objectivo a análise das demonstrações financeiras, garantindo que estas transmitem uma imagem fiel e verdadeira da situação económica da entidade objecto de análise. A base de trabalho será sempre a contabilidade, organizada de acordo com o plano contabilístico que lhe seja aplicável.

Esta classe de auditoria poderá ter origem numa base legal, ou ser requerida pelas partes interessadas (*e.g.* operações de compra e venda).

Auditoria Interna/Gestão

Ao contrário da auditoria externa, que apresenta um carácter de protecção externo, a auditoria interna/gestão visa auxiliar os membros da organização no cumprimento das suas responsabilidades, avaliar a existência de sistemas de controlo a sua implementação e eficácia.

Auditoria Fiscal

A auditoria fiscal tem como objectivo principal assegurar a regularidade do cumprimento das obrigações fiscais em vigor, bem como, proceder à identificação e quantificação de contingências e oportunidades. Os objetivos da auditoria fiscal são:

- Exame da situação fiscal da empresa, tendo em vista a verificação do cumprimento da legislação fiscal;
- Verificação do impacto do (não) cumprimento no relato das demonstrações financeiras, por forma a dar a conhecer a terceiros a verdadeira situação fiscal da empresa;
- Verificar a inexistência de erros que possam deturpar o resultado fiscal e, consequentemente, o imposto devido ao Estado;
- Identificação de erros e riscos decorrentes da prática desses erros.

Sujeitos da auditoria fiscal: Administração Fiscal
Objetivo: liquidação tributária

Auditores internos
Objetivo: controlo da gestão e do risco fiscal; validar o cumprimento das obrigações fiscais

Auditores externos
Objectivo: Avaliação da empresa – *"due diligence"*, revisão contas, validação do cumprimento das obrigações fiscais

Será de notar que a auditoria fiscal apresenta, uma importância cada vez maior na gestão fiscal, atendendo, à especificidade e evolução constante das normas fiscais, mas, acima de tudo, ao cada vez maior peso da carga fiscal. Podendo dar origem a uma minimização do risco fiscal e inerente maximização da poupança fiscal.

2. A relação da fiscalidade com a Contabilidade

Importa agora analisar qual a relação entre a contabilidade e a fiscalidade. De facto existe uma subordinação entre a fiscalidade e a contabilidade, sendo indiscutível que a primeira nasce da segunda. No entanto, até que ponto é que esta subordinação *é total*?

Poderão existir casos em que esta obediência assume um carácter operacional, através da qual a fiscalidade influencia a decisão real das empresas, atendendo, desde logo, aos constrangimentos fiscais, que, a não congruência com essas normas, irá originar no seu dia-a-dia. O exemplo mais flagrante deste facto será a dependência das taxas de amortização, agora determinadas pelo Decreto-Regulamentar nº 25/2009, de 14 de Setembro. Existem, no entanto, outros princípios em que esta limitação se apresenta como menos limitativa como será a aplicação do método da equivalência patrimonial.

A adopção do Sistema de Normalização Contabilística trouxe uma maior convergência entre a fiscalidade e a contabilidade, sendo esta particularmente notável no que respeita ao Justo Valor. Esta convergência é descrita, em maior detalhe como se segue, nomeadamente no que respeita à dicotomia *fiscalidade versus contabilidade* inerente aos títulos negociáveis e aos instrumentos financeiros derivados.

Títulos negociáveis (participações não significativas)

O anterior plano contabilístico previa que os investimentos financeiros, que não participações em empresas filiais e associadas, fossem registados pelo custo de aquisição, devendo este ser ajustado, sempre que, à data do balanço, os ditos investimentos apresentassem um valor de mercado ou de recuperação inferior ao registado na contabilidade.

A Norma Contabilística de Relato Financeiro NCRF 27, aplicável no reconhecimento, mensuração e divulgação de instrumentos financeiros, estabelece que os investimentos em instrumentos de capital próprio com cotações divulgadas publicamente, bem como os activos e passivos financeiros detidos para negociação, deverão ser mensurados ao justo valor através de resultados. De referir que a mensuração ao justo valor é o regime regra, devendo apenas não ser aplicável quando não existirem os elementos necessários à sua quantificação, não sendo de aplicação exclusiva num contexto de mercado regulamentado associado à formação do preço dos títulos.

Ainda nos termos da NCRF 27, uma entidade poderá optar por não aplicar esta norma, caso opte pela aplicação integral das Normas Internacionais de Contabilidade, nomeadamente as IAS 32, IAS 39 e IFRS 7.

A este respeito estabelece a IAS 39 que os "activos financeiros disponíveis para venda" são activos financeiros não derivados que sejam designados como disponíveis para venda ou que não sejam classificados como (a) empréstimos concedidos ou contas a receber, (b) investimentos detidos até à maturidade ou (c) activos financeiros pelo justo valor por via de resultados. Os ganhos e as perdas, provenientes de uma alteração no justo valor destes activos, deverão ser reconhecidos directamente no capital próprio, através da demonstração de alterações no capital próprio.

No que respeita ao tratamento fiscal das variações do justo valor, estabelece a alínea a) do nº 9 do artigo 18º do Código do IRC, que os ajustamentos decorrentes da aplicação do justo valor não concorrem para a formação do lucro tributável, sendo imputados como rendimentos ou gastos no período de tributação em que os elementos ou direitos que lhes deram origem sejam alienados, exercidos, extintos ou liquidados, excepto quando respeitem a instrumentos financeiros reconhecidos pelo justo valor através de resultados, desde que, tratando-se de instrumentos do capital próprio, tenham um preço formado num mercado regulamentado e o sujeito passivo não detenha, directa ou indirectamente, uma participação no capital superior a 5% do respectivo capital social.

A este nível, torna-se clara a aplicação do princípio da realização relativamente aos instrumentos financeiros mensurados ao justo valor e cuja contrapartida seja reconhecida em capitais próprios. Esta posição, deliberada, do legislador é, desde logo, expressa no preâmbulo do Decreto-Lei nº 159/2009, de 13 de Julho, no qual é referido que *"...manteve-se a aplicação do princípio da realização relativamente aos instrumentos financeiros mensurados ao justo valor cuja contrapartida seja **reconhecida em capitais próprios...**"*.

É assim inequívoca a opção do legislador (sendo esta totalmente demarcada da que vinha sendo seguido até 31 de Dezembro de 2009) da convergência da fiscalidade com a contabilidade no que respeita aos títulos negociáveis cujo justo valor se encontra reflectido em resultados, cumpridas que se encontrem as disposições do nº 9 do artigo 18º do Código do IRC. Sendo o princípio de realização mantido relativamente aos títulos cujo justo valor é refletido em capital próprio.

Não obstante, em resposta a um pedido de informação, a Administração Fiscal veiculou um entendimento nos termos do qual a perda reconhecida em resultados transitados decorrente da alteração da política contabilística (do modelo do custo para o modelo do justo valor), concorre em apenas 50% do seu valor para a formação do lucro tributável, de acordo com o nº 3 do artigo 45º do Código do IRC.

A norma utilizada pela Administração Fiscal para limitar os ajustamentos negativos de justo valor na mensuração das participações dispõe que, *"a diferença negativa entre as mais-valias e as menos-valias realizadas mediante a transmissão onerosa de partes de capital, incluindo a sua remissão e amortização com redução de capital, bem como outras perdas ou variações patrimoniais negativas relativas a partes de capital ou outras componentes do capital próprio, designadamente prestações suplementares, concorrem para a formação do lucro tributável em apenas metade do seu valor".*

Ora, parece ser entendimento da Administração Fiscal o enquadramento das reduções de justo valor deste tipo de participações no nº 3 do artigo 45º do Código do IRC, na qualidade de *"outras perdas... relativas a partes de capital"*. Esta norma visa limitar o "planeamento fiscal abusivo", impedindo situações de perda "artificial" de valor das participações sociais e outros activos com elas relacionadas, com o objectivo de, daí, obter vantagens fiscais, designadamente pela transmissão onerosa daqueles activos a terceiros. De notar que a este nível, a perda de valor que a Administração Fiscal pretende limitar fiscalmente através da aplicação de uma norma anti-abuso resulta, exclusivamente, da mera detenção da participação que se desvalorizou em mercado regulamentado.

No entanto, nunca poderá ser esquecido, que numa clara excepção à regra da não relevância fiscal dos ajustamentos decorrentes da aplicação do justo valor, o legislador pretendeu aceitar fiscalmente o método do justo valor associado a instrumentos financeiros reconhecidos pelo justo valor através de resultados, desde que, tratando-se de instrumentos de capital próprio, tenham preço formado num mercado regulamentado e o sujeito passivo não detenha, directa ou indirectamente, uma participação no capital superior a 5% do respectivo capital social.

Mais ainda, com a entrada em vigor do Decreto-Lei nº 159/2009, às normas gerais de definição dos rendimentos e gastos, previstas nos artigos 20º e 23º do Código do IRC, respectivamente, foi adicionada uma alínea que prevê a relevância fiscal dos rendimentos e gastos resultantes da aplicação do justo valor em instrumentos financeiros.

Sendo de concluir que a inexistência de uma percentagem de controlo significativa, assim como o facto do valor de mercado da participação ser fiavelmente mensurado num mercado regulamentado, serão condições válidas e suficientes para a preservação dos interesses e das perspectivas próprias da fiscalidade. Referindo ainda o preâmbulo do

Decreto-Lei nº 159/2009, de 13 de Julho, *"no domínio da aproximação entre contabilidade e fiscalidade, é aceite a aplicação do modelo do justo valor em instrumentos financeiros, cuja contrapartida seja reconhecida através de resultados, mas apenas nos casos em que a fiabilidade da determinação do justo valor esteja em princípio assegurada. Assim, excluem -se os instrumentos de capital próprio que não tenham um preço formado num mercado regulamentado".*

Desta forma, não se poderia perceber por que razão confiaria o legislador, a título claramente excepcional, no justo valor dos instrumentos de capital próprio cotados em mercado regulamentado, com participação no capital social inferior a 5%, aplicando, subsequentemente, uma norma anti-abuso, com o intuito de limitar as perdas por redução de justo valor deste tipo de participações.

Parece assim resultar que caso fosse intenção do legislador limitar as perdas da aplicação do justo valor sobre este tipo de activos, bastaria ao legislador expressar na norma de incidência que consta do nº 3 do artigo 45º, que as perdas originadas pela aplicação do justo valor sobre os activos referidos no nº 9 do artigo 18º apenas relevam em 50% do seu quantitativo.

No entanto, a disposição acima referida não verificou qualquer alteração por ocasião da entrada em vigor do Decreto-Lei nº 159/2009, o que indica que esta norma foi introduzida na legislação fiscal com o intuito de prevenir determinadas situações existentes à data, e não com o intuito de abranger esta nova realidade.

Face ao exposto, será de concluir que o legislador não teve nunca qualquer intenção de limitar o relevo das perdas com a aplicação do justo valor a este tipo de participações, sendo inevitável a aproximação entre a contabilidade e a fiscalidade, conforme decorre do preâmbulo do Decreto-Lei nº 159/2009, aceitando para efeitos fiscais os impactos resultantes da aplicação do modelo do justo valor em instrumentos financeiros, cuja contrapartida seja reconhecida através de resultados, mas apenas nos casos em que a fiabilidade da determinação do justo valor esteja, em princípio, assegurada.

Instrumentos financeiros derivados

Esclarece a IAS 39 que um instrumento financeiro derivado deverá apresentar as seguintes características:

- O seu valor altera-se em resposta a alterações numa determinada variável subjacente, nomeadamente uma taxa de juro, preço de uma mercadoria, taxa de câmbio ou um índice de preços ou de taxas, notação de crédito, entre outros;
- Não requer qualquer investimento inicial ou requer um inferior ao que seria necessário para outro tipo de contrato com resposta semelhante às mudanças nos factores de mercado; e
- Deverá ser liquidado numa data futura.

Como forma de gestão de riscos de negócio (riscos de mercado, crédito, liquidez entre outros), as empresas contratam instrumentos financeiros derivados destinados à cobertura desses riscos.

Ora, dado que os derivados são normalmente usados em operações de cobertura de activos e passivos que poderão estar mensurados ao custo, custo amortizado ou ao justo valor com os ganhos e perdas reconhecidos em capital próprio, poderá ocorrer uma descoordenação entre o momento do reconhecimento dos ganhos e perdas contabilísticas, relativos ao activo/passivo coberto e respectivo instrumento de cobertura.

A contabilidade de cobertura visa corrigir estas situações, alterando o momento do reconhecimento dos ganhos e perdas em cada item coberto ou instrumento de cobertura. Esta contabilidade, reconhece os efeitos de compensação nos resultados das alterações no justo valor do instrumento de cobertura e do item coberto. Neste sentido, os relacionamentos de cobertura serão essencialmente os abaixo apresentados:

- Cobertura de justo valor: uma cobertura da exposição às alterações no justo valor de um activo ou passivo reconhecido ou de um compromisso firme não reconhecido, ou de uma porção identificada de tal activo, passivo ou compromisso firme, que seja atribuível a um risco particular e possa afectar os resultados.

- Cobertura de fluxo de caixa: uma cobertura da exposição à variabilidade nos fluxos de caixa que (i) seja atribuível a um risco particular associado a um activo ou passivo reconhecido (tal como todos ou alguns dos futuros pagamentos de juros sobre uma dívida de taxa variável) ou a uma transacção prevista altamente provável e que (ii) possa afectar os resultados.

Para um derivado qualificar como contabilidade de cobertura, todas as condições abaixo apresentadas (previstas no parágrafo 88 da IAS 39) devem encontrar-se satisfeitas, sem excepção:

- No início da cobertura, existe designação e documentação formais do relacionamento de cobertura e do objectivo e estratégia da gestão de risco da entidade para levar a efeito a cobertura. Essa documentação deve incluir a identificação do instrumento de cobertura, o item ou transacção coberto, a natureza do risco a ser coberto e a forma como a entidade vai avaliar a eficácia do instrumento de cobertura na compensação da exposição a alterações no justo valor ou fluxos de caixa do item coberto atribuíveis ao risco coberto.
- Espera-se que a cobertura seja altamente eficaz ao conseguir alterações de compensação no justo valor ou fluxos de caixa atribuíveis ao risco coberto, consistentemente com a estratégia de gestão de risco originalmente documentada para esse relacionamento de cobertura em particular.
- Quanto a coberturas de fluxos de caixa, uma transacção prevista que seja o objecto da cobertura tem de ser altamente provável e tem de apresentar uma exposição a variações nos fluxos de caixa que poderia em última análise afectar os resultados.
- A eficácia da cobertura pode ser fiavelmente mensurada, isto é, o justo valor ou os fluxos de caixa do item coberto que sejam atribuíveis ao risco coberto e ao justo valor do instrumento de cobertura podem ser fiavelmente mensurados.
- A cobertura é avaliada numa base contínua e efectivamente determinada como tendo sido altamente eficaz durante todo o período de relato financeiro para o qual a cobertura foi designada.

Coberturas de Justo Valor

Se uma cobertura de justo valor satisfizer as condições anteriormente acima dispostas durante o período, ela deve ser contabilizada como se segue:

- O ganho ou perda resultante da remensuração do instrumento de cobertura pelo justo valor (para um instrumento de cobertura derivado) ou do componente de moeda estrangeira da sua quantia escriturada mensurado de acordo com a IAS 21 (para um instrumento de cobertura não derivado) deve ser reconhecido nos resultados; e
- O ganho ou perda resultante do item coberto atribuível ao risco coberto deve ajustar a quantia escriturada do item coberto e ser reconhecido nos resultados. Isto aplica-se se o item coberto for de outra forma mensurado pelo custo. O reconhecimento do ganho ou perda atribuível ao risco coberto nos resultados aplica-se se o item coberto for um activo financeiro disponível para venda.

Coberturas de Fluxos de Caixa

Se uma cobertura de fluxos de caixa satisfizer as condições de cobertura acima referidas durante o período, ela deve ser contabilizada como se segue:

- A proporção do ganho ou perda resultante do instrumento de cobertura que seja determinada como uma cobertura eficaz deve ser reconhecida directamente no capital próprio através da demonstração de alterações no capital próprio; e
- A proporção ineficaz do ganho ou perda resultante do instrumento de cobertura deve ser reconhecida nos resultados.

Analisa-se seguidamente o enquadramento fiscal aplicável aos instrumentos financeiros derivados e em particular a cobertura de fluxos de caixa.

A partir de 1 de Janeiro de 2010, com a entrada em vigor do novo SNC e consequente publicação do Decreto-Lei nº 159/2009, de 13 de Julho, que veio adaptar o Código do IRC ao novo referencial contabilístico, foi também alterado o regime fiscal aplicável aos instrumentos financeiros derivados.

Assim, foi revogado o artigo 78º, tendo sido aditado um novo artigo 49º que versa sobre os instrumentos financeiros derivados, no âmbito do qual o regime fiscal deverá seguir de perto o regime contabilístico adoptado.

O regime fiscal previsto no artigo 49º do Código do IRC estabelece a relevância fiscal dos rendimentos ou gastos decorrentes da aplicação do justo valor a instrumentos financeiros derivados (ou a qualquer activo/passivo financeiro desde que utilizado como instrumento de cobertura de risco cambial).

É estabelecido um tratamento fiscal específico relativamente a instrumentos de cobertura de justo valor e de fluxos de caixa, nos termos abaixo apresentados:

- Relativamente às operações cujo objectivo exclusivo seja o de cobertura de justo valor, quando o elemento coberto esteja subordinado a outros modelos de valorização, serão aceites fiscalmente os rendimentos ou gastos do elemento coberto reconhecidos em resultados, ainda que não realizados, na exacta medida da quantia igualmente reflectida em resultados, de sinal contrário, gerada pelo instrumento de cobertura.
- Relativamente às operações cujo objectivo exclusivo seja o de cobertura de fluxos de caixa ou de cobertura do investimento líquido numa unidade operacional estrangeira, são diferidos os rendimentos ou gastos gerados pelo instrumento de cobertura, na parte considerada eficaz, até ao momento em que os gastos ou rendimentos do elemento coberto concorram para a formação do lucro tributável.

O regime fiscal previsto neste artigo parece ser de aplicação exclusiva aos instrumentos financeiros derivados que cumpram as condições previstas nas normas contabilísticas para que estes se qualifiquem como contabilidade de cobertura.

No entanto, estabelece o nº 4 do referido artigo que encontrando-se verificada uma relação económica incontestável entre o elemento coberto e o instrumento de cobertura, por forma a que da operação de cobertura se deva esperar, pela elevada eficácia da cobertura do risco em causa, a neutralização dos eventuais rendimentos ou gastos no elemento coberto com uma posição simétrica dos gastos ou rendimentos no instrumento de cobertura, serão consideradas operações de cobertura as que justificadamente contribuam para a eliminação ou redução de um risco real de:

- Um activo, passivo, compromisso firme, transacção prevista com uma elevada probabilidade ou investimento líquido numa unidade operacional estrangeira; ou
- Um grupo de activos, passivos, compromissos firmes, transacções previstas com uma elevada probabilidade ou investimentos líquidos numa unidade operacional estrangeira com características de risco semelhantes; ou
- Uma taxa de juro da totalidade ou parte de uma carteira de activos ou passivos financeiros que partilhem o risco que esteja a ser coberto.

Atendendo às disposições do nº 4 do artigo 49º do Código do IRC, parece ser intenção do legislador aproximar o tratamento fiscal do instrumento financeiro derivado à sua substância económica, independentemente da sua eficácia contabilística. No entanto, o tratamento fiscal a dar a um instrumento derivado não eficaz contabilisticamente não é ainda directo, podendo o mesmo suscitar questões por parte da administração fiscal.

Nesse sentido, desenvolvem-se abaixo os diferentes cenários que poderão ser aplicáveis:

Instrumento financeiro derivado eficaz de um ponto de vista contabilístico

Caso o instrumento financeiro derivado cumpra todas as condições para que o mesmo possa ser considerado como um instrumento de cobertura contabilística, conforme referido anteriormente, as variações de justo valor apuradas nos instrumentos de cobertura de fluxos de caixa devem ser relevadas em capitais próprios.

Assim, apenas no momento em que se efectiva a operação coberta, são apurados os impactos em resultados do instrumento de cobertura e respectivo item coberto.

A este respeito, estabelece o nº 3 do artigo 49º do Código IRC que relativamente às operações cujo objectivo exclusivo seja o de cobertura de fluxos de caixa, são diferidos os rendimentos ou gastos gerados pelo instrumento de cobertura, na parte considerada eficaz, até ao momento em que os gastos ou rendimentos do elemento coberto concorram para a formação do lucro tributável. Ora, sobre este assunto, a fiscalidade segue integralmente a contabilidade, diferindo a tributação dos rendimentos ou gastos gerados pelo instrumento de cobertura, até ao momento em que os impactos em resultados do instrumento coberto concorram para a formação do lucro tributável.

Assim, os ganhos decorrentes da aplicação do justo valor ao instrumento financeiro derivado serão tributados no momento em que os resultados do instrumento coberto afetem os resultados. Caso em virtude de uma operação idêntica, a aplicação do justo valor ao instrumento financeiro derivado gere uma perda, a mesma será fiscalmente dedutível, no momento em que afecte os resultados da empresa.

Instrumento financeiro derivado não eficaz de um ponto de vista contabilístico – relação económica incontestável entre o elemento coberto e o instrumento de cobertura
Num cenário em que o instrumento financeiro derivado não se qualifique como contabilidade de cobertura nos termos da IAS 39 – bastando para tal que o instrumento não cumpra uma das condições elencadas no parágrafo 88 da norma – o mesmo será contabilizado como instrumento financeiro ao justo valor por resultados ("IFJVR") e, naturalmente, as suas variações de justo valor serão relevadas na demonstração dos resultados.

Antes de mais importa referir que o tratamento de um instrumento financeiro derivado de fluxos de caixa como não sendo de cobertura depende do não cumprimento dos critérios estabelecidos na IAS 39 e não da existência ou não do risco coberto por aquele instrumento na esfera da entidade que o contratou, independentemente do mesmo ser ou não eficaz de um ponto de vista contabilístico.

Desta forma, será defensável que um instrumento financeiro derivado que não cumpra os requisitos bastante fechados de qualificação do mesmo como contabilidade de cobertura pode, ainda assim, ter subjacente uma cobertura económica de um risco inerente à actividade da empresa e justificável no âmbito da sua actividade de negócio.

Ora, atendendo à substância económica do instrumento e atendendo à regra geral disposta na alínea a) do nº 9 do artigo 18º do Código do IRC nos termos da qual os ajustamentos decorrentes da aplicação do justo valor relevados em resultados relativamente a instrumentos passam a concorrer para a determinação do lucro tributável. Apesar desta norma parecer contrária ao espírito do legislador no que aos ajustamentos decorrentes da aplicação do justo valor diz respeito, o legislador optou pela convergência da fiscalidade com a contabilidade, criando uma excepção à regra através da aceitação do justo valor dos IFJVR.

Assim sendo, poderá ser defensável que caso seja possível justificar economicamente de forma incontestável a eficácia da relação de cobertura destes instrumentos (afastando por esta via o enquadramento do instrumento financeiro no artigo 23º do Código do IRC), ainda que os mesmos não qualifiquem como contabilidade de cobertura, os mesmos poderão ser fiscalmente relevantes, pela norma geral de relevância fiscal do justo valor acima referida.

Deste modo, e na ausência de qualquer posição formal da Administração Fiscal sobre o assunto, face à letra actual da lei, poderá ser defensável a dedutibilidade fiscal dos impactos em resultados decorrentes da variação do justo valor dos instrumentos financeiros derivados caso seja possível provar a existência de uma relação económica incontestável entre o elemento coberto e o instrumento de cobertura e a consequente elevada eficácia da cobertura de risco associada, ainda que, para efeitos contabilísticos, estes instrumentos não qualifiquem para contabilidade de cobertura, ou seja que estes instrumentos não sejam eficazes de um ponto de vista contabilístico.

Sobre esta matéria, refira-se igualmente que a melhor doutrina acolhida pela jurisprudência portuguesa, tem sustentado relativamente à indispensabilidade dos custos, contra uma interpretação mais restritiva de que constitui uma condição *sine qua non* a verificação de um nexo de causalidade entre os custos e a realização dos proveitos ou a manutenção da fonte produtora, uma interpretação mais flexível do termo indispensabilidade, menos toldada por critérios jurídicos e mais ligada a uma perspectiva empresarial.

Existirá, assim, um clara tendência à adopção de uma noção mais ligada à vertente empresarial do tipo *businesslike approach*, na qual se deverá demonstrar que as despesas incorridas têm um fim empresarial, porque são compatíveis com as finalidades a prosseguir pela empresa, não sendo exigível que seja também demonstrável, em concreto, o retorno que as despesas, ou cada despesa, terá possivelmente originado.

Esta posição vem aproximar a fiscalidade de uma óptica empresarial, o que poderá enfatizar ainda mais a intenção do legislador em aproximar o tratamento fiscal de um instrumento financeiro derivado à sua substância económica, atendendo à realidade empresarial em que este se encontre inserido, afastando, desta forma, uma possível aplicação do artigo 23º do Código do IRC, através do qual, os gastos inerentes a um instrumento não eficaz de um ponto de vista contabilístico não seriam considerados como dedutíveis de um ponto de vista fiscal.

Instrumento financeiro derivado não eficaz de um ponto de vista contabilístico – não existindo relação económica incontestável entre o elemento coberto e o instrumento de cobertura

Como último cenário será desenvolvido o tratamento fiscal inerente a um instrumento financeiro derivado que não só não cumpra com os critérios de eficácia apresentados na IAS 39 como também não seja possível apurar qualquer nexo de causalidade entre este instrumento e a actividade desenvolvida.

Neste caso, não existindo qualquer substância económica inerente a um instrumento financeiro derivado, as perdas associadas aos mesmos poderão ser questionadas, na medida em que de acordo com a aplicação *strictu sensu* do artigo 23º do Código do IRC não existirá qualquer conexão destes custos com a actividade da empresa e com a sua fonte produtora de proveitos. Os proveitos inerentes ao mesmo seriam sempre sujeitos a tributação, na medida em que não existe qualquer norma que nos permita obviar a tributação dos mesmos.

O SNC e os Juízos de Valor: Comentário final

Rogério M. Fernandes Ferreira
Presidente da Associação Fiscal Portuguesa

Apesar de actualmente continuar em discussão a aplicação do método do "justo valor", no âmbito do Sistema de Normalização Contabilística (SNC), a verdade é que este conceito não é novo entre nós. O "justo valor" marcou presença no panorama contabilístico português, designadamente, desde a divulgação da Directriz Contabilística nº 13/93, de 7 de Julho (ainda no âmbito do Plano Oficial de Contas – POC), tendo, até, sido definido previamente, na Directriz Contabilística nº 1 e no âmbito do tratamento contabilístico da concentração de actividades empresariais. Aí se estabelecia que o "justo valor é a quantia pela qual um bem (ou serviço) poderia ser trocado, entre um comprador conhecedor e interessado e um vendedor nas mesmas condições, numa transacção ao seu alcance".

A discussão em torno da aplicação do método do "justo valor" ganhou novo impulso com a publicação do Regulamento (CE) 1606/2002, de 19 de Julho, que previu a adopção das Normas Internacionais de Contabilidade (NIC), no âmbito de uma estratégia de convergência e harmonização contabilística internacional e que, em Portugal, culminou com a substituição do POC pelo SNC. Actualmente, o conceito, enquanto critério valorimétrico a adoptar pelas empresas, é definido por referência à quantia pela qual um activo pode ser trocado ou um passivo liquidado numa transacção a realizar entre partes não relacionadas.

Tem vindo a instalar-se, desde há algum tempo, algum receio de que a adopção deste método venha a ser utilizado para atingir objectivos duvidosos. Não falta quem considere que a adopção do "justo valor" contribuiu, de alguma forma, para a actual crise financeira internacional, pela maior subjectividade e volatilidade que a aplicação do conceito permite. Isto porque se concluiu que esse critério foi utilizado por muitos para espelhar, nas demonstrações financeiras das empresas, mais-valias potenciais de instrumentos financeiros, antecipações de lucros futuros e, desta forma, obter resultados ainda não realizados, distribuir dividendos aos accionistas, salários e bónus aos administradores e, ao mesmo tempo, pagar impostos sobre lucros artificiais, em prejuízo da situação financeira real empresas.

Rogério Fernandes Ferreira alertava, em 2008, para o facto de que *"invocar referenciais de justo valor pode, na prática, (...), favorecer a não neutralidade ou isenção de quem for encarregado de efectuar ou apreciar as contabilizações"*; outros, porém, defenderam a aplicação desse critério, como *"forma mais lúcida e transparente de divulgar o que temos e o que valemos"*, preferindo-o face ao método do custo histórico, que criticam por ser *"estático e imutável"* (João Duque). Para contrabalançar posições, sempre se dirá, e aceitará, que a aplicação do "justo valor" pode ser adequado ao relato financeiro das organizações regulamentadas que estejam obrigadas a divulgar os preços de mercado, ou seja, naqueles mercados que sejam (verdadeiramente) transparentes, representando, pelo contrário, um risco nos outros sectores económicos caracterizados pela pouca ou menor transparência.

A verdade é que não pode deixar de se reconhecer que o "justo valor" é, em si mesmo, um conceito que se presta a incertezas, ou a dificuldades, na sua aplicação pelos agentes económicos e, por isso, susceptível de gerar divergência e acréscimo de contencioso quando a Administração tributária venha a colocar em causa os resultados fiscais apurados com base na contabilidade das empresas, sujeitas que estão às correcções previstas no Código do IRC.

Não pode, finalmente, ignorar-se o impacto do "justo valor" no exercício da prática profissional do contabilista e na sua responsabilidade pela regularidade, técnica, nas áreas contabilística e fiscal, tal como previsto no seu estatuto: *"A certificação dos TOC pode e deve corresponder aos formalismos e práticas contabilísticas, mas já não deve ou não pode certificar informações assentes em critérios cada vez mais problemáticos, como valorimetrias (a justo valor e a valor real actual), imparidades, amortizações, provisões e suas comprovações ou ajustamentos de capital próprio."* (Rogério Fernandes Ferreira).

Não deixamos, em suma, de reconhecer as virtudes do método, recomendando a adopção das cautelas devidas na sua aplicação, com supervisão e controlo adequados, numa *óptica* de total transparência na contabilidade dos agentes económicos, mas, também, de confiança na actuação dos mercados e dos reguladores.

Coimbra, 20 de Março de 2012.